AF525868

REGLERTEKNIK

REGLERTEKNIK

En Introduktion

ANDERS HANSSON

Linköping 2024

© 2024 Anders Hansson

Detta verk är skyddat av lagen om upphovsrätt.

Förlag: BoD · Books on Demand, Östermalmstorg 1,
114 42 Stockholm, Sverige, bod@bod.se
Tryck: Libri Plureos GmbH, Friedensallee 273,
22763 Hamburg, Tyskland
ISBN: 978-91-8057-631-4

Till Erik

Innehåll

Förord

REGLERTEKNIK är ett ämne som undervisas på de flesta civilingenjörsutbildningar. Det har tillämpningar inom vitt skilda discipliner, från bioteknik till rymdteknik. Denna lärobok behandlar framförallt de teoretiska grunderna i reglertekniken och täcker det material, som typiskt undervisas i en grundkurs i reglerteknik, och lite till. Boken vänder sig även till ingenjörer i industrin som vill förbättra eller förnya sina kunskaper inom ämnet.

De första tre kapitlen fokuserar på att beskriva dynamiska system och förstå begrepp som stabilitet och instabilitet. Det fjärde kapitlet diskuterar hur regulatorer kan implementeras digitalt i datorer. Kapitel fem och sex diskuterar hur man kan använda Laplacetransformen för att analysera och syntetisera regulatorer med önskad prestanda. De därpå följande kapitlen diskuterar hur tillståndsbeskrivningar kan användas för samma ändamål. Det tionde kapitlet diskuterar förstärkningsinlärning. Därefter diskuteras i de följand kapitlen hur man kan analysera och syntetisera regulatorer i frekvensplanet. I det sista kapitlet diskuteras fundamentala begränsningar i reglertekniken. Boken kan användas till kurser med väldigt olika ambitionsnivåer. En mycket grundläggande kurs kan innefatta endast de sex första kapitlen. Om man vill inkludera tillståndsformer kan man lägga till kapitel 7–9 och ev. 10. Om man vill inkludera frekvensbeskrivningar kan man lägga till kapitel 11–12 och ev. 13 . Material som inte är centralt för en grundkurs i reglerteknik är antingen markerat med en asterisk efter namnet på avsnittet eller med mindre font.

Jag vill tacka Daniel Axehill, Robin Forsling, Joel Nilsson och Bo Wahlberg för kommentarer på manuskriptet. Gustaf Hendeby tackas för hjälp med LaTeX.

Linköping, Januari 2024
Anders Hansson

Kapitel 1

Inledning

REGLERTEKNIK behandlar läran om styrda system, och framförallt tekniska system som styrs. Inspiration till de principer som används finns dock i naturen, och framförallt vad gäller system som styrs genom *återkoppling*. Återkoppling används t.ex. i människan för att möjliggöra att vi kan stå upp med endast två ben. Känselorgan i öronen känner av åt vilket håll kroppen rör sig, varefter hjärnan bestämmer hur musklerna i fötterna ska korrigera så att vi inte faller. I tekniska termer kan man säga att känselorganen i öronen är sensorer som mäter hur vi rör oss, och att hjärnan har en mekanism som reglerar vår rörelse genom att beordra musklerna hur dessa ska korrigera för det faktum att vi inte står rakt upp.

Det ska noteras att återkopplingsprincipen beskriven ovan skiljer sig avsevärt från s.k. *öppen styrning* eller synonymt *framkoppling*. Vid framkoppling bestämmer man hur man ska styra utan att mäta hur man beter sig. Ett typiskt exempel på detta är en tvättmaskin där tvättprogrammet är bestämt på förhand och exekveras utan att man mäter huruvida tvätten blivit ren eller ej. Vi kommer i den här boken huvudsakligen att behandla återkoppling. Detta innebär inte att framkoppling inte är viktigt, och något som man inte ska använda. Det är inte heller så att man antingen bör använda framkoppling eller återkoppling, utan metoderna kan med fördel kombineras.

Framkoppling kan användas för att eliminera inverkan av störningar. Ett typiskt exempel är de första systemen för temperaturreglering av hus, där man lät framvattentemperaturen, d.v.s. temperaturen på vattnet till radiatorerna, bero på utomhustemperaturen, vilken kan betraktas som en störning. Under förutsättning att man har en god beskrivning av hur inomhustemperaturen beror av utomhustemperaturen och framvattentemperaturen kan man erhålla en god reglering med framkoppling. Man inser att detta inte alltid är så enkelt,

Figur 1.1: Watts ångmaskin (Uppfinningarnas bok, II, Aktiebolaget Hiertas bokförlag, Stockholm, 1901, s. 539).

eftersom inomhustemperaturen också kan bero på vind, solstrålning genom fönster, extra värmekällor, t.ex. i form av personer som befinner sig i huset, om ett fönster är öppet eller ej, o.s.v. Dock kan man rimligen eliminera en del av felet i regleringen med framkoppling, och uppenbarligen proaktivt, eftersom man inte behöver vänta med att tillföra värme till huset tills det att det kylts av och märks i inomhustemperaturen, utan så fort som man märker att det blir kallare utomhus. Detta är en fördel med framkoppling framför återkoppling, som inte kan vidta åtgärder förrän det märkts att temperaturen ändrat sig inomhus. Man kan kombinera återkoppling med framkoppling, och så görs också i moderna system för uppvärmning av hus. Här reglerar man oftast framvattentemperaturen med framkoppling, och temperaturen i rummen finjusteras med återkoppling där radiatorernas ventiler styrs baserat på mätning av rumstemperaturen. Vi noterar att om man endast använder framkoppling så behöver man bara en sensor för mätning, och man mäter endast utomhustemperaturen, medan om man också använder återkoppling, så måste man också mäta inomhustemperaturen. Man kan rimligen förvänta sig att erhålla bättre prestanda när man kombinerar fram- och återkoppling. När man överväger vilken typ av styrning man ska använda för ett specifikt tekniskt problem ska man dock inte bara beakta vilken prestanda man kan erhålla, utan man ska också beakta vad kostnaden är för den föreslagna lösningen, och det är självfallet så att ju fler storheter som måste mätas, desto dyrare blir oftast lösningen. Där finns alltså för det mesta en avvägning som måste göras mellan möjlig prestanda och kostnad för utrustning. Den avvägningen kommer vi inte att behandla i den här boken. Sammanfattningsvis kan man säga att reglerteknik oftast handlar om att baserat på mätningar bestämma ett styringrepp så att ett systems syfte uppnås trots inverkan av omgivningen.

1.1 Historia

Reglerteknikens moderna utveckling skedde under industrialiseringen på 1800-talet. Ett viktigt exempel är varvtalsreglering av ångmaskiner av James Watt på sent 1700-tal, se Figur 1.1, som möjliggjorde att roterande maskiner kunde drivas med konstant varvtal oberoende av hur mycket effekt man tog ut ur ångmaskinen. Andra viktiga genombrott var Lawrence Sperrys autopilot för flygplan 1914, som möjliggjorde automatisk kurshållning. Den återkopplade förstärkaren uppfanns i slutet av 1920-talet av Harold Stephen Black och fann snabbt tillämpningar inom bl.a. telenät. Återkoppling såg till att eliminera de kraftiga olinjäriteter som tidens rörförstärkare var behäftade med. Principen är densamma som idag används för återkopplade operationsförstärkare. Fortfarande var dock reglerteknik inget eget ämne med en teoribildning. Grunden till detta lades under åren kring andra världskriget i samband med utvecklingen av olika vapensystem för styrning av båtar, flygplan, kanoner och radarantenner. Teorin byggdes med Laplacetransformen och Fouriertransformen som grund, och detta är också några av de verktyg som vi ska lära oss att använda i den här boken.

Figur 1.2: Jäsningstankar i ett bryggeri. Återgiven med tillåtelse av Pixabay.

1.2 Tillämpningar

Vi ska nu gå igenom några av de viktigaste tillämpningarna av reglerteknik i vårt samhälle.

Industriell Automation: Inom tillverkningsindustrin används reglerteknik för att övervaka och styra processer som produktion av kemiska produkter, livsmedelsförädling, och tillverkning av elektronik. Den hjälper till att säkerställa produktkvalitet, minimera avfall och optimera produktionsprocesserna.

Robotik och automation: Inom robotik- och automationsindustrin används reglerteknik för att styra rörelser, positionering och prestanda hos robotar och automatiserade maskiner. Den möjliggör precision och repeterbarhet i tillverkningsprocesser.

(a) Vattenrening.

(b) Vindkraftpark.

Figur 1.3: Olika reglertekniska tillämpningar. Återgivna med tillåtelse av Pixabay.

Kemisk och farmaceutisk produktion: Inom kemisk och farmaceutisk industri används reglerteknik för att styra komplexa kemiska reaktioner och processer. Den är avgörande för att säkerställa att produkterna uppfyller höga kvalitetsstandarder och är säkra för konsumenter. I Figur 1.2 ses jäsningstankar i ett bryggeri där bl.a. temperaturen regleras i tankarna.

Byggautomation: Inom byggsektorn används reglerteknik för att automatisera och styra system som uppvärmning, ventilation och luftkonditionering samt belysningssystem i byggnader. Den resulterar i ökad komfort och energieffektivitet.

Miljöskydd: Reglerteknik används för att övervaka och reglera miljöparametrar som vattenkvalitet, luftkvalitet och avfallshantering. Inom vatten- och avloppsbranschen används reglerteknik för att övervaka och reglera vattenreningsprocesser, distribution av dricksvatten och avloppsbehandling. Den bidrar till att säkerställa att vattnet är säkert att konsumera och att avloppsvattnet behandlas effektivt innan det släpps tillbaka i miljön. I Figur 1.3a ses vattenrening.

Energiförsörjning: Inom energibranschen används reglerteknik för att övervaka och reglera kraftproduktion och distribution. Den hjälper till att balansera energiflödet, optimera kraftverkens effektivitet och hantera belastningssvängningar. I Figur 1.3b ses en vindkraftpark för generering av elkraft.

Fordonssystem: Reglerteknik används inom transportsektorn för att automatisera och förbättra prestandan hos fordonssystem, som antisladdsystem, farthållare och autonom körning. Den bidrar också till ökad säkerhet och bränsleeffektivitet. I Figur 1.4a visas en lastbil.

(a) Lastbil.

(b) Flygplan.

Figur 1.4: Tillämpningar inom transportsektorn. Återgivna med tillåtelse av Pixabay.

Flyg- och rymdteknik: Inom flyg- och rymdindustrin används reglerteknik för att styra flygplan, satelliter och raketfarkoster. Den säkerställer korrekt navigering, stabil flygning och kurs. I Figur 1.4 b visas ett flygplan.

Fjärrstyrning: Reglerteknik används för fjärrstyrning av olika system, inklusive drönare och undervattensfordon, för att utföra uppgifter i svåråtkomliga eller farliga miljöer.

Väg- och trafikstyrning: Inom trafikstyrningssystem används reglerteknik för att reglera trafikljus, vägskyltar och variabla hastighetsgränser för att optimera trafikflöden och minska trafikstockningar.

Medicinsk utrustning: Inom medicin används reglerteknik för att utveckla avancerad medicinsk utrustning såsom blodtrycksmätare, respiratorer och insulinpumpar. Den hjälper till att säkerställa exakt dosering av mediciner.

Telekommunikation: Reglerteknik används för att reglera signalöverföring och förstärkning i kommunikationssystem, vilket säkerställer att signalen är stark och tydlig vid mottagaren. I Figur 1.5 visas ett antennsystem för telefoni.

Finans- och ekonomisystem: Inom finansvärlden används reglerteknik för att utveckla algoritmer för automatisk handel och portföljhantering. Den hjälper till att övervaka och justera investeringar i realtid.

I grund och botten används reglerteknik överallt där det finns ett behov av att kontinuerligt justera en process eller ett system för att uppnå önskade resultat. Den spelar en avgörande roll för att förbättra effektiviteten, minska kostnader och öka säkerheten i en mängd olika industrier och tillämpningar.

1.3 Framtiden

De trender man kan se idag som kommer att påverka reglerteknikens utveckling och tillämpning är många. Artificiell intelligens och mängden data som vi idag har möjlighet att samla in och lagra erbjuder intressanta möjligheter. Hur dessa data ska användas för att på bästa sätt styra och reglera system är fortfarande ett olöst problem. Trenden att fasa ut fossila bränslen och ersätta dem med hållbar elektrisk energi kräver nya strategier för hur energin ska lagras och distribueras. Här kommer nya reglertekniska lösningar att behövas. För att förbättra människors hälsa kommer vi att se större användning av reglerteknik i biologiska tillämpningar. Slutligen ska nämnas självkörande bilar och integreringen av robotar i vardagen som assistenter för människor. Här krävs fortfarande mycket forskning i reglerteknik för att teknikerna ska bli säkra och få social acceptans.

Figur 1.5: Antennsystem. Återgiven med tillåtelse av Pixabay.

1.4 Sammanfattning

Sammanfattningsvis är reglerteknik en växande och dynamisk disciplin som kommer att fortsätta att vara central i utvecklingen av teknik och industri. Den kommer att spela en nyckelroll i att möta de komplexa utmaningarna och möjligheterna som vår snabbt föränderliga värld erbjuder.

1.5 Repetitionsfrågor

1. Vad är skillnaden mellan framkoppling och återkoppling?
2. När skedde reglerteknikens moderna utveckling?
3. Ge exempel på tidiga reglertekniska lösningar.
4. Ge exempel på moderna tillämpningar av reglerteknik.
5. Vad förväntas de framtida reglertekniska utmaningarna vara?

Kapitel 2

Grundläggande regulatorstrukturer

REGULATORSTRUKTURER anger mätstorheter och styrstorheter och hur de kopplar till varandra. Även vilken typ av regulator som används är en del av regulatorstrukturen. Vi ska i detta kapitel diskutera två principiella former av regulatorer som är helt fundamentala, d.v.s. *framkoppling* och *återkoppling*.

2.1 Framkoppling

Vi ska börja med att undersöka temperaturreglering av ett hus med framkoppling. Vi inför följande beteckningar: u framvattnets temperatur som också är radiatorernas temperatur, y inomhustemperaturen, v utomhustemperaturen, och r önskad inomhustemperatur. Här vill vi styra inomhustemperaturen med framvattnets temperatur, kallad *styrsignal*. Till vår hjälp har vi en mätning av utomhustemperaturen som vi kallar *störsignal*. Inomhustemperaturen kan vi också kalla för *ärvärde* och önskad inomhustemperatur för *börvärde* eller *referensvärde*. I Figur 2.1 ser vi en schematisk bild av effektflödena i huset. Om vi antar att alla storheter är konstanta så gäller att effekterna P från husets omgivning och Q från elementen måste balansera varandra så att $P + Q = 0$. Om det endast är konduktion som beskriver värmetransporten i huset så gäller att

$$
\begin{aligned}
P &= h(v - y) \\
Q &= k(u - y)
\end{aligned}
$$

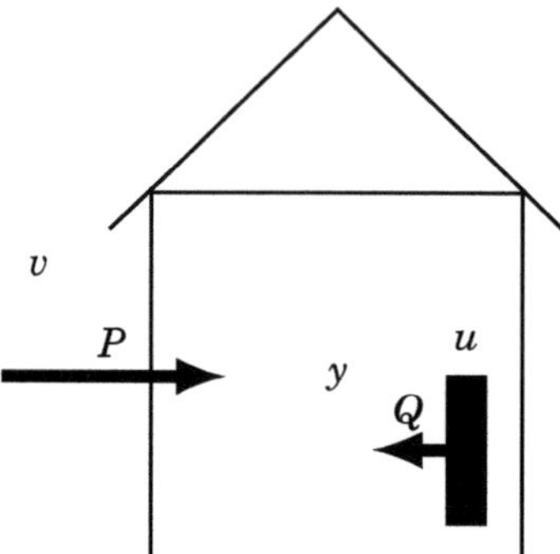

Figur 2.1: Effektflöden i ett uppvärmt hus.

där h och k är värmeövergångstalen för ytterväggarna respektive elementen. Vi kan nu eliminera P och Q genom insättning i $P + Q = 0$ och vi erhåller att

$$y = g(u,v) = \alpha u + \beta v \tag{2.1}$$

där konstanterna är $\alpha = k/(h+k)$ och $\beta = h/(h+k)$. Den linjära funktionen g ovan är en s.k. *modell* av systemet vi vill reglera.

Om vi nu önskar att inomhustemperaturen y ska vara lika med den önskade inomhustemperaturen r så får vi ekvationen

$$r = \alpha u + \beta v$$

Vi kan lösa denna ekvation med avseende på u om $\alpha \neq 0$ och vi erhåller

$$u = \frac{r - \beta v}{\alpha}$$

Låt oss införa funktionen f för hur u beror av v och r, d.v.s.

$$f(r,v) = \frac{r - \beta v}{\alpha} = f_r r + f_v v \tag{2.2}$$

där $f_r = 1/\alpha$ och $f_v = -\beta/\alpha$. Det är denna funktion f som beskriver *framkopplingen*.

I Figur 2.2 ses ett s.k. *blockschema*, jfr. Avsnitt 5.3, för hur huset och regulatorn interagerar. Vi ser att det finns två block varav blocket betecknat f symboliserar *regulatorn* och blocket betecknat g symboliserar husets beteende med avseende på inomhustemperatur. Det senare kallar vi för *system*. Emellan dessa block finns pilar som visar hur olika signaler påverkar eller genereras från blocken. De pilar som går in till ett block är *insignaler* för sitt block och påverkar blocket, medan de pilar som går ut från ett block är *utsignaler* för sitt block och är genererade av blocket. Observera att en och samma signal kan vara utsignal för ett block samtidigt som den är insignal för ett annat block.

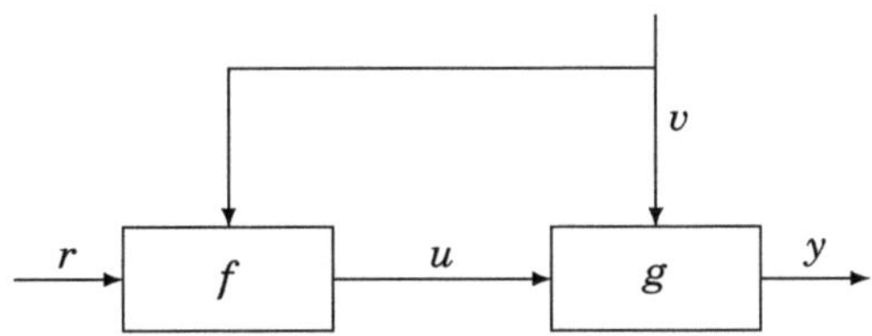

Figur 2.2: Blockschema för framkoppling.

Man inser att framkopplingen ser till att y är lika med r oavsett vad utomhustemperaturen v är. Detta är en mycket önskvärd egenskap och något man vill att alla reglertekniska lösningar ska åstadkomma, d.v.s. störsignalen ska inte påverka ärvärdet utan det ska vara lika med börvärdet oaktat vad störsignalen är. För att detta ska gälla måste vi känna till de exakta värdena på α och β. Detta förutsätter att vi känner till värmeövergångstalen exakt, vilket inte är lätt. Man kan försöka ta fram dem på olika sätt genom experiment, vilket dock kan vara såväl kostsamt som arbetsamt. Om konvektion måste beaktas för att beskriva värmetransporten korrekt så är g inte en linjär funktion och då blir modelleringen avsevärt mer komplicerad.

Den modell som vi beskrivit för husuppvärmning tar inte hänsyn till den inneboende tröghet som finns i hus, d.v.s. det är inte så att vare sig framvattentemperaturen eller utomhustemperaturen påverkar inomhustemperaturen momentant, utan det sker gradvis, och först efter en inte försumbar tid ses den fulla inverkan. En modell som tar hänsyn till detta är Newtons avsvalningslag

$$C\frac{dy(t)}{dt} = P(t) + Q(t)$$

där C är husets värmekapacitet, och där nu effekterna P och Q samt inomhustemperaturen är funktioner av tiden t, d.v.s. vi har

$$\begin{aligned} P(t) &= h(v(t) - y(t)) \\ Q(t) &= k(u(t) - y(t)) \end{aligned}$$

där också u och v är funktioner av tiden. Vi kan substituera uttrycken för P och Q och erhålla

$$C\frac{dy(t)}{dt} + (h+k)y(t) = ku(t) + hv(t) \tag{2.3}$$

Modellen ovan är en s.k. *dynamiska modell*, och är beskriven med en *differentialekvation*, något som vi ska diskutera i mer detalj i nästa kapitel. Man inser att de räkningar vi gjorde tidigare där vi lyckades lösa ut y som en funktion av u och v är mycket mer utmanande för en dynamisk modell. Vi återkommer till detta i Kapitel 3. Den modell vi har i (2.1) kallas för en *statisk modell*. Dock är det så att den statiska framkopplingen eliminerar inverkan av utomhustemperaturen även för den dynamiska modellen av inomhustemperaturen. För att se detta noterar vi att för framkopplingen gäller att

$$u(t) = f_r r(t) + f_v v(t) = \frac{1}{\alpha} r(t) - \frac{\beta}{\alpha} v(t) = \frac{k+h}{k} r(t) - \frac{h}{k} v(t)$$

och därför ges högerledet för (2.3) av

$$ku(t) + hv(t) = k\left(\frac{k+h}{k} r(t) - \frac{h}{k} v(t)\right) + hv(t) = (k+h)r(t)$$

som är oberoende av $v(t)$.

Låt oss nu anta att vi ersätter k och h i (2.3) med $k^0 = k(1+\Delta_k)$ och $h^0 = h(1+\Delta_h)$ där Δ_k och Δ_h är de relativa felen för de approximativa värdena k och h som vi använder i vår framkoppling och k^0 och h^0 är de sanna värdena på värmeövergångstalen. Då gäller att vi har

$$C^0 \frac{dy(t)}{dt} + \left(h^0 + k^0\right) y(t) = k^0 u(t) + h^0 v(t) \tag{2.4}$$

som beskrivning av det sanna systemet, där C^0 är den sanna värmekapaciteten. Då blir efter lite räkningar

$$k^0 u(t) + h^0 v(t) = (1+\Delta_k)(k+h)r(t) + (\Delta_k + \Delta_h)hv(t)$$

och vi ser att vi har en inverkan av v på högerledet i differentialekvationen för y som är proportionell mot summan av de relativa felen. Det betyder att ju bättre värden vi har på de h och k som används i framkopplingen ju bättre reglering kan vi åstadkomma.

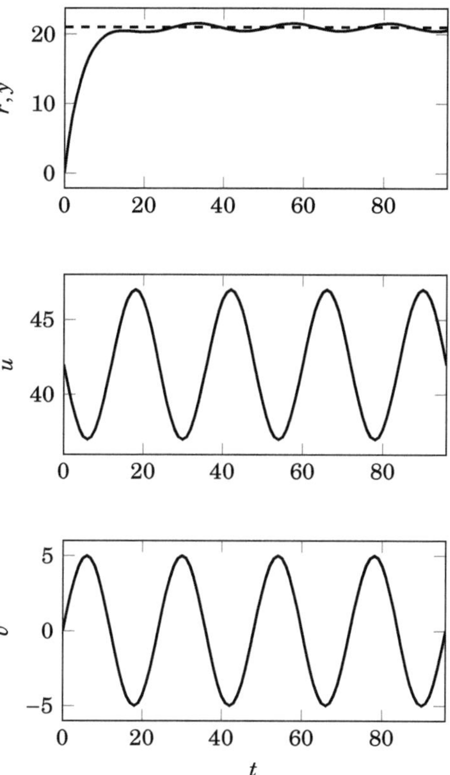

Figur 2.3: Figur som visar börvärde r (streckad), ärvärde y (heldragen), styrsignal u och störsignal v för husuppvärmning med framkoppling när framkopplingen är baserad på en icke exakt modell av verkligheten.

Vi visar i Figur 2.3 hur framkopplingen fungerar då vi baserar den på en statisk modell med modellfel och för ett sant system som är dynamiskt. Vi antar att börvärdet är $r(t) = 21$ och att utomhustemperaturen varierar enligt $v(t) = 5\sin\left(\frac{2\pi}{24}t\right)$, där t mäts i timmar och temperaturer mäts i grader Celcius. Vi har låtit $C = 1kWh/K$, $h = k = 100W/K$ och $\Delta_h = \Delta_k = 0.2$. Den initiala temperaturen i huset vid tidpunkten $t = 0$ är 0 grader Celcius. Vi ser att det tar c:a 10 timmar att värma upp huset och att temperaturen därefter oscillerar i takt med utomhustemperaturen men att *reglerfelet* $e(t) = r(t) - y(t)$ bara är ungefär en grad Celcius som störst till sitt absolutbelopp efter det initiala insvängningsförloppet. Vi ser också att framvattentemperaturen u är i motfas till utomhustemperaturen v, vilket verkar rimligt för att kompensera för den senares inverkan på inomhustemperaturen.

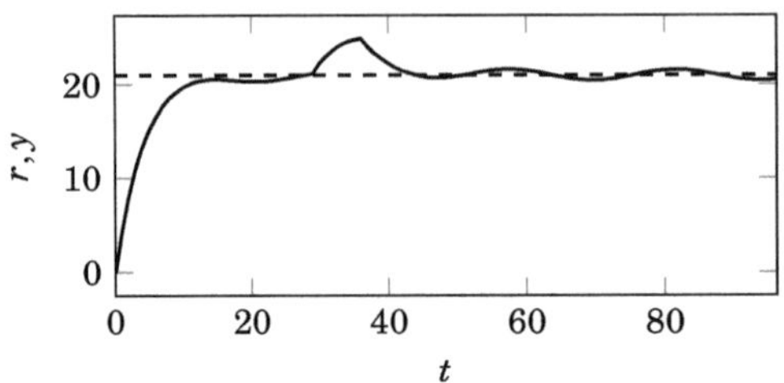

Figur 2.4: Figur som visar börvärde r (streckad) och ärvärde y (heldragen) för husuppvärmning med framkoppling från utomhustemperaturen när solen skiner mellan tidpunkterna 30 och 36.

Vad händer om det finns ytterligare störningar som påverkar inomhustemperaturen. Ett inte ovanligt fenomen är att solen skiner in genom ett fönster och värmer upp huset med sin strålningsvärme. Vi ser i Figur 2.4 hur väl framkopplingen fungerar om solen börjar stråla in genom ett fönster efter 30 timmar och fortsätter med detta i 6 timmar. Vi ser att det blir varmt inomhus under denna period eftersom framkopplingen inte kan kompensera för denna störning. Att försöka göra framkoppling även från solstrålningen är utmanande eftersom den kan vara svår att mäta. Beroende på molnighet kan den variera kraftigt och den påverkar också olika delar av fasaden på ett hus olika vid olika tidpunkter på dagen. Andra störningar som är svåra att kompensera för med framkoppling är inverkan av ventilation och antalet människor som befinner sig i huset.

2.2 Återkoppling

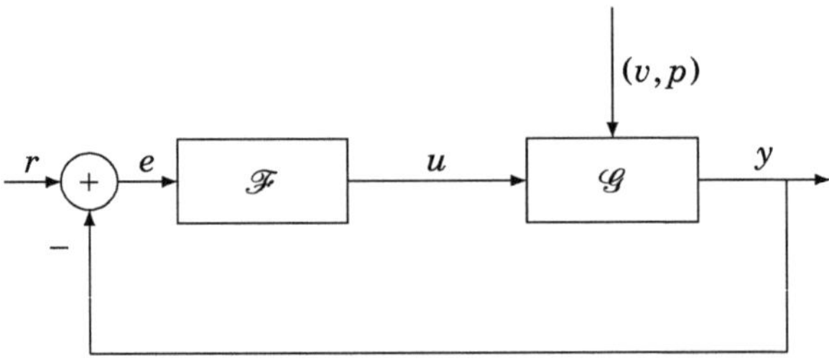

Figur 2.5: Blockschema för återkoppling.

Om man kan mäta inomhustemperaturen i exemplet ovan så kan man istället för framkoppling göra *återkoppling* baserat på denna mätning. Ett blockschema för en återkopplad regulator syns i Figur 2.5. Blocket $\mathscr{G}$ representerar det system som ska styras, vilket i vårt fall är husets inomhustemperatur som beskrivs av (2.4). Blocket $\mathscr{F}$ representerar regulatorn. Vi ser att regulatorn har reglerfelet

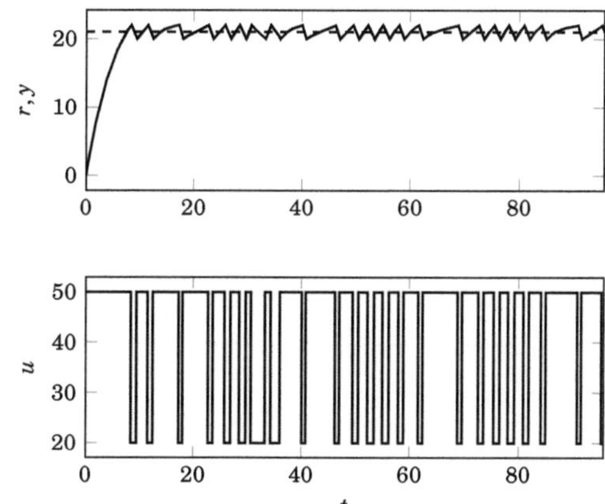

Figur 2.6: Figur som visar börvärde r (streckad) och ärvärde y (heldragen) samt styrsignalen u för husuppvärmning med på-av-reglering.

$e = r - y$ som insignal och att den producerar utsignalen u som är framvattnets temperatur. Blocket $\mathscr{G}$ har u samt störningarna v, som är utomhustemperaturen och p som är solinstrålningen, som insignaler. Dess utsignal är inomhustemperaturen y. Namnet återkoppling för denna regulator kommer från det faktum att man återkopplar utsignalen y från det system $\mathscr{G}$ man vill reglera till insignalen e för regulatorn $\mathscr{F}$. Vi vill fortfarande bestämma en regulator som är sådan att y är så nära r som möjligt, idealt $y = r$, trots inverkan av v och helst nu även trots inverkan av p.

2.2.1 På-av-reglering

En möjlig regulator skulle kunna ges av:

$$u(t) = \begin{cases} u_{\max}, & y(t) < r(t) - \Delta \\ u_{\min}, & y(t) \geq r(t) + \Delta \end{cases}$$

där $u_{\min}$ och $u_{\max}$ är två olika temperaturer på framvattnet som enkelt kan erhållas med en ventil som antingen matar ut t.ex. vatten med pannans temperatur eller låter returvattnet återcirkulera. Variabeln $\Delta > 0$ är till för att skapa en hysteres så att regulatorn inte slår om alltför frekvent. Denna typ av regulator kallas *på-av-regulator* och är kanske inte så vanlig vid vattenburen husuppvärmning, men används ofta när man har elektriska radiatorer. Notera att villkoret för om man ska använda minvärdet eller maxvärdet för styrsignalen kan skrivas om som ett villkor på reglerfelet $e(t) = r(t) - y(t)$, d.v.s.

$$u(t) = \begin{cases} u_{\max}, & e(t) > \Delta \\ u_{\min}, & e(t) \leq -\Delta \end{cases}$$

I Figur 2.6 ses hur på-av-reglering av hustemperaturen fungerar för $u_{\max} = 50$, $u_{\min} = 20$, och $\Delta = 1$. Man ser att ärvärdet oscillerar kring referensvärdet efter

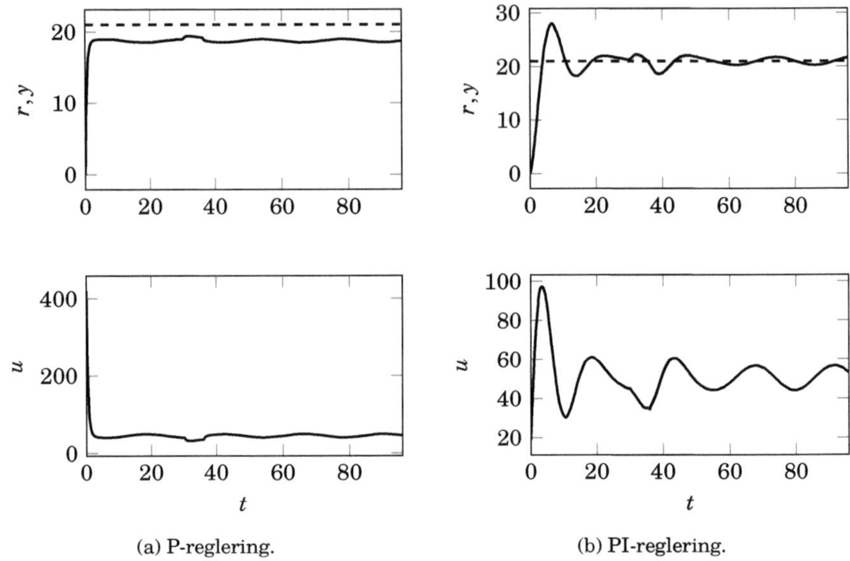

(a) P-reglering.

(b) PI-reglering.

Figur 2.7: Figurer som visar börvärde r (streckad) och ärvärde y (heldragen) samt styrsignalen u för husuppvärmning.

att huset värmts upp. Storleken på reglerfelet är ungefär detsamma som för framkoppling när solen inte skiner och detta trots att vi inte utnyttjar någon som helst modellkännedom för vår reglering eller någon mätning av utomhustemperaturen. Vidare klarar på-av-regulatorn av att eliminera inverkan av att solen skiner. Dock måste vi till skillnad från vad som är fallet vid framkoppling mäta inomhustemperaturen istället för utomhustemperaturen, vilket i sig inte är någon nackdel. Det faktum att reglerfelet oscillerar är kanske inte helt tillfredsställande. Inte heller är det alltid tillfredsställande att styrsignalen varierar mellan två vitt skilda värden. För ett kylskåp kan det vara väldigt attraktivt att kompressorn är antingen på eller av, men för ett uppvärmningssystem är det inte speciellt attraktivt att kraftigt variera framvattentemperaturen.

2.2.2 Proportionell reglering

Det finns andra principer för reglering som ser till att styrsignalen varierar kontinuerligt. Till exempel kan man låta styrsignalen vara proportionell mot reglerfelet enligt

$$u(t) = K_P e(t) + u_0$$

som kallas *proportionell reglering* eller *P-reglering*. Här är K_P en proportionalitetskonstant som kallas *proportionalförstärkning* och u_0 en offset. I Figur 2.7a ses hur P-reglering av hustemperaturen fungerar då $K_P = 20$ och $u_0 = 0$. Det snabbt oscillerande fenomenet har försvunnit och styrsignalen u är nu kontinuerlig, men vi ser också att den är orealistiskt stor för små värden på t. Vi har här valt ett värde på K_P som är 20, och detta gör att styrsignalen blir stor när reglerfelet är stort. I praktiken måste man då begränsa den beräknade styrsignalen genom att låta framvattentemperaturen vara den maximala möjliga så länge som den beräknade styrsignalen är större än detta värde. Alternativt skulle man kunna välja ett mindre värde på K_p, men vi ska snart se att det inte är fördelaktigt av andra skäl. Vi ser vidare att vi har ett bestående positivt reglerfel. Detta skulle man kunna kompensera för genom att välja ett annat värde på u_0. Här har vi valt noll. Det är dock inte enkelt att veta vad detta värde ska vara för att det ska kunna fungera för alla värden på referensvärdet r och för alla störningar v. För att inse det ska vi göra en liten beräkning. Vi antar för enkelhetens skull att förändringar i signaler är små så att den statiska modellen i (2.1) är en god approximation. Vi beaktar alltså här inte heller solstrålning utan endast hur framvattentemperaturen och utomhustemperaturen påverkar inomhustemperaturen. Eftersom $e = r - y$ erhåller vi

$$y = \alpha(K_P e + u_0) + \beta v = \alpha(K_P(r - y) + u_0) + \beta v$$

från vilket man kan lösa ut y som

$$y = \frac{\alpha K_P}{1 + \alpha K_P} r + \frac{\alpha}{1 + \alpha K_P} u_0 + \frac{\beta}{1 + \alpha K_P} v \tag{2.5}$$

Från detta erhåller vi att

$$e = \frac{1}{1 + \alpha K_P} r - \frac{\alpha}{1 + \alpha K_P} u_0 - \frac{\beta}{1 + \alpha K_P} v \tag{2.6}$$

som är noll om

$$u_0 = \frac{1}{\alpha}(r - \beta v)$$

Vi inser omedelbart att vi måste veta vad α, β, r och v är för att kunna välja u_0 så att $y = r$, d.v.s. u_0 blir en framkoppling från både v och r. Detta känns inte attraktivt, speciellt som på-av-regleringen gav ett reglerfel som i medel verkade vara noll. Ett annat sätt att minska e är att välja K_P stort. Man ser i (2.6) att e blir mindre ju större K_P är. Dock minns vi att stort K_P orsakade väldigt stort värde på u för små t i det här exemplet. Det finns även andra skäl, som vi ska återkomma till senare, varför ett väldigt stort värde på K_P inte är önskvärt, t.ex. om vi inte kan mäta y exakt.

2.2.3 Proportionell och integrerande reglering

Man kan komma runt problemet med kvarstående reglerfel genom att införa vad som brukar kallas *integralverkan* i regulatorn

$$u(t) = K_P e(t) + K_I \int_0^t e(s)ds$$

Denna regulator kallas för *proportionell och integrerande regulator* eller förkortat *PI-regulator*. Konstanten K_I kallas för *integralförstärkning*. I Figur 2.7b ses hur PI-reglering av hustemperaturen fungerar då $K_P = 0.9$ och $K_I = 0.2$. Vi ser att vi i medel har ett reglerfel som är noll efter den initiala transienten då huset värms upp. Vi ser att styrsignalen inte är alltför stor initialt. Det maximala värdet är c:a 95 grader på framvattentemperaturen. Sedan oscillerar framvattentemperaturen för att kompensera för den varierande utomhustemperaturen. En extra sänkning av framvattentemperaturen uppkommer då solen skiner in genom fönstren mellan tiderna 30 och 36. Vi noterar dock att inomhustemperaturen överskrider referensvärdet 21 rätt så mycket precis efter att inomhustemperaturen nått referensvärdet första gången. Detta beror på att vi integrerat ett stort värde på $e(t)$ över en lång tid, och därför är den andra termen som innehåller integralen i PI-regulatorn stor vid denna tidpunkt, och det är det som orsakar vad vi kallar en *översläng* för y. Det tar tid innan integraltermen blir mindre.

2.2.4 Proportionell, integrerande och deriverande reglering

Man kan utöka PI-regulatorn till att också innehålla *derivataverkan* enligt

$$u(t) = K_P e(t) + K_I \int_0^t e(s)ds - K_D \frac{dy(t)}{dt} \tag{2.7}$$

Detta kallas *PID-reglering* och konstanten K_D kallas *derivataförstärkning*. Vi ser att vi inte deriverar reglerfelet utan istället endast y, och skälet till detta är att om r ändrar sig momentant från ett värde till ett annat så blir derivatan av r väldigt stor. Vi noterar att vi kan skriva

$$K_P y(t) + K_D \frac{dy(t)}{dt} = K_P \left(y(t) + \frac{K_D}{K_P} \frac{dy(t)}{dt} \right) \approx K_P y(t + K_D/K_P)$$

Detta betyder att man istället för att återkoppla från den nuvarande inomhustemperatur återkopplar från en framtida inomhustemperatur. Man kommer då att använda en mindre styrsignal då regulatorn ser att man håller på att närma

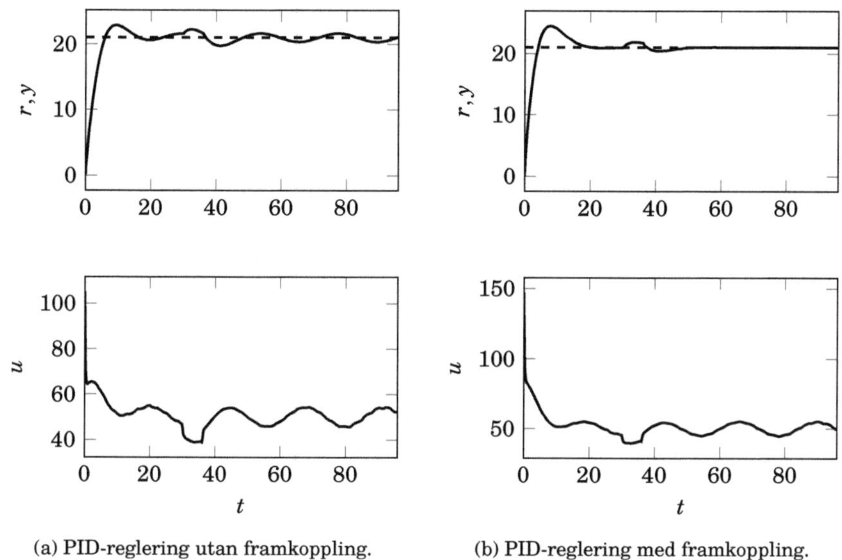

(a) PID-reglering utan framkoppling. (b) PID-reglering med framkoppling.

Figur 2.8: Figurer som visar börvärde r (streckad) och ärvärde y (heldragen) samt styrsignalen u för husuppvärmning.

sig ett litet reglerfel. Detta innebär att överslängen kan minskas, vilket också kan ses i Figur 2.8a. Värdena på regulatorparametrarna är $K_P = 5$, $K_I = 1.5$ och $K_D = 6.67$. Vi ser att framvattentemperaturen initialt är över 100, men att den väldigt snabbt går under 70. Detta är en markant skillnad mot PI-regulatorn som under hela uppvärmningsfasen ger en framvattentemperatur som är över 70. I praktiken kan man därför enkelt begränsa framvattentemperaturen till 70 grader när PID-regulatorn räknar ut ett större värde utan att det kommer att påverka resultatet i någon större omfattning. Det ska nämnas att man bör lågpassfiltrera y innan den används i derivatadelen så att högfrekeventa mätfel inte orsakar högfrekeventa oscillationer i styrsignalen. Vi återkommer till detta i Kapitel 6.

Om man kombinerar PID-regleringen med framkoppling så att styrsignalen är summan av vad de två regulatorerna genererar så blir resultatet som i Figur 2.8b. Observera att vi här liksom innan baserar framkopplingen på de approximativa värdena på värmeövergångstalen. Vi ser att inverkan av utomhustemperaturen är helt eliminerad, men att vi som innan ser en inverkan av solstrålningen. Det faktum att vi mäter utomhustemperaturen gör att vi med framkopplingen kan vara proaktiva och kompensera för den innan den märks i inomhustemperaturen. PID-regulatorn ensam reagerar lite för sent för att eliminera inverkan helt.

2.3 Sammanfattning

I det här kapitlet har vi lärt oss grundläggande begrepp som framkoppling och återkoppling. Vi noterar att framkoppling kräver en god modell av det vi vill reglera, men att vi inte behöver mäta ärvärdet. Vid återkoppling mäter vi ärvärdet och kan utan att känna till en god modell av det vi reglerar åstadkomma bra reglering. Vi har i ett exempel sett vad som kan åstadkommas med P-, PI-, respektive PID-reglering. Systematiska metoder för att erhålla bra reglerprestanda kommer att diskuteras ingående i resterande kapitel.

2.4 Repetitionsfrågor

1. Vad är en regulatorstruktur?
2. Förklara begreppen styrsignal, störsignal, börvärde och ärvärde. Hur definieras reglerfelet?
3. Vad är ett system?
4. Vad är en regulator?
5. Förklara begreppen insignal och utsignal.
6. Vad är en modell för ett system?
7. Vad är skillnaden mellan en dynamisk modell och en statisk modell?
8. Vad skiljer återkoppling från framkoppling?
9. Vad är fördelarna respektive nackdelarna med återkoppling och framkoppling.
10. Varför kan det vara bra att kombinera fram- och återkoppling?
11. Ge exempel på återkopplade regulatorer.

Kapitel 3

Dynamiska system

Dynamiska system är ett viktigt begrepp i reglertekniken. Om inte systemet i husuppvärmningsexemplet hade varit dynamiskt så hade inomhustemperaturen ändrats momentant när vi ändrade framvattentemperaturen. Dynamik är alltså en inneboende egenskap för många fysikaliska system. Andra viktiga egenskaper som stabilitet och instabiltet kan inte heller förklaras utan att vi betraktar system som dynamiska. I detta kapitel kommer vi därför att lägga grunden för förståelsen av dynamiska system. Vi ska framförallt titta på linjära dynamiska system, och vi ska också att undersöka när sådana system är stabila. Vidare kommer vi att försöka kvantifiera egenskaper hos linjära dynamiska system relaterade till deras så kallade stegsvar. Slutligen ska vi kort att diskutera hur linjära dynamiska system kan användas för att approximera mera generalla olinjära dynamiska system.

3.1 Modeller

Modeller i reglertekniska sammanhang är, som vi redan diskuterat i Kapitel 2, matematiska relationer som beskriver de fenomen vi vill kvantifiera hos ett system. Vi har redan mött statiska modeller, där utsignalen vid varje tidpunkt t ges av samma funktion f av insignalen, d.v.s.

$$y(t) = f(u(t))$$

där $u(t)$ är insignal och $y(t)$ utsignal. Observera att även u och y är funktioner. En av de enklaste statiska modeller man kan tänka sig ges av

$$f(x) = Kx$$

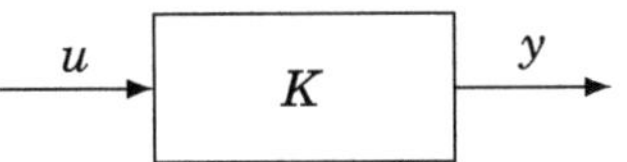

Figur 3.1: Blockschema för linjärt statiskt system.

d.v.s. en linjär funktion med lutningskoefficient K. Man säger då att systemet är ett *linjärt statiskt system*. Ofta representerar man det i blockschema genom att ange proportionalitetskonstanten i blocket, se Figur 3.1. Man inser att för statiska system beror utsignalen endast av vad insignalen är vid samma tidpunkt. För många fysikaliska system är så ej fallet, utan utsignalen beror ofta på vad insignalen varit även bakåt i tiden. Vi har redan stött på flera exempel, och ett är PI-regulatorn, där

$$u(t) = K_P e(t) + K_I \int_0^t e(\tau)d\tau$$

Här kan vi mer abstrakt skriva $u = \mathcal{F}(e)$, där $\mathcal{F}$ är en operator som avbildar insignalfunktionen e på utsignalfunktionen u. Här beror $u(t)$ på $e(s)$ för alla s sådana att $0 \leq s \leq t$. Ett sådant system, där utsignalen vid en viss tidpunkt beror på insignalen för flera tidpunkter, kallar vi ett *dynamiskt system*.

Definition 3.1 En operator $y = \mathcal{F}(u)$ är kausal om $y(t)$ endast beror på $u(\tau)$ för $\tau \leq t$.

Ett annat exempel på ett dynamiskt system är derivataoperatorn $y = \mathcal{D}(u)$ där $\mathcal{D}$ definieras av att

$$y(t) = \frac{du(t)}{dt} \tag{3.1}$$

som avbildar funktionen $u(t)$ på sin derivata. Observera att det inte räcker att känna till $u(t)$ vid tidpunkten t för att beräkna derivatan. Även tidpunkter nära t behövs.

En förhållandevis generall beskrivning av dynamiska system, som inkluderar de vi diskuterat ovan, ges av att utsignalen är en *faltning* mellan insignalen och en funktion g, d.v.s.

$$y(t) = \int_0^t g(\tau)u(t-\tau)d\tau \tag{3.2}$$

Denna funktion kallas för *viktsfunktionen* eftersom den viktar hur mycket u ska bidra med till y. Eftersom $y(t) = g(t)$ för $u(t) = \delta(t)$, där $\delta(t)$ är impulsfunktionen, se Appendix B, så kallar man också $g(\tau)$ för systemets *impulssvar*.

Definition 3.2 En operator $y = \mathcal{F}(u)$ är linjär om $\mathcal{F}(\alpha u_1 + \beta u_2) = \alpha\mathcal{F}(u_1) + \beta\mathcal{F}(u_2)$ för alla funktioner u_1, u_2 och alla reella tal α, β.

Sats 3.1 Operatorn beskriven av faltningen (3.2) är linjär och kausal.

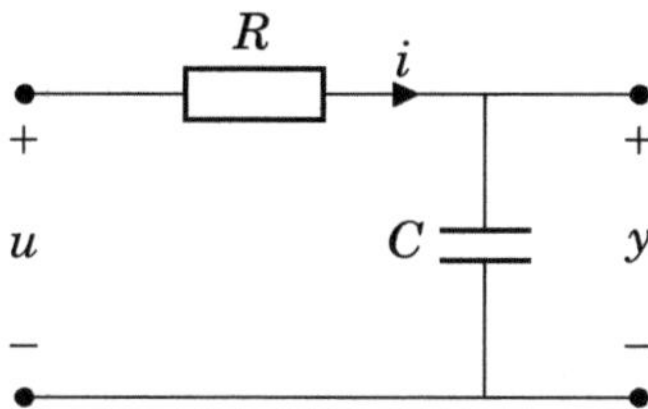

Figur 3.2: En elektrisk krets.

Bevis. Det gäller med $\mathscr{F}(u) = \int_0^t g(\tau)u(t-\tau)d\tau$ att

$$\begin{aligned}\mathscr{F}(\alpha u_1 + \beta u_2) &= \int_0^t g(\tau)\big(\alpha u_1(t-\tau) + \beta u_2(t-\tau)\big)\,d\tau \\ &= \alpha \int_0^t g(\tau)u_1(t-\tau)d\tau + \beta \int_0^t g(\tau)u_2(t-\tau)d\tau = \alpha\mathscr{F}(u_1) + \beta\mathscr{F}(u_2)\end{aligned}$$

vilket visar linjäriteten. Kausaliteten inses omedelbart. □

Kommentar 3.1 Vi kaller ett system som definieras av en linjär operator för ett *linjärt system*.

3.2 Linjära differentialekvationer

Vi ska nu se att linjära differentialekvationer beskriver linjära kausala dynamiska system. Ett exempel är differentialekvationen i (2.3). Ett annat exempel är de ekvationer som beskriver en elektrisk krets.

Exempel 3.1

Betrakta den elektriska kretsen i Figur 3.2 där R är resistorns resistans och C är kondensatorns kapacitans. Denna krets beskrivs av ekvationerna

$$\begin{aligned}u(t) - y(t) &= Ri(t) \\ C\frac{dy(t)}{dt} &= i(t)\end{aligned}$$

Detta medför att spänningen y över kondensatorn och spänningskällan u satisfierar den linjära differentialekvationen

$$\frac{dy(t)}{dt} + ay(t) = bu(t)$$

där $a = b = 1/RC$. Denna ekvation kan lösas med integrerande faktor. Ekvivalenta ekvationer är

$$\begin{aligned} e^{at}\frac{dy(t)}{dt} + e^{at}ay(t) &= e^{at}bu(t) \\ \frac{d}{dt}\left(e^{at}y(t)\right) &= e^{at}bu(t) \\ e^{at}y(t) - e^{at_0}y(t_0) &= \int_{t_0}^{t} e^{as}bu(s)ds \\ y(t) &= e^{-a(t-t_0)}y(t_0) + \int_{t_0}^{t} e^{a(s-t)}bu(s)ds \end{aligned}$$

Efter ett byte av integrationsvariabel till $\tau = t - s$ får man

$$y(t) = e^{-a(t-t_0)}y(t_0) + \int_0^{t-t_0} e^{-a\tau}bu(t-\tau)d\tau$$

Om $t_0 = 0$ och $y(t_0) = 0$ så har vi med $g(\tau) = e^{-a\tau}b$ att

$$y(t) = \int_0^t g(\tau)u(t-\tau)d\tau$$

Vi inser också att om $t_0 = -\infty$ och om $a > 0$ så är

$$y(t) = \int_0^\infty g(\tau)u(t-\tau)d\tau$$

oberoende av vad $y(-\infty)$ är. Vi noterar att differentialekvationen för kretsen definierar en linjär och kausal operator, och att operatorn ges av att man faltar insignalen med impulssvaret g. Vi inser att för $\tau > 1/a = RC$, vilket kallas RC-kretsens *tidskonstant*, är inverkan av u mindre än $1/e$ i utsignalen. Likaså bestämmer a hur snabbt inverkan av $y(t_0)$ dör ut. I Avsnitt 3.5 kommer vi att räkna ut vad $y(t)$ blir då $u(t)$ är en konstant signal. I Exempel 5.4 kommer vi att räkna ut vad $y(t)$ blir då $u(t)$ är en sinusfunktion. Allmänt kan man använda teorin för Laplacetransformer för att underlätta uträknandet av vad $y(t)$ blir för olika $u(t)$, och detta är något vi kommer att återkomma till i Kapitel 5.

3.3 Stabilitet

I Kapitel 2 diskuterade vi P-reglering av ett statiskt system (2.1). För fallet $v = 0$ ges det av

$$y = \alpha u$$

Om vi reglerar med P-regulatorn

$$u = K_P(r - y)$$

gäller att slutna systemet ges av

$$y = \frac{\alpha K_P}{1 + \alpha K_P} r \to r, \quad K_P \to \infty$$

där såväl u som y och r är funktioner av tiden t. Vi ska nu se att man inte nödvändigtvis konvergerar till ett gränsvärde för stora K_P om man istället för ett statiskt system har ett dynamiskt system som relaterar $u(t)$ till $y(t)$. Antag därför att systemet istället ges av

$$\dot{y}(t) + y(t) = \alpha(-\dot{u}(t) + u(t)) \tag{3.3}$$

där $\dot{u}(t) = \frac{du(t)}{dt}$ och α är en konstant. Vi noterar att om $x(t)$ löser

$$\dot{x}(t) + x(t) = \alpha u(t)$$

så löser $x(t)$ även

$$-\ddot{x}(t) - \dot{x}(t) = -\alpha \dot{u}(t)$$

Om man adderar dessa ekvationer, så inser man att $y(t) = -\dot{x}(t) + x(t)$ är lösning till den ursprungliga ekvationen. Då $u(t)$ är ett *steg* med *amplitud* u_0, d.v.s.

$$u(t) = \begin{cases} u_0, & t \geq 0 \\ 0, & t < 0 \end{cases}$$

och då $x(t_0) = 0$ så ges x enligt vår faltningsformel i Exempel 3.1 av

$$x(t) = \int_0^t e^{-\tau} \alpha u_0 d\tau = \alpha(1 - e^{-t}) u_0$$

Slutligen får vi

$$y(t) = -\frac{d}{dt}\left(\alpha(1 - e^{-t})u_0\right) + \alpha(1 - e^{-t})u_0 = \alpha(1 - 2e^{-t})u_0 \to \alpha u_0, \quad t \to \infty \tag{3.4}$$

Alltså beter sig denna dynamiska modell likadant som den statiska modellen då tiden gått mot oändligheten.

Om vi nu istället låter u ges av återkopplingen från P-regulatorn, så har vi från (3.3) att

$$\dot{y}(t) + y(t) = \alpha(-K_P(\dot{r}(t) - \dot{y}(t)) + K_P(r(t) - y(t)))$$

som kan förenklas till

$$\dot{y}(t) + \gamma y(t) = \beta(r(t) - \dot{r}(t)) \tag{3.5}$$

där

$$\gamma = \frac{1+\alpha K_P}{1-\alpha K_P}, \quad \beta = \frac{\alpha K_P}{1-\alpha K_P}$$

Denna differentialekvation beskriver vad vi kallar det *slutna systemets* dynamik. Det *öppna systemets* dynamik ges av (3.3). Differentialekvation i (3.5) liknar den vi precis löste, d.v.s. (3.3), och för r ett steg med amplitud r_0 blir lösningen därför

$$y(t) = \beta\left(\frac{1}{\gamma}(1 - e^{-\gamma t}) - e^{-\gamma t}\right) r_0 \tag{3.6}$$

Om $\gamma > 0$ så gäller att $y(t) \to \beta r_0/\gamma = \alpha K_P r_0/(1+\alpha K_P)$, då $t \to \infty$, vilket är samma värde som vi har för det statiska systemet. Om istället $\gamma < 0$ så gäller att $y(t) \to \infty$, då $t \to \infty$. Villkoret $\gamma < 0$ är ekvivalent med att $K_P > 1/\alpha$, och vi inser att det slutna systemet är instabilt då vi väljer K_P tillräckligt stort. Med instabilitet menar vi i det här exemplet att $y(t)$ inte konvergerar mot ett konstant ändligt värde då referensvärdet är konstant och ändligt.

Vi ska nu undersöka stabilitet mer generellt för ett system beskrivet av faltningen

$$y(t) = \int_0^t g(\tau)u(t-\tau)d\tau \tag{3.7}$$

med en godtycklig viktsfunktion $g(\tau)$, inte nödvändigtvis relaterad till en linjär differentialekvation. Innan dess inför vi följande definition:

Definition 3.3 Ett system säges vara ***insignalutsignalstabilt*** om begränsad insignal medför att utsignalen är begränsad.

Antag därför att insignalen $u(t)$ är begränsad så att för något ändligt K gäller att $|u(t)| \leq K$ för alla t. Då gäller enligt triangelolikheten att

$$|y(t)| \leq \int_0^t |g(\tau)||u(t-\tau)|d\tau \leq K\int_0^t |g(\tau)|d\tau \leq K\int_0^\infty |g(\tau)|d\tau$$

Så en begränsad insignal ger en begränsad utsignal om $\int_0^\infty |g(\tau)|d\tau < \infty$. Låt oss nu välja u så att $u(t-\tau)$ är 1 om $g(\tau) > 0$ och -1 om $g(\tau) < 0$ vilket medför att

$$y(t) = \int_0^t |g(\tau)|d\tau$$

Om $\int_0^\infty |g(\tau)|d\tau \not< \infty$ så kan man göra $y(t)$ godtyckligt stor genom att välja t tillräckligt stort, och vi har visat att med en begränsad insignal kan vi göra $y(t)$ godtyckligt stor. Vi har nu visat följande sats.

SATS 3.2 Ett system beskrivet av faltningen (3.7) är insignalutsignalstabilt om och endast om impulssvaret är *absolut integrerbart*, d.v.s.

$$\int_0^\infty |g(\tau)|d\tau < \infty$$

KOMMENTAR 3.2 Stegsvaret (3.6) har en derivata som ges av

$$\dot{y}(t) = \frac{2\beta e^{-\gamma t}}{1-\alpha K_P}$$

då $r_0 = 1$. Detta är alltså impulssvaret när (3.3) regleras med en P-regulator. Detta impulssvar är absolut integrerbart om och endast om $\gamma > 0$, och därför är det slutna systemet insignalutsignalstabilt om och endast om $\gamma > 0$. Detta stämmer överens med vad vi tidigare sett för ett steg, men nu känner vi också till vad som händer för alla begränsade signaler $r(t)$.

EXEMPEL 3.2

För en oändligt lång homogen stång gäller att dess temperatur $y(t)$ vid tidpunkten t och positionen $x \in [0,\infty]$ satisfierar den partiella differentialekvationen

$$k\frac{\partial y(x,t)}{\partial t} = \frac{\partial^2 y(x,t)}{\partial x^2}$$

där k är en konstant som beror på stångens värmeledningsförmåga, densitet och den specifika värmen. Stångens temperatur kan styras i den ände som definieras av $x = 0$ via bivillkoret $y(0,t) = u(t)$ där $u(t)$ betraktas som insignal till systemet. Man kan visa att $y(x,t)$ kan erhållas som en faltning

$$y(x,t) = \int_0^t g(x,\tau)u(t-\tau)d\tau$$

där viktsfunktionen ges av

$$g(x,\tau) = \frac{x}{\sqrt{4\pi k\tau^3}}\exp\left(-\frac{x^2}{4k\tau}\right) \tag{3.8}$$

Vi inser att detta definierar ett dynamiskt system för varje värde på x. Det är inte svårt att verifiera att viktsfunktionen är absolut integrerbar för varje värde på x, och alltså är systemet insignalutsignalstabilt för varje värde på x.

3.4 Specifikationer på stegsvar

Som vi har sett i Kapitel 2 så används regulatorer för att få system att bete sig på ett önskat sätt trots att de påverkas av störningar och/eller att vi har

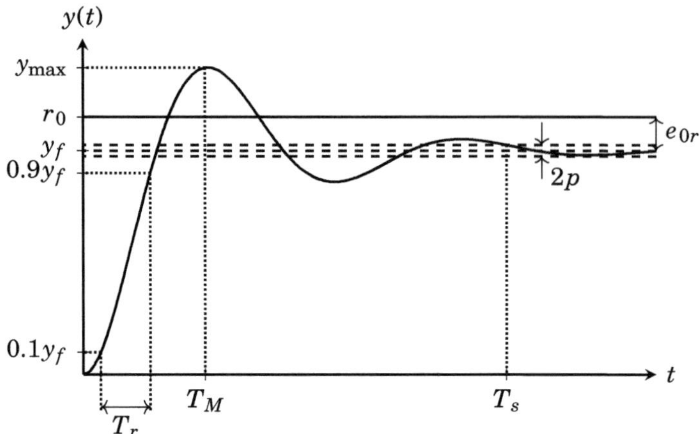

Figur 3.3: Ett stegsvar med beteckningar kopplade till specifikationer.

en begränsad kännedom om det system vi reglerar. Idealt vill vi att reglerfelet $e(t) = r(t) - y(t)$ ska vara noll för alla tidpunkter, men vi har i några exempel sett att så ej blir fallet, och det är inte heller realistiskt att tro att man med andra regulatorer kan åstadkomma detta. Oftast är vi nöjda med att reglerfelet bli tillräckligt litet efter en viss tid, och ofta anger man *specifikationer* i termer av ett svar på vad ärvärdet $y(t)$ blir då börvärdet $r(t)$ är ett steg givet av

$$r(t) = \begin{cases} r_0, & t \geq 0 \\ 0, & t < 0 \end{cases}$$

Vad $y(t)$ blir kallar vi *stegsvaret*, och i Figur 3.3 ses ett exempel. Typiskt ställer man krav på följande storheter:

- *Stigtiden* T_r är tiden det tar för $y(t)$ att växa från 10% till 90% av sitt *slutvärde* y_f.
- *Insvängningstiden* T_s eller *lösningstiden* är minsta T_s sådan att $y_f - p \leq y(t) \leq y_f + p$ för alla $t \geq T_s$. Värdet på p anges istället ibland i procent av y_f och typiska värden är 2% eller 5%.
- *Slutfelet* e_{0r} är skillnaden mellan r_0 och y_f. Man definierar även det normaliserade slutfelet som $e_0 = e_{0r}/r_0$, vilket ska visa sig vara detsamma som den s.k. nollte felkoefficienten.
- *Överslängen* M definieras som $M = (y_{\max} - y_f)/y_f$, där $y_{\max}$ är det största värdet för y. Ofta anges M i procent.

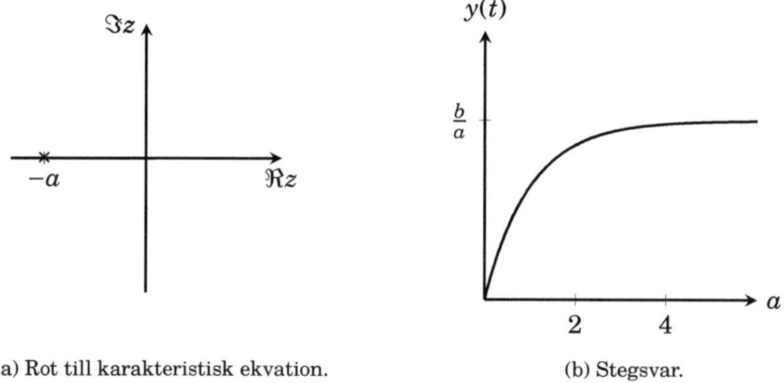

(a) Rot till karakteristisk ekvation. (b) Stegsvar.

Figur 3.4: Första ordningens linjär differentialekvation.

Vi ska i nästa avsnitt studera stegsvar för dynamiska system som beskrivs av ordinära linjära differentialekvationer. Vi har redan i detta kapitel sett två exempel på sådana dynamiska system.

3.5 Stegsvar för linjära differentialekvationer

I förra avsnittet diskuterade vi specifikationer på stegsvar för ett slutet system. Som vi sett i Avsnitt 3.3 så kan både slutna och öppna system beskrivas av liknande differentialekvationer, och därför har det ingen betydelse när vi relaterar specifikationer på stegsvar till egenskaper hos differentialekvationer om vi gör det för ett slutet eller öppet system. Därför kommer vi för enkelhetens skull i det här avsnittet bara att studera linjära differentialekvationer utan att diskutera om de härrör från ett öppet eller slutet system.

Lösningen till den linjära differentialekvationen

$$\frac{dy(t)}{dt} + ay(t) = bu(t)$$

för det fall när u är ett steg med amplitud ett, ett s.k *enhetssteg*, ges av

$$y(t) = \frac{b}{a}\left(1 - e^{-at}\right)$$

när $y(0) = 0$. Detta kan enkelt verifieras genom att antingen använda faltningsformeln i Exempel 3.1 eller genom att derivera lösningen och visa att den satisfierar differentialekvationen. Eftersom ekvationen är linjär följer att svaret för steg med annan amplitud ges av svaret på enhetssteget multiplicerat med

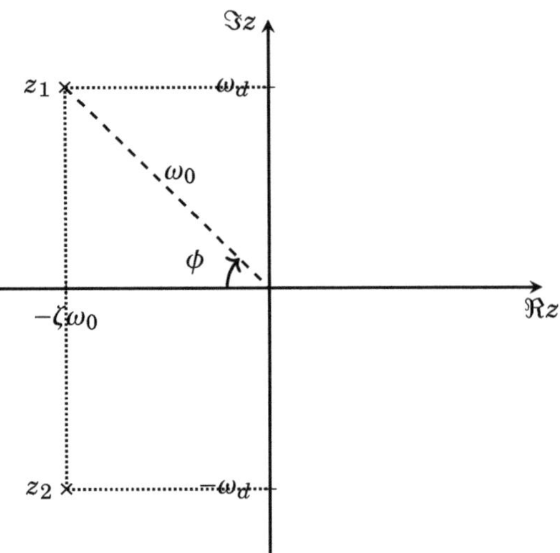

Figur 3.5: Rötter till karakteristisk ekvation.

stegets amplitud. Lösningen till differentialekvationen är i Figur 3.4b plottad som en funktion av at. Det gäller att stigtiden ges av $aT_r = 2.2$, att insvängningstiden (5%) ges av $aT_s = 3$ och att överslängen är $M = 0$, jfr. Avsnitt 3.4. Den karakteristiska ekvationen kopplad till differentialekvationen ges av

$$z + a = 0$$

i variabeln z med lösning $z = -a$. Den är plottad i komplexa talplanet i Figur 3.4a. Man inser att ju längre till vänster roten ligger ju mindre är insvängningstid och stigtid. Vi ska snart se att detta förhållande även gäller för högre ordningens linjära differentialekvationer.

Vi ska nu studera en andra ordningens linjär differentialekvation

$$\ddot{y}(t) + 2\zeta\omega_0\dot{y}(t) + \omega_0^2 y(t) = \omega_0^2 u(t) \tag{3.9}$$

där $0 \leq \zeta < 1$ och $\omega_0 > 0$. Vi kallar ζ för den *relativa dämpningen*, och vi kommer att låta u vara ett enhetssteg. Karakteristiska ekvationen kopplad till denna differentialekvation ges av

$$z^2 + 2\zeta\omega_0 z + \omega_0^2 = 0$$

som har rötter $z_{1,2} = (-\zeta \pm i\sqrt{1-\zeta^2})\omega_0$, vilka också finns inritade i komplexa talplanet i Figur 3.5. Man ser att avståndet från origo till rötterna ges av ω_0,

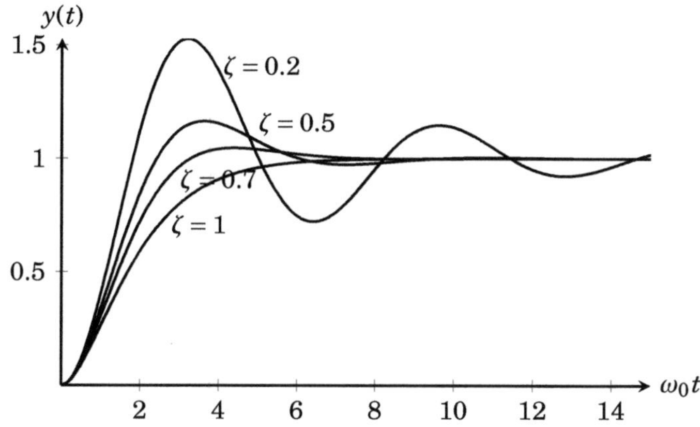

Figur 3.6: Stegsvar för andra ordningens linjärt system för olika värden på ζ.

realdelen ges av $-\zeta\omega_0$, imaginärdelen av $\omega_d = \sqrt{1-\zeta^2}\omega_0$, samt att vinkeln ϕ till imaginära axeln satisfierar $\cos\phi = \zeta$. Den homogena lösningen till differentialekvationen ges av

$$y_h(t) = e^{-\zeta\omega_0 t}(A\cos(\omega_d t) + B\sin(\omega_d t))$$

för några konstanter A och B. Partikulärlösningen kan ansättas som en konstant. Genom att använda begynnelsevärdena $y(0) = 0$, $\dot{y}(0) = 0$, att lösningen konvergerar mot en konstant då tiden går mot oändligheten, samt några trigonometriska ekvationer, kan man komma fram till att stegsvaret ges av

$$y(t) = 1 - \frac{1}{\sqrt{1-\zeta^2}}e^{-\zeta\omega_0 t}\sin\left(\omega_d t + \phi\right)$$

Denna lösning förutsätter att $0 \le \zeta < 1$. Då $\zeta = 1$ ges lösningen istället av

$$y(t) = 1 - (1 + \omega_0 t)e^{-\omega_0 t}$$

Vi inser att t och ω_0 endast kommer in som en faktor $\omega_0 t$ i lösningen, och därför är ω_0 endast en skalning av tiden. Stegsvaret är plottat i Figur 3.6 som en funktion av $\omega_0 t$ för olika värden på ζ, och vi ser att svaret har mindre överläng ju större ζ är. Vi ska nu relatera stegsvaren till de specifikationer vi gav i Avsnitt 3.4. Man kan visa att överslängen är $M = e^{-\pi\zeta/\sqrt{1-\zeta^2}}$, att stigtiden är $T_r = \omega_0^{-1}e^{\phi/\tan\phi}$ och att insvängningstiden (5%) är $T_s \approx 3/(\omega_0\zeta)$ då $0 \le \zeta < 0.9$. Här har stigtiden beräknats som det inverterade värdet av maximum av stegsvarets tidsderivata, vilket ger ungefär samma värde som vår tidigare definition av T_r.

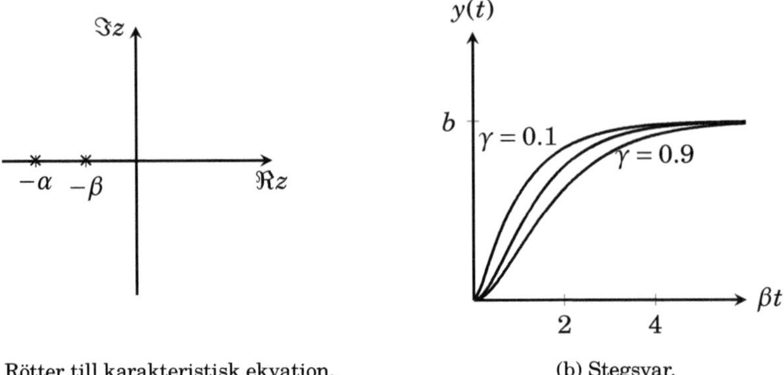

(a) Rötter till karakteristisk ekvation.

(b) Stegsvar.

Figur 3.7: Andra ordningens linjär differentialekvation.

Man inser nu att man istället för att direkt ange specifikationer för stegsvar istället kan göra det indirekt via karakteristiska polynomets rötter om slutna systemet beskrivs av en första eller andra ordningens differentialekvation som har komplexkonjugerade rötter för den karakteristiska ekvationen. Speciellt noterar vi att avståndet från imaginära axeln till rötterna är omvänt proportionellt mot insvängningstiden medan stigtiden är omvänt proportionell mot avståndet från origo till rötterna.

Vi ska nu studera en andra ordningens linjär differentialekvation som har två reella rötter. Differentialekvationen ges av

$$\ddot{y}(t) + a_1\dot{y}(t) + a_2y(t) = bu(t)$$

Den karakteristiska ekvationen ges av

$$z^2 + a_1z + a_2 = (z+\alpha)(z+\beta) = 0$$

där (α, β) löser ekvationerna $\alpha + \beta = a_1$ och $\alpha\beta = a_2$. Vi förutsätter att lösningen är reell så att rötterna

$$z_1 = -\alpha, \qquad z_2 = -\beta$$

till den karakteristiska ekvationen är reella. Den homogena lösningen till differentialekvationen ges av

$$y_h(t) = Ae^{-\alpha t} + Be^{-\beta t}$$

för några konstanter A och B. Partikulärlösningen ges av en konstant. Genom att använda begynnelsevärdena $y(0) = 0$, $\dot{y}(0) = 0$, och att lösningen konvergerar mot en konstant då tiden går mot oändligheten, kan man komma fram till att stegsvaret ges av

$$y(t) = \left(1 - \frac{\alpha}{\alpha - \beta} e^{-\beta t} + \frac{\beta}{\alpha - \beta} e^{-\alpha t}\right) b$$

I Figur 3.7a ser vi den karakteristiska ekvationenens rötter och i Figur 3.7b ser vi stegsvaren för olika värden på $\gamma = \beta/\alpha$ som funktion av βt. Vi noterar att för små värden på γ så kan man bortse från den tredje termen i stegsvaret, och stegsvaret ser nästan likadant ut som stegsvaret i Figur 3.4b för en första ordningens differentialekvation, d.v.s.

$$\dot{y}(t) + \beta y(t) = \beta b u(t)$$

är en god approximation då insignalen är ett steg och γ är liten. Vi inser att det är den rot till den karakteristiska ekvationen som ligger närmast den imaginära axeln som i huvudsak bestämmer hur stegsvaret ser ut. Denna rot beskriver den så kallat *dominerande dynamiken*. Allmänt gäller för högre ordningens differentialekvationer att det är de rötter till den karakteristiska ekvationen som ligger närmast den imaginära axeln som är viktigast för att beskriva ett systems dynamik när man betraktar stegsvar. Detta gäller oaktat om rötterna är reella eller komplexa.

3.6 Rotort

Vi ska nu studera hur rötterna till den karakteristiska ekvationen för ett slutet system varierar med förstärkningen K_P för en P-regulator. Vi låter det öppna systemet beskrivas av differentialekvationen

$$\ddot{y}(t) + \dot{y}(t) + y(t) = b_0 u(t) \tag{3.10}$$

som vi reglerar med P-regulatorn

$$u(t) = K_P(r(t) - y(t)) \tag{3.11}$$

Det slutna systemet beskrivs då av differentialekvationen

$$\ddot{y}(t) + \dot{y}(t) + (1 + b_0 K_P)y(t) = b_0 K_P r(t)$$

Vi jämför nu vänsterledet i denna differentialekvation med vänsterledet i (3.9), och vi inser att vi kan skriva dess karakteristiska ekvation på samma form om vi låter $\omega_0^2 = 1 + b_0 K_P$ samt $2\zeta\omega_0 = 1$. Vi kan nu lösa ut ζ och ω_0 för givet K_P och b_0. Detta medför att $\zeta\omega_0 = -1/2$ och att $\omega_d = \sqrt{1 + b_0 K_P - 1/4}$. I Figur 3.8a ses den karakteristiska ekvationenens rötter för ett antal olika värden på K_P, och

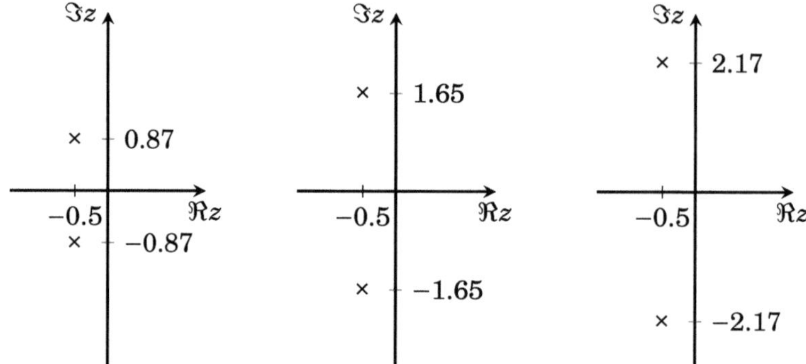

(a) Rötter till karakteristiska ekvationen för $K_P = 0$ till vänster, $K_P = 2$ i mitten och $K_P = 4$ till höger.

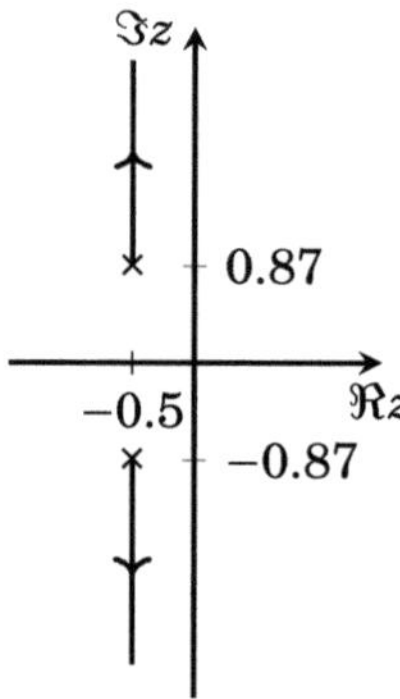

(b) Rotort som visar hur karakteristiska ekvationens rötter varierar med K_P där pilen anger riktningen för ökande värden av K_P, och där × anger rötterna för $K_p = 0$.

Figur 3.8: Figurer som beskriver hur rötterna till en karakteristisk ekvation varierar med en parameter K_P.

i Figur 3.8b ses hur karakteristiska ekvationenens rötter varierar med ökande K_P för $b_0 = 1$. Pilens riktning anger ökande K_P. Denna typ av figur kallas för *rotort*. De två linjerna kallas för rotortens *grenar*. Man ser att rötterna går mot oändligheten då K_P går mot oändligheten. Vidare ser man också att ω_0 ökar och att ζ minskar med ökande K_P. Alltså har det slutna systemet mindre stigtid, men också större översläng med högre förstärkning i P-regulatorn. Insvängningstiden går inte att påverka. Observera att det slutna systemet är insignalutsignalstabilt, eftersom impulssvaret

$$g(t) = \dot{y}(t) = \frac{e^{-\zeta\omega_0 t}}{\sqrt{1-\zeta^2}}\left(\zeta\omega_0 \sin\left(\omega_d t + \phi\right) - \omega_d \cos\left(\omega_d t + \phi\right)\right)$$

där $y(t)$ är stegsvaret, är absolut integrerbart. Vi inser från denna enkla analys av P-reglering av det dynamiska systemet ovan att man är väldigt begränsad vad gäller för beteende som kan åstadkommas. Det hade varit mycket trevligare om man hade kunnat flytta rötterna för den karakteristiska ekvationen längre till vänster istället för bara uppåt och nedåt. Då hade man kunnat snabba upp systemet utan att det blev sämre dämpat. Vi ska senare i Avsnitt 5.7 se att detta är möjligt om man tillåter sig att använda en proportionell och deriverande regulator.

Vi antar nu att öppna systemet dynamik ges av den allmänna linjära differentialekvationen

$$\begin{aligned}\frac{d^n y(t)}{dt^n} + a_1\frac{d^{n-1}y(t)}{dt^{n-1}} + \ldots + a_{n-1}\frac{dy(t)}{dt} + a_n y(t)\\ = b_0\frac{d^m u(t)}{dt^m} + \ldots + b_{m-1}\frac{du(t)}{dt} + b_m u(t)\end{aligned} \tag{3.12}$$

Ett mer abstrakt sätt att skriva denna ekvation är att använda derivataoperatorn $\mathscr{D}$ som vi definierade i (3.1). För att göra notationen lite enklare låter vi $p = \mathscr{D}$, och det gäller alltså att

$$py(t) = \frac{dy(t)}{dt}$$

Då kan vi skriva differentialekvationen ovan som

$$\begin{aligned}p^n y(t) + a_1 p^{n-1} y(t) + \ldots + a_{n-1} p y(t) + a_n y(t)\\ = b_0 p^m u(t) + \ldots + b_{m-1} p u(t) + b_m u(t)\end{aligned}$$

eller ekvivalent som

$$A(p)y(t) = B(p)u(t)$$

där

$$A(p) = p^n + a_1 p^{n-1} + \cdots + a_{n-1}p + a_n, \quad B(p) = b_0 p^m + b_1 p^{m-1} + \cdots + b_{m-1}p + b_m$$

är polynom i derivataoperatorn. Som innan reglerar vi öppna systemet med P-regulatorn i (3.11). Då ges det slutna systemet av

$$(A(p)+K_P B(p))y(t) = K_P B(p)r(t) \tag{3.13}$$

Den karakteristisk ekvationen för differentialekvationen för det slutna systemet är alltså

$$A(z)+K_P B(z) = 0 \tag{3.14}$$

där som innan z är ett komplext tal. Vi ska senare se att vi har insignalutsignalstabilitet för det slutna systemet då alla rötter till den karakteristiska ekvationen har en realdel som är negativ, jfr. Sats 5.7. Vi ska nu ange några regler för hur rötterna till ekvationen i (3.14) beror på K_P, vilket möjliggör uppritande av rotorten och därigenom en analys av hur slutna systemets stabilitet beror på K_P.

Vi börjar med att notera att ekvationen i (3.14) är ekvivalent med

$$K = -\frac{A(z)}{B(z)} \tag{3.15}$$

där vi infört $K = K_P$ för att förenkla notationen. Det är ingen inskränkning att anta att $b_0 = 1$ om b_0 antas vara positiv, eftersom andra värden kan inkluderas i K genom normering. Vi gör följande observationer:

- *Symmetri.* Eftersom A och B antas ha reella koefficienter så gäller att om z är en rot så är även komplexkonjugatet $\bar{z}$ en rot. Det inses genom att komplexkonjugera ekvationen i (3.14). Alltså är rotorten symmetrisk med avseende på den reella axeln i det komplexa talplanet.

- *Antal grenar.* Algebrans fundamentalsats säger att (3.14) har lika många rötter som det största gradtalet för A och B, vilket vi antar är n. Alltså har rotorten n stycken *grenar*.

- *Start och ändpunkter.* Vi inser från (3.15) att $K = 0$ för de z som är nollställen till A och att $K = \infty$ för de z som är nollställen till B. Rotorten startar alltså för $K = 0$ i nollställena till A och slutar för $K = \infty$ i nollställena till B eller i oändligheten.

- *Reella axeln.* Låt p_i vara nollställena till A och q_i vara nollställena till B. Då kan vi skriva

$$\begin{aligned} A(z) &= (z-p_1)(z-p_2)\cdots(z-p_n) \\ B(z) &= (z-q_1)(z-q_2)\cdots(z-q_m) \end{aligned}$$

Alltså kan (3.15) skrivas som

$$K = -\frac{(z-p_1)(z-p_2)\cdots(z-p_n)}{(z-q_1)(z-q_2)\cdots(z-q_m)}$$

Låt z vara ett reellt tal. Om vi varierar z på reella axeln så inser vi att uttrycket ovan kommer att ändra tecken då z passerar ett nollställe till A eller B, eftersom en faktor då kommer att ändra tecken. Vidare gäller att K ska vara positivt, men högerledet ovan är negativt för tillräckligt stora värden på z, och alltså följer att endast de delar av reella axeln, som har ett udda antal nollställen för A och B till höger om sig, tillhör rotorten.

◇ *Asymptoter.* Det gäller att

$$\frac{A(z)}{B(z)} = \frac{z^n + a_1 z^{n-1} + a_2 z^{n-2} + \cdots}{z^m + b_1 z^{m-1} + b_2 z^{m-2}} = z^{n-m} + (a_1 - b_1) z^{n-m-1} + \frac{A_1(z)}{B(z)}$$

där A_1 är ett polynom med gradtal $n-2$. Från binomialsatsen har vi att

$$\left(z + \frac{a_1 - b_1}{n-m}\right)^{n-m} = z^{n-m} + (a_1 - b_1) z^{n-m-1} + \cdots$$

och alltså gäller att

$$\frac{A(z)}{B(z)} = \left(z + \frac{a_1 - b_1}{n-m}\right)^{n-m} + \frac{A_2(z)}{B(z)}$$

där A_2 är ett polynom med gradtal $n-2$. För stora värden på z gäller att den andra termen i högerledet ovan är liten jämfört med den första termen. Därför är

$$K = -\left(z + \frac{a_1 - b_1}{n-m}\right)^{n-m}$$

en god approximation av (3.15) för stora värden på z. Genom att ta argumentet av denna ekvation erhåller vi villkoret

$$2k\pi = -\pi + (n-m)\arg\left(z + \frac{a_1 - b_1}{n-m}\right), \quad k = 0,1,2\ldots$$

som kan skrivas om som

$$\arg\left(z + \frac{a_1 - b_1}{n-m}\right) = \frac{\pi}{n-m} + 2k\frac{\pi}{n-m}, \quad k = 0,1,2\ldots$$

Alltså gäller det asymptotiskt för stora värden på K att rotorten närmar sig räta linjer som startar i $-(a_1-b_1)/(n-m)$ och som går ut i riktningarna

$$\frac{\pi}{n-m} + 2k\frac{\pi}{n-m}, \quad k = 0,1,\ldots,n-m-1$$

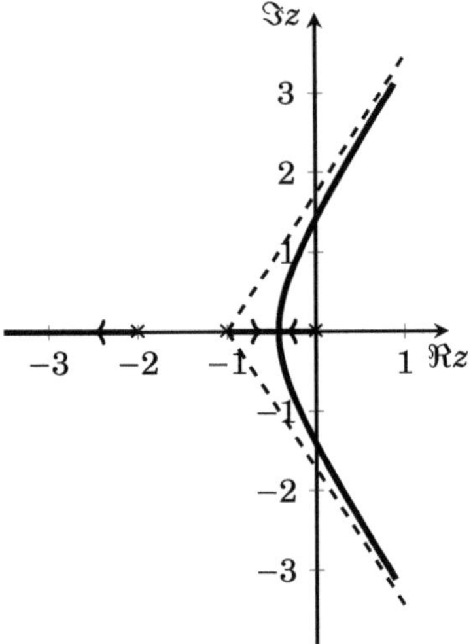

Figur 3.9: Rotort med asymptoter där pilarna anger riktningen för ökande värden på K och där × anger startpunkterna för rotorten. De streckade linjerna är asymptoterna.

Vi ska nu studera ett exempel på uppritande av rotort.

Exempel 3.3

Låt polynomen i (3.14) ges av

$$A(z) = z(z+1)(z+2), \qquad B(z) = 1$$

Vi har att $m = 0$ och $n = 3$ och alltså har vi tre grenar. De olika grenarna startar i nollställena till A som är $0, -1, -2$. Den del av reella axeln som ligger till vänster om -2 tillhör rotorten liksom den del som ligger mellan -1 och 0. Vidare är $n - m = 3$ och alltså har vi i detta fall tre asymptoter. Det gäller att $A(z) = z^3 + 3z^2 + 2z$ och alltså är $a_1 = 3$. Vidare är $b_1 = 0$. Därför startar asymptoterna i $-a_1/n = -3/3 = -1$. Riktningarna är $\pi/3$, π och $5\pi/3$. I Figur 3.9 syns rotorten uppritad tillsammans med asymptoterna. Vi ser att grenarna som startar i 0 och -1 möts på reella axeln och därefter viker ut i det komplexa talplanet för att närma sig sina asymptoter då K närmar sig oändligheten.

3.7 Återkoppling och olinjäriteter

I Figur 3.10 ses en tank för vilken vi vill reglera nivån. Detta är ett vanligt reglerproblem i processindustrin. En flödesbalans för tanken ger att följande linjära differentialekvation beskriver hur volymen V i tanken är relaterad till inflödet q_i och utflödet q_u

$$\frac{dV(t)}{dt} = q_i(t) - q_u(t)$$

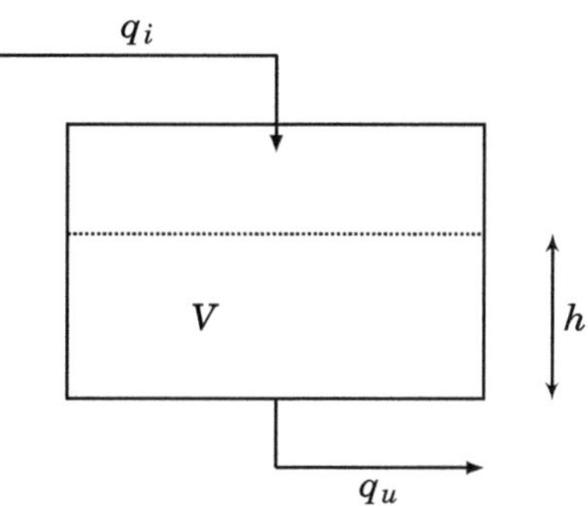

Figur 3.10: Skiss av tank.

Flödet q_i bestäms av en ventil med ventilläge u, och vi antar att dessa storheter är relaterade som

$$q_i = f(u)$$

där f är en olinjär funktion som vi antar är inverterbar, d.v.s. f^{-1} existerar. Vi antar vidare att f^{-1} antar värden mellan noll och ett. Vi kommer i denna bok att huvudsakligen lära oss hur vi kan reglera system som beskrivs av linjära dynamiska system, och vi inser att differentialekvationen ovan är olinjär i u. Dock kan man ibland komma runt detta problem genom att göra en preliminär återkoppling kring olinjäriteten om man kan mäta dess utsignal q_i. Då kan vi använda en P-regulator

$$u(t) = K(q_r(t) - q_i(t))$$

där q_r är ett referensvärde för q_i. Vi ser att vi har att

$$q_i = f(K(q_r - q_i))$$

eller ekvivalent

$$q_r - q_i = \frac{1}{K} f^{-1}(q_i)$$

Eftersom f^{-1} antar värden mellan noll och ett följer att

$$|q_r - q_i| \leq \frac{1}{K}$$

och vi kan se till att ärvärdet q_i blir godtyckligt nära börvärde q_r genom att välja K tillräckligt stort. Detta betyder att vi kan ersätta den ursprungliga differentialekvationen med

$$\frac{dV(t)}{dt} = q_r(t) - q_u(t) \tag{3.16}$$

Vi använder alltså q_r som styrsignal för att reglera nivån i tanken istället för ventilläget u. Detta förutsätter att dynamiken i ventilen är försumbar så att den verkligen modelleras väl av den statiska modellen f. Om det finns dynamik så får man vara försiktig, eftersom stora värden på K eventuellt kan orsaka instabilitet. Att göra en preliminär återkoppling som vi gjort här, och sedan göra ytterligare återkoppling kallas för ***kaskadreglering***, och detta kommer vi att diskutera mer i Avsnitt 6.3. Reglering av tanken kommer vi att återkomma till i Exempel 6.8.

3.8 Linjärisering

Man kan inte alltid bli av med olinjäriteter genom att göra preliminära återkopplingar. Alternativt får man försöka approximera olinjära dynamiska system med linjära dynamiska system. Låt oss därför studera en första ordningens ordinär olinjär differentialekvation

$$\frac{dx(t)}{dt} = f(x(t), u(t))$$

Vi definierar först en stationär lösning x^0 för ett konstant värde u^0 på insignalen som en lösning sådan att derivatan av $x(t)$ är noll, d.v.s. (x^0, u^0) satisfierar

$$f(x^0, u^0) = 0$$

Vi kallar (x^0, u^0) en *stationär lösning* till differentialekvationen. Därefter definierar vi $\Delta x(t) = x(t) - x^0$ och $\Delta u(t) = u(u) - u^0$. Det följer av Taylorserieutveckling att

$$\begin{aligned}\frac{d\Delta x(t)}{dt} &= \frac{dx(t)}{dt} - \frac{dx^0}{dt} \approx f(x^0, u^0) + \frac{\partial f(x^0, u^0)}{\partial x}\Delta x(t) + \frac{\partial f(x^0, u^0)}{\partial u}\Delta u(t) \\ &= \frac{\partial f(x^0, u^0)}{\partial x}\Delta x(t) + \frac{\partial f(x^0, u^0)}{\partial u}\Delta u(t)\end{aligned}$$

vilket är en linjär differentialekvation för $\Delta x(t)$ och $\Delta u(t)$. För små värden på dessa avvikelser från den stationära lösningen är den linjära differentialekvationen en god approximation. Formeln ovan gäller generellt för vektorvärda x och u genom att definiera de partiella derivatorna som matriser. Vi erhåller då en linjär differentialekvation på tillståndsform, jfr. Kapitel 7.

EXEMPEL 3.4

Koncentrationen $x(t)$ av ett ämne i en kontinuerlig reaktor med inflöde $u(t)$ med koncentration $x_i(t)$ satisfierar den olinjära differentialekvationen

$$\frac{dx(t)}{dt} = -kx(t) + \frac{1}{V}(x_i(t) - x(t))u(t)$$

där V är volymen av vätska i tanken, som antas konstant, och där k är en reaktionskoefficient som beskriver hur ämnet konsumeras. Vi vill ta fram en approximativ linjär differentialekvation då $x_i(t) = x_i^0$ är konstant. Vi har att

$$f(x,u) = -kx + \frac{1}{V}\left(x_i^0 - x\right)u$$

och det gäller att $f(x^0, u^0) = 0$ är ekvivalent med att

$$x^0 = \frac{x_i^0 u^0}{Vk + u^0}$$

Vidare har vi att

$$\frac{\partial f}{\partial x} = -k - u/V, \qquad \frac{\partial f}{\partial u} = (x_i - x)/V$$

Därför ges en linjär approximativ differentialekvation av

$$\frac{d\Delta x(t)}{dt} = -\left(k + \frac{u^0}{V}\right)\Delta x(t) + \frac{x_i^0 - x^0}{V}\Delta u(t)$$

3.9 Sammanfattning

Vi har i det här kapitlet sett att dynamiska system som är stabila kan bli instabila då de återkopplas. Vi har också sett att trots att system är stabila så kan deras stegsvar ha stor översläng. Det finns oftast en inneboende konflikt mellan stigtid och översläng, vilket vi sett i ett exempel med P-reglering. Vi har i det här kapitlet också sett hur olinjäriteter kan elimineras med återkoppling och hur olinjära dynamiska system kan approximeras med linjära dynamiska system genom linjärisering.

3.10 Repetitionsfrågor

1. Vad är kriteriet för att ett system är linjärt?
2. Vad är kriteriet för att ett system är kausalt?
3. Ge exempel på linjära dynamiska och kausala system.
4. Hur relaterar viktsfunktionen insignalen och utsignalen för ett linjärt dynamiskt system?
5. Vad är definitionen av att vara insignalutsignalstabil?
6. Ange ett nödvändigt och tillräckligt villkor på viktsfunktionen för att ett linjärt dynamiskt system ska vara insignalutsignalstabilt.
7. Berätta vilka specifikationer man brukar ange för ett stegsvar.
8. Hur beror stegsvarets insvängningstid och översläng på karakteristiska ekvationens rötter för en andra ordningens linjär differentialekvation?
9. Vad är en rotort?
10. Vad använder man linjärisering till?

Kapitel 4

Digitala regulatorer

IDAG implementeras de flesta regulatorer digitalt. De första digitala regulatorerna kom redan på 1950-talet. I början var de dyrare än analoga regulatorer, men med mikrodatorernas intåg på 1970-talet och med VLSI på 1980-talet, slogs de analoga regulatorerna ut nästan helt av digitala regulatorer. Beräkningskapaciteten för datorer var dock fortfarande måttlig. Idag är denna oftast mycket större såvida man inte måste hålla nere priset, vilket kan vara fallet vid massproduktion av konsumentprodukter. Vi ska i detta kapitel förstå hur en digital regulator fungerar och interagerar med det som den ska reglera.

Vi kommer först att ge en övergripande beskrivning av ett digitalt reglersystem och vilka komponenter som måste finnas för att man ska kunna omvandla signaler mellan analog och digital form. Därefter ska vi diskutera hur man översätter en analog PID-regulator till digital form. Den digitala regulatorn kommer att beskrivas i pseudokod så att det blir uppenbart att en regulator i digital form är ett datorprogram. Vi ska därefter diskutera ett fenomen som kallas integratoruppvridning, som digitala regulatorer med integraldel råkar ut för då styrsignalen har begränsningar. Vi kommer att ange en metod för att komma tillrätta med detta problem. Slutligen ska vi diskutera hur mer allmänna regulatorer i analog form kan översättas till digital form.

4.1 Det digitala reglersystemet

Vi ser i Figur 4.1 ett blockschema för digital reglering av ett system. En digital regulator arbetar periodiskt. I varje cykel k över *samplingsintervallet* $t_k \leq t < t_{k+1}$ med längd $T = t_{k+1} - t_k$ kallad *samplingstid*, läser regulatorn av det analoga värdet $y(t_k)$ för ärvärdet från sensorn och konverterar det till digital form benämnd y_k. Detta kallas *A/D-omvandling*. Ett annat synonymt begrepp

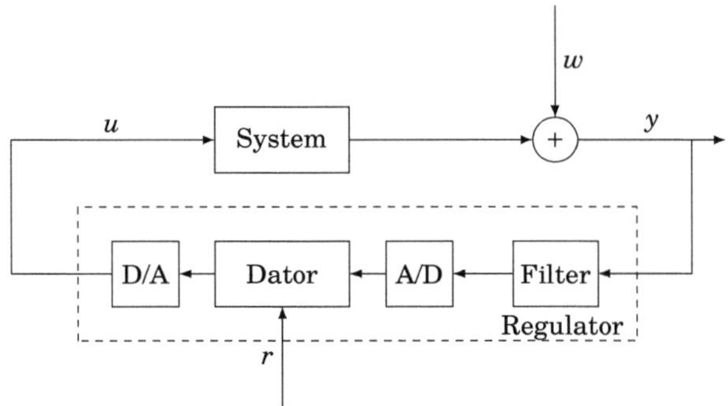

Figur 4.1: Blockschema för digital reglering.

är *sampling*. Därefter beräknar datorn ett digitalt värde på styrsignalen u_k. Detta värde omvandlas till en analog signal som typiskt hålles konstant under samplingsintervallet, d.v.s. $u(t) = u_k$, $t_k \leq t < t_{k+1}$. Denna process kallas för *D/A-omvandling*. Vi inser att det egentligen inte är möjligt att ha u_k färdigberäknad vid tidpunkten t_k eftersom det inte ger oss någon tid för att utföra beräkningen. Vi måste alltså välja T så att beräkningen kan utföras på mycket mindre tid än T för att denna beskrivning ska vara en god approximation av vad som faktisk sker. Vi ser att referensvärdet r betraktas som digitalt, d.v.s. det genereras inte via A/D-omvandling utan matas in i digital form till datorn. I figuren syns också ett filter, vilket oftast är ett lågpassfilter som i Figur 3.2. Syftet med detta filter är att undvika det så kallad *vikningsfenomenet* som kan uppkomma när man samplar en signal, se Figur 4.2, där w är en sinussignal med frekvens 0.9 Hz som samplas med 1 Hz. Den samplade signalen verkar ha frekvensen 0.1 Hz, vilket är mycket lägre än den verkliga signalens frekvens. Alla signaler som har frekvenser upp till och med hälften av *samplingsfrekvensen* $f_s = 1/T$ viks. Halva samplingsfrekvensen kallas för *Nyquistfrekvensen* och brukar betecknas med f_N. Vi har alltså $f_N = f_s/2$. Från Exempel 5.4 ser vi att en sinussignal dämpas med en faktor $1/\sqrt{1+\omega^2\tau^2}$ när den filtreras genom filtret i Figur 3.2, där ω är sinussignalens vinkelfrekvens, och där vi nu betecknar tidskonstanten med τ. Om vi vill dämpa alla frekvenser upp till och med Nyquistfrekvensen med en faktor 0.1 så ska det alltså gälla att

$$\frac{1}{\sqrt{1+\omega^2\tau^2}} \leq 0.1, \qquad \omega \geq \omega_N = 2\pi f_N$$

Detta är uppfyllt om $100 \leq 1 + \omega_N^2\tau^2$, och approximativt om $\tau \geq 10T/\pi \approx 3T$. Det finns skäl till varför man inte ska välja τ större än $3T$, vilket vi återkommer till i slutet av Kapitel 12.

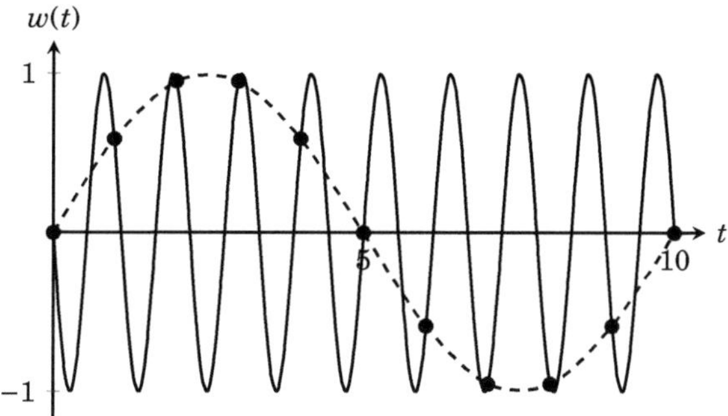

Figur 4.2: Illustration av vikningsfenomen, där den heldragna linjen är den analoga signalen som samplas, prickarna är sampelvärdena, och den streckade linjen är en analog signal med lägre frekvens som genererar samma sampelvärden.

4.2 Digital PID-regulator

Vi tänker oss nu att regulatorn är en PID-regulator, jfr. (2.7), som ges av

$$u(t) = K_P e(t) + K_I \int_0^t e(s)ds - K_D \frac{dy(t)}{dt}$$

där som vanligt $e(t) = r(t) - y(t)$ är reglerfelet. Vi kan skriva denna regulator som

$$u(t) = P(t) + I(t) + D(t)$$

där

$$P(t) = K_P e(t), \quad I(t) = K_I \int_0^t e(s)ds, \quad D(t) = -K_D \frac{dy(t)}{dt}$$

Värdet P_k av $P(t)$ för $t = t_k$ beräknas enkelt som

$$P_k = K_P e_k$$

där $e_k = r_k - y_k$. Vad gäller $I(t)$ och $D(t)$ måste vi göra approximationer. Vi inser att det finns flera sätt att approximera en derivata. Två av dem ges av

$$\frac{dy(t)}{dt} \approx \frac{y(t+T) - y(t)}{T}$$
$$\frac{dy(t)}{dt} \approx \frac{y(t) - y(t-T)}{T}$$

där den första kallas *Eulers metod* och den andra kallas *bakåtdifferens*. Då T går mot noll konvergerar de båda mot derivatan. Vilken som helst av dessa approximationer kan användas för att beräkna $D(t)$ vid tidpunkten t_k:

$$D_k = -\frac{K_D}{T}(y_{k+1} - y_k)$$
$$D_k = -\frac{K_D}{T}(y_k - y_{k-1})$$

Dock inser vi att det första alternativet resulterar i en formel som inte är kausal, ty vi måste känna till y_{k+1} för att kunna beräkna D_k. Alltså måste vi välja det andra alternativet för att erhålla en kausal regulator, och detta måste vi ha för att kunna implementera regulatorn i realtid. Vi kan skriva om uttrycket för integralen $I(t)$ som en differentialekvation

$$\frac{dI(t)}{dt} = K_I e(t), \quad I(0) = 0$$

och vi kan nu använda endera av approximationerna ovan för derivatan och erhåller

$$\frac{I_{k+1} - I_k}{T} = K_I e_k$$
$$\frac{I_k - I_{k-1}}{T} = K_I e_k$$

med $I_0 = 0$. Detta kan skrivas om som

$$I_{k+1} = I_k + TK_I e_k$$
$$I_k = I_{k-1} + TK_I e_k$$

Här kan vi faktiskt använda vilket som helst av alternativen ovan. Skälet till detta är att I_k för båda är känd vid tidpunkten t_k. För den övre formeln är I_k redan beräknad i den förra cykeln, medan vi med den undre formeln måste utföra en beräkning innan vi erhåller I_k. Det finns för- och nackdelar med bägge alternativen. För den övre formeln erhåller man mindre tidsfördröjning från det att man samplat tills dess att man ska göra D/A-omvandling, eftersom beräkningen av I_{k+1} kan vänta tills efter D/A-omvandlingen. För den undre formeln gäller att det senaste reglerfelt e_k är inkluderat i I_k, vilket ger en regulator som är mer reaktiv. Vad som är bästa alternativet beror på hur lång beräkningstiden är i förhållande till samplingstiden. Vi sammanfattar den tidsdiskreta PID-regulatorn i följande pseudokod:

```
% Förberäkna koefficienter
a = KD/T
b = T*KI

% Initiera variabler
yold = 0;
i = 0;

% Regulatoralgoritm - huvudloop
while  (running) {
   y = adin                % läs in ärvärde
   r = read memory         % hämta börvärde från minnet
   e = r - y               % beräkna reglerfel
   p = KP*e                % beräkna p
   d = -a*(y - yold)       % beräkna d
   u = p + i + d           % beräkna styrsignal
   daout(u)                % ställ ut styrsignal
   i = i + b*e             % uppdatera i
   yold = y                % uppdatera gammalt ärvärde
   sleep(T)                % vänta tills nästa cykel
}
```

I koden ovan har vi använt bakåtdifferens för att beräkna $D(t)$ och Eulers metod för att beräkna $I(t)$.

Vi har tidigare sagt att det är viktigt att välja samplingstiden T så att det finns gott om tid för datorn att hinna beräkna styrsignalen. Dock måste vi också beakta andra faktorer. Vi kommer inte här att göra en detaljerad analys utan vi anger att en lämplig tumregel är att samplingstiden väljs så att $T/T_r \approx 0.15$ till 0.5, där T_r är stigtiden för slutna systemet.

4.3 Integratoruppvridning

En regulator med integrering har en instabil mod som kan ställa till med problem ibland, speciellt om ställdonen inte klarar av att ställa ut den av regulatorn beräknade styrsignalen. Då detta händer säger man att styrsignalen är i *mättning*. Vi diskuterade denna typ av begränsningar i samband med husuppvärmningsexemplet i Kapitel 2. Framvattentemperaturen kan bara vara mellan c:a 18 och 90 grader Celsius. Lägre temperaturer går inte att erhålla, eftersom man inte vill tillföra energi för att kyla, och högre temperaturer kan göra att man kommer alltför nära vattnets kokpunkt. Om man använder t.ex. bergvärme för att värma upp framvattnet så vill man helst ha så låg framvattentemperatur som möjligt för att att inte erhålla för dålig verkningsgrad på värmeväxlaren. Då är kanske 60 grader Celsius en mer rimlig maximal framvattentemperatur. Vi kommer ihåg att PI-regulatorn för husuppvärmningsexemplet hade $K_P = 0.9$ och $K_I = 2.2$. Slutna systemets stigtid var ungefär 4 timmar, jfr Figur 2.7. Tumregeln för samplingstid ger då att vi kan sampla med $T = 36$ minuter. Vi ser i Figur 4.3 till vänster hur slutna systemet beter sig för denna digitala PI-regulator då vi begränsar styrsignalen till intervallet $[18, 60]$ grader Celcius. Skälet till överslängen, som varar längre än vad vi såg i Figur 2.7, är att styrsignalen i verkligheten inte är så stor som regulatorn tror att den är. Detta betyder att reglerfelet kommer att vara större under längre tid, och därför kommer integralen I_k att bli större än vad som var tänkt. När väl reglerfelet blivit noll, så tar det tid innan integralen I_k går tillbaka till ett mindre värde. Detta orsakar en längre översläng. Ett sätt att komma tillrätta med detta problem, kallat *integratoruppvridning*, är att hindra integralen från att ändra sig när styrsignalen är i mättning. Detta är ett exempel på så kallad *villkorlig integrering*. Vi sammanfattar en sådan tidsdiskret PI-regulatorn i följande pseudokod:

```
% Förberäkna koefficient
b = T*KI

% Initiera variabler
i = 0;

% Regulatoralgoritm - huvudloop
while  (running) {
   y = adin                % läs in ärvärde
   r = read memory         % hämta börvärde från minnet
   e = r - y               % beräkna reglerfel
   p = KP*e                % beräkna p
   v = p + i               % beräkna styrsignal
   if v < umax             % begränsa styrsignal
      if v > umin, u = v, else u = umin, end
   else
      u = umax
   end
   daout(u)                % ställ ut styrsignal
   if abs(u-v) < tol       % undersök om styrsignalen inte mättar
      i = i + b*e          % om så uppdatera i
   end
   sleep(T)                % vänta tills nästa cykel
}
```

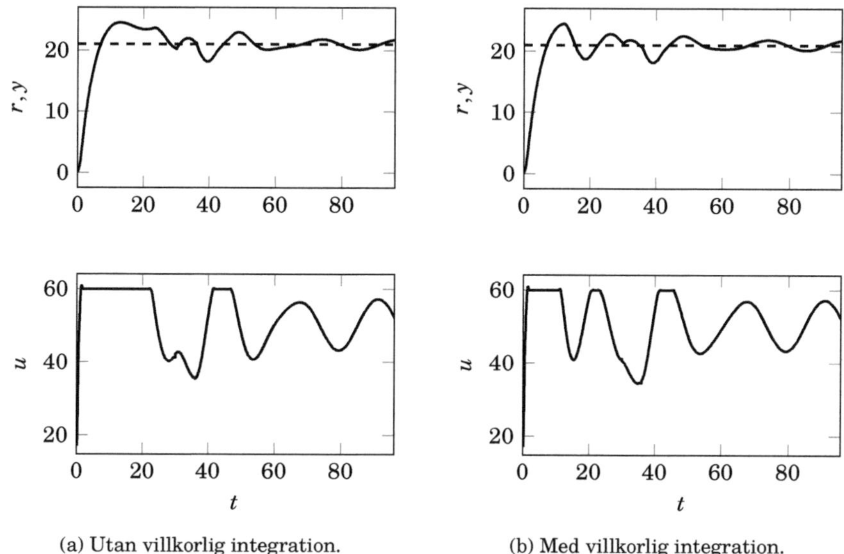

(a) Utan villkorlig integration.

(b) Med villkorlig integration.

Figur 4.3: Figurer som visar börvärde r (streckad) och ärvärde y (heldragen) samt styrsignalen u för husuppvärmning med tidsdiskreta PI-regulatorer.

I koden ovan har vi använt Eulers metod för att beräkna $I(t)$. Vi ser hur denna regulator mildrar överslängen för husuppvärmningsexemplet i Figur 4.3 till höger för `tol` $= 1$. Överslängen varar kortare tid med villkorlig integration.

4.4 Förskjutningsoperatorn

Ovan har vi visat hur man kan göra en tidsdiskret implementering av en PID-regulator. Vi ska senare se att det finns många andra regulatorer som är relevanta. Allmänt gäller att regulatorer ofta kan skrivas på formen

$$\begin{aligned}\frac{d^n u(t)}{dt^n} + a_1 \frac{d^{n-1}u(t)}{dt^{n-1}} + \ldots + a_{n-1}\frac{du(t)}{dt} + a_n u(t)\\ = b_0 \frac{d^m e(t)}{dt^m} + \ldots + b_{m-1}\frac{de(t)}{dt} + b_m e(t)\end{aligned}$$

Ett mer abstrakt sätt att skriva denna ekvation är att använda derivataoperatorn p, jfr. diskussionen i Avsnitt 3.6. Då kan vi skriva differentialekvationen ovan som

$$A(p)u(t) = B(p)e(t) \tag{4.1}$$

där

$$A(p) = p^n + a_1 p^{n-1} + \cdots + a_{n-1}p + a_n, \quad B(p) = p^m + a_1 p^{m-1} + \cdots + a_{m-1}p + a_m$$

är polynom i derivataoperatorn. I förra avsnittet såg vi att vi kunde approximera derivator med differenser av tidsdiskreta signaler. Dessa differenser involverade signaler för olika tidpunkter. Vi inför nu *förskjutningsoperatorn* q_T som definieras så att

$$q_T y(t) = y(t+T)$$

Detta betyder att Eulers approximation kan skrivas som

$$py(t) = \frac{dy(t)}{dt} \approx \frac{q_T y(t) - y(t)}{T} = \frac{q_T - 1}{T} y(t)$$

och därför är

$$p \approx \frac{q_T - 1}{T}$$

För bakåtdifferensapproximationen har vi istället

$$py(t) \approx \frac{y(t) - q_T^{-1} y(t)}{T} = \frac{1 - q_T^{-1}}{T} y(t)$$

vilket följer från att $y(t-T) = q_T^{-1} y(t)$ där q_T^{-1} är inversen av operatorn q_T. Därför är

$$p \approx \frac{1 - q_T^{-1}}{T}$$

med bakåtdifferensapproximation. Det finns andra sätt att approximera derivataoperatorn. Ett exempel är *Tustins approximation* som ges av att

$$\frac{1}{2}\frac{dy(t+T)}{dt} + \frac{1}{2}\frac{dy(t)}{dt} \approx \frac{y(t+T) - y(t)}{T}$$

Vi approximerar alltså medelvärdet av derivatan vid tidpunkterna t och $t+T$ med Eulers approximation. Detta kan med operatorerna skrivas som

$$\frac{q_T + 1}{2} py(t) \approx \frac{q_T - 1}{T} y(t)$$

och vi inser att

$$p \approx \frac{2}{T}\frac{q_T - 1}{q_T + 1}$$

För att approximera differentialekvationen i (4.1) kan vi alltså ersätta p med endera av dessa approximativa uttryck och erhåller för bakåtdifferensapproximation

$$A\left(\frac{1 - q_T^{-1}}{T}\right) u(t) = B\left(\frac{1 - q_T^{-1}}{T}\right) e(t)$$

EXEMPEL 4.1

Vi betraktar nu en regulator som ges av differentialekvationen

$$\beta\tau_D \frac{du(t)}{dt} + u(t) = K\left(\tau_D \frac{de(t)}{dt} + e(t)\right)$$

som är ett specialfall av regulatorn i (12.1). Vi har alltså

$$A(p) = \beta\tau_D p + 1, \quad B(p) = K(\tau_D p + 1)$$

och för bakåtdifferensapproximation erhåller vi

$$A\left(\frac{1-q_T^{-1}}{T}\right) = \beta\tau_D \frac{1-q_T^{-1}}{T} + 1$$

$$B\left(\frac{1-q_T^{-1}}{T}\right) = K\left(\tau_D \frac{1-q_T^{-1}}{T} + 1\right)$$

och alltså får vi en approximativ ekvation som är

$$\left(\beta\tau_D \frac{1-q_T^{-1}}{T} + 1\right)u(t) = K\left(\tau_D \frac{1-q_T^{-1}}{T} + 1\right)e(t)$$

Vi multiplicerar denna ekvation med q_T, förenklar, och erhåller

$$\left(q_T - \frac{\beta\tau_D}{\beta\tau_D + T}\right)u(t) = K\left(\frac{\tau_D + T}{\beta\tau_D + T}q_T - \frac{\tau_D}{\beta\tau_D + T}\right)e(t)$$

I digital form erhåller vi

$$u_{k+1} - \frac{\beta\tau_D}{\beta\tau_D + T}u_k = K\left(\frac{\tau_D + T}{\beta\tau_D + T}e_{k+1} - \frac{\tau_D}{\beta\tau_D + T}e_k\right)$$

som är ekvivalent med

$$u_{k+1} = \frac{1}{\beta\tau_D + T}\left(\beta\tau_D u_k + K(\tau_D + T)e_{k+1} - K\tau_D e_k\right)$$

En pseudokod för denna regulator ges av

```
% Förberäkna koefficienter
bt = beta*taud
den = bt + T
a = bt/den
b = K*(taud + T)/den
c = -K*taud/den
```

```
% Initiera variabler
eold = 0;
uold = 0;

% Regulatoralgoritm - huvudloop
while  (running) {
   y = adin                       % läs in ärvärde
   r = read memory                % hämta börvärde från minnet
   e = r - y                      % beräkna reglerfel
   u = a*uold + b*e - c*eold      % beräkna styrsignal
   daout(u)                       % ställ ut styrsignal
   eold = e                       % uppdatera gammalt reglerfel
   uold = u                       % uppdatera gammal styrsignal
   sleep(T)                       % vänta tills nästa cykel
}
```

För en oändligt deriverbar funktion y gäller att

$$q_T y(t) = y(t+T) = y(t) + T\frac{dy(t)}{dt} + \frac{T^2}{2!}\frac{d^2y(t)}{dt^2} + \cdots = \left(1 + Tp + \frac{(Tp)^2}{2!} + \cdots\right)u(t) = e^{Tp}y(t)$$

där vi låter e^{Tp} symbolisera den oändliga summan i parentesen i analogi med serieutvecklingen av exponentialfunktionen e^x. Vi erhåller alltså att

$$q_T = e^{Tp}$$

Vi kan erhålla en approximation genom att bara beakta två termer i den oändliga summan.

$$q_T \approx 1 + Tp \Longleftrightarrow p \approx \frac{q_T - 1}{T}$$

vilket är Eulers approximation. Om vi istället studerar de inversa operatorerna har vi att

$$q_T^{-1} = e^{-Tp} = 1 - Tp + \frac{(Tp)^2}{2!} - \cdots$$

Med tre termer erhåller vi

$$q_T^{-1} = e^{-Tp} \approx 1 - Tp + \frac{(Tp)^2}{2!} \approx \frac{1 - Tp/2}{1 + Tp/2} \Longleftrightarrow p \approx \frac{2}{T}\frac{q_T - 1}{q_T + 1}$$

som är Tustins approximation.

4.5 Sammanfattning

I det här kapitlet har vi lärt oss hur man implementerar regulatorer digitalt. Vi har lärt oss hur A/D-omvandling och D/A-omvandling är viktiga för en digital regulator, och att man bör filtrera signaler innan man samplar dem. Vi har i detalj gått igenom hur man approximerar analoga regulatorer digitalt med hjälp av olika differensapproximationer av derivator, och vi har sett hur man kan approximera vilken som helst analog regulator som beskrivs av ordinära linjära differentialekvationer. Vi har även diskuterat vad som kallas integratoruppvridning och hur man kan skydda sig mot det för en PID-regulator.

4.6 Repetitionsfrågor

1. Vilka är de viktigaste komponenterna för ett digitalt reglersystem?
2. Vad är Nyquistfrekvensen?
3. Vad innebär vikningsfenomenet?
4. Ange tumregeln för hur man ska filtrera mätsignalen?
5. Vilka frekvenser kan vikas?
6. Beskriv de olika sätten man kan approximera derivator med?
7. Hur ser pseudokoden för en PID-regulator ut?
8. Ange tumregeln för hur samplingstiden ska väljas?
9. Förklara begreppet integratoruppvridning.
10. Hur kan man skydda sig mot integratoruppvridning?
11. Vad är förskjutningsoperatorn?

Kapitel 5

Överföringsfunktionen

LAPLACETRANSFORMEN är ett viktigt verktyg när man vill analysera linjära system samt när man vill syntetisera regulatorer för system som beskrivs av linjära system. Vi ska därför i detta kapitel sammanfatta några egenskaper och konsekvenser av Laplacetransformen applicerad på linjära system. Vi kommer att ta fram villkor för insignalutsignalstabilitet i termer av den s.k. överföringsfunktionen för systemet. Vi kommer också att beskriva ett grafiskt verktyg som kallas blockschema vilket ofta kan underlätta räkningar med återkopplade system. Vi kommer speciellt att ta fram enkla uttryck för överföringsfunktioner som specificeras av ordinära linjära differentialekvationer. Slutligen ska vi diskutera s.k. polplacering som en designmetod för att erhålla önskade specifikationer på ett slutet system då vi använder PID-reglering.

5.1 Laplacetransformen

Den enkelsidiga Laplacetransformen eller förkortat $\mathscr{L}$-transformen $\mathscr{L}f$ av en funktion f av tiden t, som antas vara noll för negativa tider, definieras om integralen existerar enligt:

DEFINITION 5.1 *$\mathscr{L}$-transform:*

$$F(s) = (\mathscr{L}f)(s) = \int_0^\infty e^{-st} f(t)dt, \quad \Re s > s_0$$

Här gäller att s är ett komplext tal och s_0 definierar *konvergensområdet* för integralen.

Sats 5.1 Det gäller att $\mathscr{L}$-transformen F i Definition 5.1 är en *analytisk funktion*[a] för $\Re s > s_0$.

[a] Med analytisk menar vi att funktionen kan skrivas som en konvergent potensserie, vilket för komplexa funktioner är ekvivalent med att den är komplext differentierbar.

För ett bevis av denna sats se t.ex. [3, Sats 6.1].

Kommentar 5.1 Vi kan utvidga definitionsområdet för F till alla de s i komplexa talplanet för vilka F är analytisk. Detta kallas *analytisk fortsättning*. De värden på s för vilka F inte kan definieras kallas för *singulariteter*.

Vi inför konventionen att om en liten bokstav betecknar en tidsfunktion, så betecknar motsvarande stora bokstav dess $\mathscr{L}$-transform. Om vi vill vara speciellt tydliga så kan vi även skriva $f(t) \xrightarrow{\mathscr{L}} F(s)$.

Exempel 5.1

Låt $f(t) = 1$, d.v.s. ett enhetssteg. Då gäller att $\mathscr{L}$-transformen ges av

$$F(s) = \int_0^\infty e^{-st} dt = \lim_{t\to\infty} \left(-\frac{1}{s} e^{-st} \right) + \frac{1}{s} = \frac{1}{s}$$

om $\Re s > 0$. Konvergensområdet är alltså det öppna högra komplexa halvplanet. Funktionen F definierad via analytisk fortsättning är analytisk för alla $s \neq 0$. Den har en singularitet för $s = 0$.

En tabell med $\mathscr{L}$-transformerna för ett antal elementära funktioner ges i Appendix A.3. $\mathscr{L}$-transformen är en inverterbar operator, d.v.s. vi kan från den $\mathscr{L}$-transformerade funktionen erhålla den ursprungliga funktionen, se t.ex. [3, Sats 24.4].

Sats 5.2 *Invers $\mathscr{L}$-transform I:* Antag att f är en kontinuerlig funktion i punkten t, att dess $\mathscr{L}$-transform F har konvergensområde $\Re s > s_0$, och att $\int_0^\infty e^{-\sigma t} |f(t)| dt < \infty$ för något $\sigma > s_0$. Då gäller att

$$f(t) = (\mathscr{L}^{-1} F)(t) = \frac{1}{2\pi i} \int_{\sigma - i\infty}^{\sigma + i\infty} e^{st} F(s) ds \tag{5.1}$$

Integralen ovan är alltså en integral i det komplexa talplanet längs en oändlig rät linje parallell med den imaginära axeln. Vi skriver ibland $F(t) \xrightarrow{\mathscr{L}^{-1}} f(t)$ för att säga att f är den inversa $\mathscr{L}$-transformen av F. I satsen ovan har vi utgått från att f är given och har en $\mathscr{L}$-transform F. Ibland vill man istället utgå från en allmän komplexvärd funktion F av en komplex variabel s och uttala sig om när f definierad av (5.1) har $\mathscr{L}$-transform F. Följande sats visas i [3, Sats 28.2].

Sats 5.3 *Invers $\mathscr{L}$-transform II:* Låt F vara en komplexvärd funktion av den komplexa variabeln s som är analytisk i halvplanet $\Re s > s_0$. Antag vidare att $F(s)$ konvergerar mot noll när $|s|$ går mot oändligheten i halvplanet samt att

$$\int_{-\infty}^{\infty} |F(\sigma + i\omega)|\, d\omega < \infty$$

för varje $\sigma > s_0$. Då gäller att $(\mathscr{L}f)(s) = F(s)$ för f definierad av (5.1) och $f(t) = 0$ för $t < 0$.

Kommentar 5.2 Ett tillräckligt villkor för att integralen i satsen ska vara ändlig är av att det existerar positiva C, R och δ så att

$$|F(s)| \le \frac{C}{|s|^{1+\delta}}$$

för $|s| \ge R$ och $\Re s > s_0$. Eftersom F är analytisk för $\Re s > s_0$ gällller att $\int_{-R}^{R} |F(\sigma + i\omega)|\, d\omega < \infty$. Vidare gäller att

$$\int_{R}^{\infty} |F(\sigma + i\omega)|\, d\omega \le \int_{R}^{\infty} \frac{C}{\left(\sigma^2 + \omega^2\right)^{(1+\delta)/2}} d\omega < \infty$$

från vilket implikationen följer.

Direkt från definitionen av $\mathscr{L}$-transformen följer resultatet:

Resultat 5.1 Det gäller att $\overline{F(s)} = F(\bar{s})$.

Därför kan formeln i Sats 5.2 med hjälp av elementära trigonometriska relationer skrivas om som

$$f(t) = \frac{1}{\pi} \int_{0}^{\infty} e^{\sigma t} \cos\left(\omega t + \beta(\omega)\right) |F(\sigma + i\omega)| d\omega$$

där

$$\beta(\omega) = \arg F(\sigma + i\omega)$$

Detta är en generalisering av det välkända resultatet att en periodisk funktion kan skrivas som en oändlig summa av av trigonometriska funktioner. Generalisering är dels att summan blir en integral, dels att det finns en exponentialfaktor $e^{\sigma t}$ i integranden. Denna faktor kan sättas till ett, d.v.s. $\sigma = 0$, om $F(s)$ är analytisk för $\Re s \ge 0$. Det är dock inget man måste göra. Då $\sigma = 0$ gäller att inversformeln sammanfaller med formeln för den inversa Fouriertransformen. $\mathscr{L}$-transformen F beskriver alltså frekvensinnehållet i funktionen f, d.v.s. om F är stor för ett visst värde på sitt argument $s = \sigma + i\omega$ så kommer vinkelfrekvensen ω att ha stor vikt i integralen och vise versa. Vi noterar att man sällan

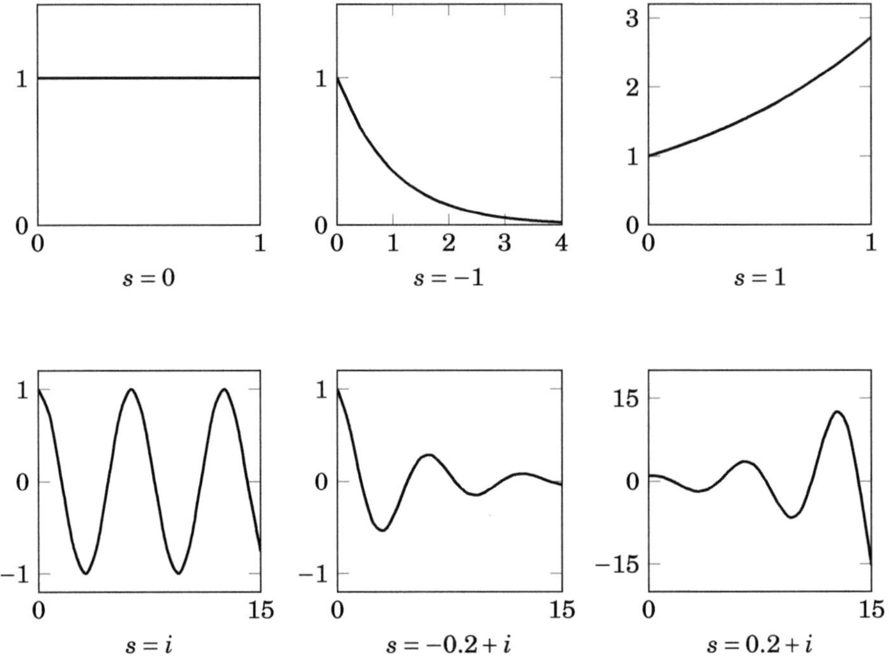

Figur 5.1: Figur som visar funktionerna $e^{\sigma t}\cos\omega t$ som inversa $\mathscr{L}$-transformen är uppbyggd av för olika värden på $s = \sigma + i\omega$.

använder inversformeln ovan för att räkna ut f från F. Istället använder man tabeller eller residykalkyl. I Figur 5.1 visas grafer för $e^{\sigma t}\cos\omega t$ för olika värden på $s = \sigma + i\omega$.

Även om de resultat som följer är bekanta så ska vi härleda dem, eftersom de är av stor vikt i reglertekniken och inte speciellt svåra att ta fram då gränsvärden, derivator och integraler kommuterar. För en mer rigorös framställning se [3]. Resultaten är sammanfattade i Appendix A.3. Låt $X = \mathscr{L}x$ och $Y = \mathscr{L}y$. Då gäller att

$$\big(\mathscr{L}(\alpha x + \beta y)\big)(s) = \int_0^\infty e^{-st}\alpha x(t) + \beta y(t)dt = \alpha X(s) + \beta Y(s) \tag{5.2}$$

for alla reella α och β, och vi har visat, jfr. Definition 3.2, följande resultat:

RESULTAT 5.2 $\mathscr{L}$-transformen är en linjär operator.

Låt $F = \mathscr{L}f$. Låt oss nu ta fram ett uttryck för $\mathscr{L}$-transformen av den skalade signalen $g(t) = f(at)$. Det gäller att

$$G(s) = (\mathscr{L}g)(s) = \int_0^\infty e^{-st} f(at)dt = \int_0^\infty e^{-s\tau/a} f(\tau)\frac{1}{a}d\tau = \frac{1}{a}F(s/a)$$

och vi har visat resultatet:

RESULTAT 5.3 *$\mathscr{L}$-transform för skalning*

$$f(at) \quad \xrightarrow{\mathscr{L}} \quad \frac{1}{a}F(s/a)$$

Låt $F = \mathscr{L}f$, och låt oss ta fram ett uttryck för $\mathscr{L}$-transformen av den tidsfördröjda signalen $g(t) = f(t-\tau)$. Det gäller att

$$G(s) = (\mathscr{L}g)(s) = \int_0^\infty e^{-st} f(t-\tau)dt = \int_{-\tau}^\infty e^{-s(\sigma+\tau)} f(\sigma)d\sigma = e^{-\tau s}F(s)$$

och vi har visat resultatet:

RESULTAT 5.4 *$\mathscr{L}$-transform för tidsfördröjning*

$$f(t-\tau) \quad \xrightarrow{\mathscr{L}} \quad e^{-\tau s}F(s)$$

Låt $g(t) = e^{-at}f(t)$. Då gäller att

$$G(s) = (\mathscr{L}g)(s) = \int_0^\infty e^{-st}e^{-at} f(t)dt = \int_0^\infty e^{-(s+a)t} f(t)dt = F(s+a)$$

och vi har visat resultatet:

RESULTAT 5.5 *$\mathscr{L}$-transform för dämpning*

$$e^{-at}f(t) \quad \xrightarrow{\mathscr{L}} \quad F(s+a)$$

Låt $F = \mathscr{L}f$. Då följer genom att derivera F med avseende på s följande resultat:

RESULTAT 5.6 *$\mathscr{L}$-transform för multiplikation med monom*

$$tf(t) \quad \xrightarrow{\mathscr{L}} \quad -F'(s)$$

Låt $F = \mathscr{L}f$. Då följer av partialintegrering

$$\left(\mathscr{L}\frac{df}{dt}\right)(s) = \int_0^\infty e^{-st}\frac{df(t)}{dt}dt = \left[e^{-st}f(t)\right]_0^\infty + \int_0^\infty se^{-st}f(t)dt = -f(0) + sF(s)$$

och vi har följande resultat:

RESULTAT 5.7 *$\mathscr{L}$-transform för derivata*

$$\frac{df(t)}{dt} \quad \xrightarrow{\mathscr{L}} \quad sF(s) - f(0)$$

Med $\mathscr{F}(t) = \int_0^t f(\tau)d\tau$ följer att $f(t) = \mathscr{F}'(t)$ och resultatet ovan ger

$$\left(\mathscr{L}\frac{d\mathscr{F}}{dt}\right)(s) = s(\mathscr{L}\mathscr{F})(s) - \mathscr{F}(0)$$

och därför är

$$(\mathscr{L}\mathscr{F})(s) = \frac{1}{s}(\mathscr{L}f)(s)$$

eftersom $\mathscr{F}(0) = 0$. Vi har nu visat resultatet:

RESULTAT 5.8 *$\mathscr{L}$-transform för integration*

$$\int_0^t f(\tau)d\tau \quad \xrightarrow{\mathscr{L}} \quad \frac{1}{s}F(s)$$

EXEMPEL 5.2

En ramp

$$\mathscr{F}(t) = \begin{cases} 0, & -\infty \leq t \leq 0 \\ t, & t > 0 \end{cases}$$

är integralen av ett enhetssteg. Från Exempel 5.1 vet vi att enhetssteget har $\mathscr{L}$-transform $1/s$ och alltså är rampens $\mathscr{L}$-transform enligt Resultat 5.8 $1/s^2$.

Det gäller att

$$\lim_{s\to 0}\left(\mathscr{L}\frac{df}{dt}\right)(s) = \int_0^\infty \lim_{s\to 0}\left(e^{-st}\frac{df(t)}{dt}\right)dt = \int_0^\infty \frac{df(t)}{dt}dt = \lim_{t\to\infty} f(t) - f(0)$$

och från Resultat 5.7 följer att:

SATS 5.4 *Slutvärdessatsen*

$$\lim_{s\to 0} sF(s) = \lim_{t\to\infty} f(t)$$

om gränsvärdena existerar.

KOMMENTAR 5.3 Man kan med partialbråksuppdelning av $F(s)$ visa att om alla nollskilda singulariteter för rationella $F(s)$ har negativ realdel så gäller likheten ovan även om gränsvärdena är oegentliga, d.v.s. $\pm\infty$.

Om vi istället låter $s \to \infty$ kan man på liknande sätt visa följande sats.

SATS 5.5 *Begynnelsevärdessatsen*

$$\lim_{s\to\infty} sF(s) = \lim_{t\to 0} f(t)$$

om gränsvärdena existerar

För dynamiska system som definieras via faltning gäller följande sats.

SATS 5.6 *Faltning:* Antag att insignalen $u(t)$ och utsignalen $y(t)$, som båda antas vara noll för $t < 0$, är relaterade via en faltning

$$y(t) = \int_0^t g(\tau)u(t-\tau)d\tau$$

där $g(\tau)$ är en viktsfunktion. Låt $Y(s)$, $U(s)$ och $G(s)$ vara motsvarande $\mathscr{L}$-transformer. Då gäller att

$$Y(s) = G(s)U(s)$$

Bevis. Det gäller att

$$\begin{aligned}Y(s) &= \int_0^\infty e^{-st} y(t)dt = \int_0^\infty e^{-st} \int_0^t g(\tau)u(t-\tau)d\tau dt \\ &= \int_0^\infty \int_\tau^\infty e^{-st} g(\tau)u(t-\tau)dtd\tau = \int_0^\infty e^{-s\tau} g(\tau) \int_\tau^\infty e^{-s(t-\tau)} u(t-\tau)dtd\tau \\ &= \int_0^\infty e^{-s\tau} g(\tau) \int_0^\infty e^{-s\sigma} u(\sigma)d\sigma d\tau = G(s)U(s)\end{aligned}$$

□

Vi gör följande definition:

DEFINITION 5.2 $\mathscr{L}$-transformen $G(s)$ av viktsfunktionen $g(\tau)$ kallas för systemets *överföringsfunktion.*

EXEMPEL 5.3

För viktsfunktionen i (3.8) kan man visa att dess $\mathscr{L}$-transform ges av

$$G(s) = \exp\left(-x\sqrt{\frac{s}{k}}\right)$$

som alltså är systemets överföringsfunktion.

För distributioner definierar vi dess $\mathscr{L}$-transform genom att låta distributionen beskrivas via derivering av en funktion som är kontinuerlig. För deltafunktionen har vi att $\delta = \mathscr{D}^2 h$, där h är en ramp, jfr. Appendix B. Då definierar vi

$$\mathscr{L}\delta = s^2 H(s)$$

där $H(s) = \mathscr{L}h = 1/s^2$ enligt Exempel 5.2. Detta gör att vi har överensstämmelse med Resultat 5.7 för $\mathscr{L}$-transformen av derivator för klassiska funktioner och att

$$\mathscr{L}\delta = 1$$

Man kan visa, se t.ex. [3, kap. 14], att alla de resultat vi härlett för $\mathscr{L}$-transformen generaliserar till distributioner, och t.ex. gäller att $\mathscr{L}(\mathscr{D})^n \delta = s^n$.

Vi ska nu i ett exempel visa hur $\mathscr{L}$-transformen underlättar för oss att beräkna utsignalen för en given insignal för ett linjärt dynamiskt system.

EXEMPEL 5.4

Vi betraktar nu igen Exempel 3.1. Här gäller att viktsfunktionen är $g(\tau) = e^{-a\tau} b$, där $a = b = 1/(RC)$, som har $\mathscr{L}$-transformen

$$G(s) = \frac{b}{s+a}$$

och som därför är systemets överföringsfunktionen. Antag att $u(t) = \sin(\omega t)$. Då gäller att

$$U(s) = \frac{\omega}{s^2 + \omega^2}$$

och om u är insignalen till systemet i Exempel 3.1 så har vi enligt Sats 5.6 att

$$Y(s) = \frac{1}{Ts+1}\frac{\omega}{s^2+\omega^2}$$

med $T = 1/a = RC$. Vi kan nu använda partialbråksuppdelning för att beräkna y som funktion av t. Ansätt

$$\frac{1}{Ts+1}\frac{\omega}{s^2+\omega^2} = \frac{\alpha}{Ts+1} + \frac{\beta s+\gamma}{s^2+\omega^2} = \frac{\alpha(s^2+\omega^2)+(\beta s+\gamma)(Ts+1)}{(Ts+1)(s^2+\omega^2)}$$

Genom att identifiera koefficienterna för de olika potenserna av s i täljaren och sätta dem lika erhålles följande ekvationssystem för (α, β, γ):

$$\begin{bmatrix} 1 & T & 0 \\ 0 & 1 & T \\ \omega^2 & 0 & 1 \end{bmatrix} \begin{bmatrix} \alpha \\ \beta \\ \gamma \end{bmatrix} = \begin{bmatrix} 0 \\ 0 \\ \omega \end{bmatrix}$$

med lösning

$$\begin{bmatrix} \alpha \\ \beta \\ \gamma \end{bmatrix} = \frac{1}{1+\omega^2 T^2} \begin{bmatrix} \omega T^2 \\ -\omega T \\ \omega \end{bmatrix}$$

Från den inversa $\mathscr{L}$-transformen av partialbråken fås att

$$y(t) = \frac{\alpha}{T}e^{-t/T} + \beta\cos\omega t + \frac{\gamma}{\omega}\sin\omega t$$

Från formeln $\sin\phi\cos\omega t + \cos\phi\sin\omega t = \sin(\omega t + \phi)$ erhåller vi genom att låta $\sin\phi = \beta/\sqrt{\beta^2+\gamma^2/\omega^2}$ och $\cos\phi = (\gamma/\omega)/\sqrt{\beta^2+\gamma^2/\omega^2}$ att

$$\begin{aligned} y(t) &= \frac{\alpha}{T}e^{-t/(T)} + \sqrt{\beta^2+\gamma^2/\omega^2}\left(\frac{\beta}{\sqrt{\beta^2+\gamma^2/\omega^2}}\cos\omega t + \frac{\gamma/\omega}{\sqrt{\beta^2+\gamma^2/\omega^2}}\sin\omega t\right) \\ &= \frac{\omega T}{1+\omega^2T^2}e^{-t/(T)} + \frac{1}{\sqrt{1+\omega^2T^2}}\sin\left(\omega t + \phi\right) \end{aligned}$$

där $\tan\phi = \beta\omega/\gamma = -\omega T$. Vi ser att den första termen i lösningen konvergerar mot noll när $t \to \infty$ och att den andra termen är en sinusfunktion med samma frekvens som u men med en annan amplitud och annan fas ϕ.

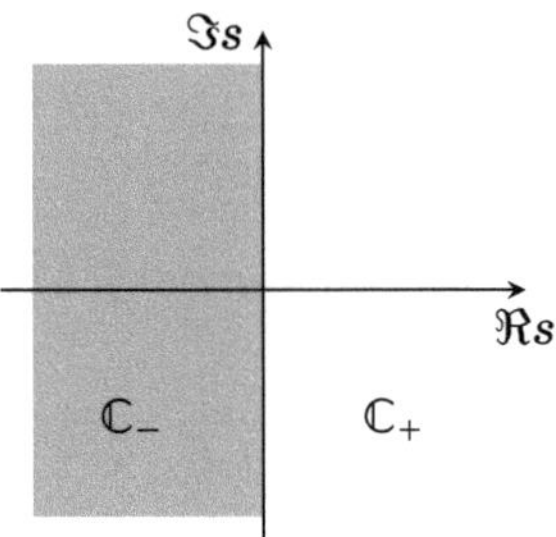

Figur 5.2: Det strikta vänstra halvplanet $\mathbb{C}_-$ och det högra halvplanet $\mathbb{C}_+$.

5.2 Stabilitet

Det är möjligt att relatera insignalutsignalstabilitet för ett linjärt system till egenskaper på överföringsfunktionen.

Definition 5.3 Den delmängd av komplexa talplanet som ligger till vänster om den imaginära axeln, d.v.s.

$$\mathbb{C}_- = \{s \in \mathbb{C} \mid \Re s < 0\}$$

kallar vi *strikta vänstra halvplanet*. Komplementet till detta område, d.v.s. $\mathbb{C}_+ = \mathbb{C} \setminus \mathbb{C}_-$ kallar vi det *högra halvplanet*.

Figur 5.2 visar dessa halvplan.

Definition 5.4 För rationella F gäller att de s för vilka $F(s) = 0$ kallas för *nollställen* till F. På samma sätt säger vi för rationella F att de s för vilka $1/F(s) = 0$ kallas för *poler* till F.

Exempel 5.5

Funktionen

$$F(s) = \frac{s+1}{s^2+5s+6} = \frac{s+1}{(s+2)(s+3)}$$

har ett nollställe i -1 och poler i -2 och -3, och funktionen

$$F(s) = \frac{1}{s^2+1} = \frac{1}{(s+i)(s-i)}$$

har inga nollställen, men poler i $\pm i$.

DEFINITION 5.5 Om det för ett rationellt F gäller att vi kan skriva $F(s) = (s - s_0)^n \bar{F}(s)$ med $\bar{F}(s_0) \neq 0$, där $n \geq 1$ så kallas s_0 ett nollställe med *multiplicitet n*. På samma sätt gäller att om vi kan skriva $F(s) = \bar{F}(s)/(s - s_0)^n$ med $1/\bar{F}(s_0) \neq 0$, där $n \geq 1$ så kallas s_0 en pol med *multiplicitet n*. Då $n = 1$ säger vi att nollställen respektive poler är *enkla*, och då $n = 2$ att de är *dubbla*.

EXEMPEL 5.6

Funktionen

$$F(s) = \frac{1}{s^3 - 3s + 2} = \frac{1}{(s-1)^2(s+2)}$$

har en dubbelpol i 1 och en enkelpol i -2. Funktionen

$$F(s) = \frac{(s+1)(s^2+s+1)}{s^3+2s+1}$$

har ett enkelt nollställe i -1 eftersom den kan skrivas $F(s) = (s+1)\bar{F}(s)$ där $\bar{F}(-1) = -1/2$.

KOMMENTAR 5.4 För allmänna F kräver vi att $\bar{F}$ i Definition 5.5 är analytisk i en omgivning kring s_0 för att s_0 ska vara ett nollställe respektive en pol. För rationella F är detta villkor på $\bar{F}$ alltid uppfyllt.

För en rationell överföringsfunktion G kan vi alltid skriva

$$G(s) = \frac{B(s)}{A(s)} \tag{5.3}$$

där A och B är polynom i s.

DEFINITION 5.6 Ett polynom $A(s)$ som via $A(s) = 0$ definierar en överföringsfunktions poler kallas *polpolynom*, och ett polynom $B(s)$ som via $B(s) = 0$ definierar en överföringsfunktions nollställen kallas *nollställespolynom*.

KOMMENTAR 5.5 Vi noterar att A och B i (5.3) inte får ha några gemensamma faktorer som är polynom i s om A och B ska definiera polerna och nollställena. Detta betyder att vi valt att skriva G så att eventuella singulariteter som kan förkortas tagits bort.

EXEMPEL 5.7

Betrakta funktionen

$$F(s) = \frac{s+1}{s^2+3s+2} = \frac{s+1}{(s+1)(s+2)} = \frac{1}{s+2}$$

Den har ett polpolynom $A(s) = s+2$ och ett nollställespolynom $B(s) = 1$. Det gäller att F har en pol då $A(s) = 0$ och ett nollställe då $B(s) = 0$. Från detta inser vi att -2 är en pol och att det inte finns några nollställen, eftersom $B(s) = 0$ saknar lösning. Det gäller dock att F har singulariteter i såväl -1 som -2, men den förra är ingen pol, eftersom den kan förkortas bort.

DEFINITION 5.7 En rationell funktion säges vara *proper* om gradtalet för nollställespolynomet inte är högre än gradtalet för polpolynomet. Om gradtalet för nollställespolynomet är strikt lägre än gradtalet för polpolynomet så säges funktionen vara *strikt proper*. En rationell funktion som inte är proper säges vara *ickeproper*.

EXEMPEL 5.8

Funktionen

$$F(s) = \frac{1}{s+3}$$

är strikt proper medan funktionen

$$F(s) = \frac{1}{s+1} + 1 = \frac{s+2}{s+1}$$

endast är proper. Funktionen

$$F(s) = s+1$$

är ickeproper.

SATS 5.7 Ett system med en rationell överföringsfunktion G är insignalutsignalstabilt om och endast om överföringsfunktionen är proper och alla dess poler ligger i det strikta vänstra halvplanet $\mathbb{C}_-$.

Bevis. Det gäller att G är $\mathscr{L}$-transformen av viktsfunktionen g för systemet. Enligt Sats 3.2 gäller att ett system definierat av (3.7) är insignalutsignalstabilt om och endast om viktsfunktionen g är absolut integrerbar. Om G är strikt proper och alla poler p_i har multiplicitet ett gäller att vi kan partialbråksuppdela G så att

$$G(s) = \sum_{i=1}^{n} \frac{\alpha_i}{s - p_i}$$

Detta medför att viktsfunktionen ges av

$$g(t) = \sum_{i=1}^{n} \alpha_i e^{p_i t}$$

för några konstanter α_i. För en proper överföringsfunktion G med ev. multipla poler gäller att vi istället erhåller att

$$g(t) = \alpha_0\delta(t) + \sum_{i=1}^{n} \alpha_i(t)e^{p_i t}$$

där $\alpha_i(t)$ är polynom i t. Om G är ickeproper gäller att g innehåller derivator av $\delta(t)$. Vi inser från detta att g är absolut integrerbart om och endast om alla poler ligger i $\mathbb{C}_-$ och G är proper. □

EXEMPEL 5.9

Ett system med överföringsfunktion

$$G(s) = \frac{1}{s^2 + 3s + 2}$$

har poler i -1 och -2, och är därför insignalutsignalstabilt enligt Sats 5.7.

KOMMENTAR 5.6 Då G inte är en rationell överföringsfuktion kan vi säga följande. Antag att systemet är insignalutsignalstabilt, vilket medför att g är absolut integrerbar. Detta medför i sin tur att Fouriertransformen $G(i\omega)$[1] av g existerar. Detta är endast möjligt om konvergensområdet för $\mathscr{L}$-transformen inkluderar imaginära axeln. Konvergensområdet är till höger om den singularitet till G som ligger längst till höger i komplexa talplanet. Alltså inkluderar konvergensområdet imaginära axeln om och endast om alla singulariteter till G ligger i $\mathbb{C}_-$. Detta betyder speciellt att alla poler ligger i $\mathbb{C}_-$.

Antag nu att all singulariteter för G ligger i $\mathbb{C}_-$. Antag vidare att G och dess första- och andraderivator är sådana att de konvergerar mot noll när $|s|$ går mot oändligheten i $\mathbb{C}_+$ och att de är absolut integrerbara på imaginära axeln utanför ett begränsat intervall. Då följer från [2] att g är absolut integrerbar. Alltså är systemet definierat av G insignalutsignalstabilt.

5.3 Blockschema

Inom reglertekniken representerar vi ofta dynamiska system med grafiska symboler, och en vanlig representation är *blockschema*, vilket vi redan mött i Kapitel 2. Vi ska här diskutera hur blockschema kan användas för att beskriva hur $\mathscr{L}$-transformerade signaler och överföringsfunktioner är relaterade till varandra matematisk. Det enklaste byggblocket är relaterat till förgrening och visar att en signal går flera vägar, se Figur 5.3a. Summering av olika signaler visas i

[1]Fouriertransformen av en funktion $f(t)$ definieras som $\hat{f}(\omega) = \int_{-\infty}^{\infty} e^{-i\omega t} f(t)$ för funktioner f sådana att integralen existerar. Man kan visa att ett tillräckligt villkor för att Foruiertransformen ska existera är att f är absolut integrerbar. Notera att för f sådana att $f(t) = 0$ för $t \le 0$ gäller $\hat{f}(\omega) = F(i\omega)$ där F är $\mathscr{L}$-transformen. Ett tillräckligt och nödvändigt villkor för att Fouriertransformen ska existera är därför att $\mathscr{L}$-transformens konvergensområde inkluderar imaginära axeln.

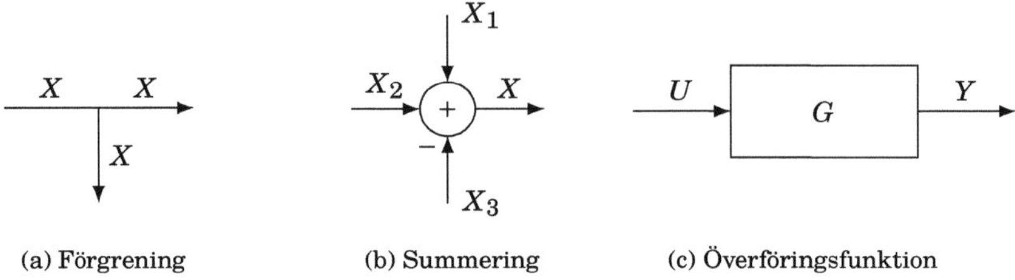

(a) Förgrening (b) Summering (c) Överföringsfunktion

Figur 5.3: Byggblock för blockscheman.

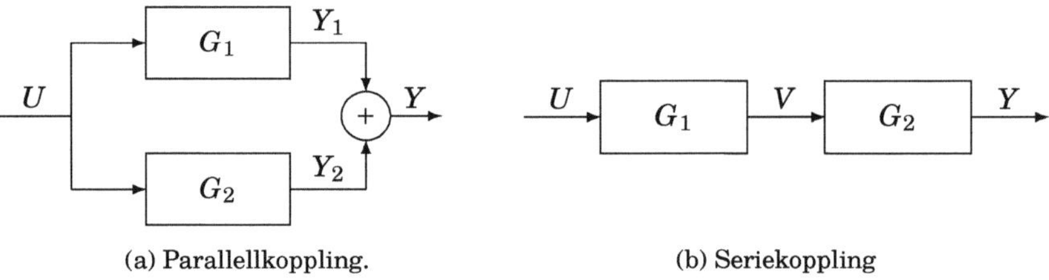

(a) Parallellkoppling. (b) Seriekoppling

Figur 5.4: Blockschema.

Figur 5.3b, där vi noterar att ett minustecken vid en pil ska tolkas som att man istället subtraherar signalen, vilket betyder att $X = X_1 + X_2 - X_3$. Dynamiska system beskrivs oftast i termer av sin överföringsfunktion som i Figur 5.3c, där figuren representerar sambandet $Y(s) = G(s)U(s)$. Utifrån dessa enkla regler kan man härleda överföringsfunktionen för några enkla sammankopplingar av system.

Exempel 5.10

I Figur 5.4a illustreras en *parallellkoppling*. Ekvationerna är $Y_1 = G_1U$, $Y_2 = G_2U$ samt $Y = Y_1 + Y_2$, vilket resulterar i att $Y = (G_1 + G_2)U$, och således är överföringsfunktionen från U till Y given av $G = G_1 + G_2$.

Exempel 5.11

I Figur 5.4b illustreras en *seriekoppling*. Ekvationerna är $V = G_1U$, $Y = G_2V$, vilket resulterar i att $Y = G_2G_1U$, och således är överföringsfunktionen från U till Y given av $G = G_1G_2$.

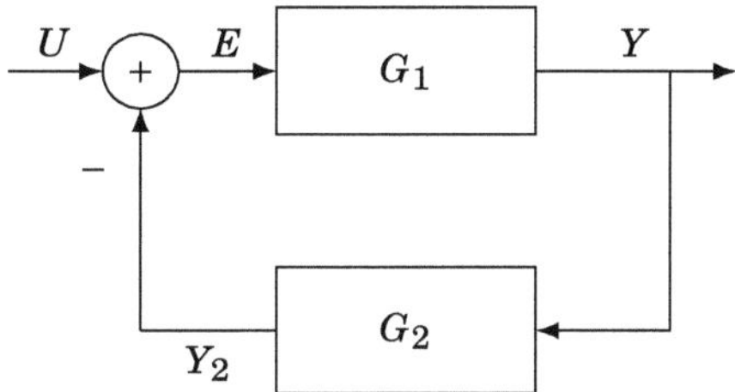

Figur 5.5: Blockschema för återkoppling.

Exempel 5.12

I Figur 5.5 illustreras en *återkoppling*. Ekvationerna är $E = U - Y_2$, $Y = G_1 E$ och $Y_2 = G_2 Y$. Från detta erhålles att

$$Y = G_1(U - G_2 Y)$$

ur vilket man kan lösa ut

$$Y = \frac{G_1}{1 + G_1 G_2} U$$

och således är överföringsfunktionen från U till Y given av $G = G_1/(1 + G_1 G_2)$. Vi noterar att om G_1 och G_2 är rationella så är även G rationell.

5.4 Det återkopplade systemet

Vi ser i Figur 5.6 ett återkopplat system där vi med en regulator $F(s)$ reglerar ett system $G(s)$ med återkoppling. Referensevärdet ges av $R(s)$ och det finns en *insignalstörning* $V(s)$ och en *utsignalstörning* $W(s)$.

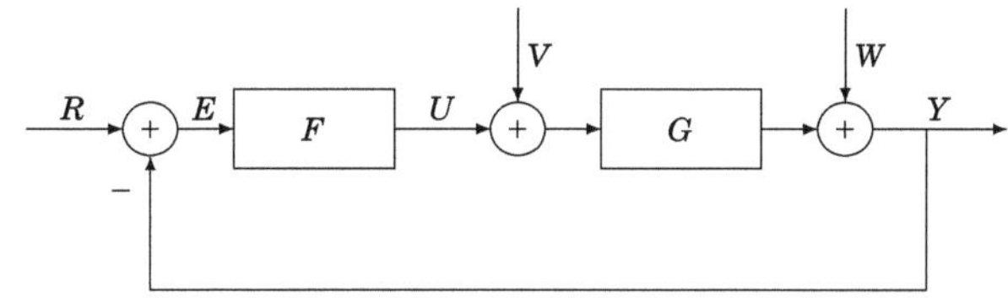

Figur 5.6: Blockschema för återkopplat system.

Målet är att välja $F(s)$ så att reglerfelet $E(s)$ blir litet trots de yttre signalerna, $R(s)$, $V(s)$ och $W(s)$. Från blockschemat i Figur 5.6 följer att

$$Y(s) = W(s) + G(s)(V(s) + F(s)(R(s) - Y(s)))$$
$$U(s) = F(s)(R(s) - W(s) - G(s)(V(s) + U(s)))$$

Vi löser nu ut $Y(s)$ ur den första ekvationen och $U(s)$ ur den andra ekvationen och erhåller

$$Y(s) = \frac{G(s)F(s)}{1+G(s)F(s)}R(s) + \frac{G(s)}{1+G(s)F(s)}V(s) + \frac{1}{1+G(s)F(s)}W(s)$$
$$U(s) = \frac{F(s)}{1+G(s)F(s)}R(s) - \frac{F(s)G(s)}{1+G(s)F(s)}V(s) - \frac{F(s)}{1+G(s)F(s)}W(s)$$

Vi inser att såväl $Y(s)$ som $U(s)$ är linjära i $R(s)$, $V(s)$ och $W(s)$. Detta innebär att om man vill beräkna en överföringsfunktion från en viss insignal till $Y(s)$ eller $U(s)$ för det slutna systemet, så kan man låta de andra insignalerna vara noll. Av detta följer också att man kan erhålla den totala utsignalen genom att addera bidragen från vardera insignal. Detta kallar man ofta för *superposition*. Vi inför följande definitioner.

DEFINITION 5.8 För ett system med överföringsfunktion $G(s)$ som regleras i återkoppling med en regulator $F(s)$ kallar vi $G_o(s) = F(s)G(s)$ för *kretsförstärkningen*.

DEFINITION 5.9 För ett slutet system med kretsförstärkning $G_o(s)$ kallar vi

$$S(s) = \frac{1}{1+G_o(s)}$$

för *känslighetsfunktionen*.

DEFINITION 5.10 För ett slutet system med kretsförstärkning $G_o(s)$ kallar vi

$$T(s) = \frac{G_o(s)}{1+G_o(s)}$$

för *komplementära känslighetsfunktionen*.

Vi kan nu skriva om ekvationerna ovan för $Y(s)$ och $U(s)$ enligt

$$Y(s) = T(s)R(s) + G(s)S(s)V(s) + S(s)W(s) \tag{5.4}$$
$$U(s) = F(s)S(s)R(s) - T(s)V(s) - F(s)S(s)W(s) \tag{5.5}$$

Att se till att göra $E(s) = R(s) - Y(s)$ liten är nu det samma som att se till att göra $T(s)$ nära ett och $S(s)$ nära noll enligt den första ekvationen. Där är ingen inneboende konflikt i detta eftersom $S(s) + T(s) = 1$. Dock är det så att kretsförstärkningen ges av

$$G_o(s) = F(s)G(s)$$

och vi inser att den måste göras stor för att vi ska uppnå vårt mål. För de flesta fysikaliska system är $G(s)$ liten för stora värden på s och därför måste vi då välja

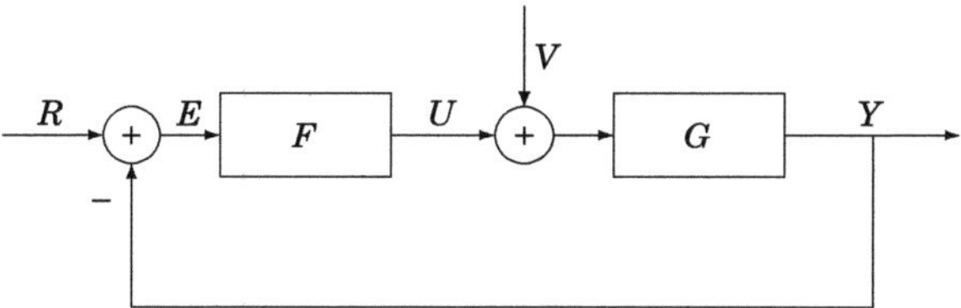

Figur 5.7: Blockschema för återkopplat system för definition av intern stabilitet.

$F(s)$ stor för att kompensera för detta. Detta innebär att styrsignaler kommer att behöva bli stora och att energiåtgången för regleringen kan bli stor om vi vill erhålla hög prestanda i termer av litet $E(s)$.

5.5 Intern Stabilitet

Vi har definierat insignalutsignalstabilitet för öppna system som är linjära och tidsinvarianta, men vad händer när vi gör återkoppling? Vi har lite slarvig tidigare, t.ex. i Avsnitt 3.3, diskuterat om återkopplade system är insignalutsignalstabila eller ej? Detta har vi gjort genom att endast studera hur utsignalen beter sig vid återkoppling. Egentligen måste man titta på hur även andra signaler beter sig, t.ex. styrsignalen. Man måste också se till att excitera det slutna systemet med tillräckligt många insignaler. Det räcker allmänt inte att bara titta på vad som händer då man har ett referensevärde. Man måste ha insignaler till det slutna systemet vid varje punkt där regulatorn interagerar med det öppna systemet. Här kommer en formell definition.

DEFINITION 5.11 Vi säger att det slutna systemet definierat av Figur 5.7 är *internt stabilt* om delsystemen från (r, v) till $(y, u, e, u+v)$ är insignalutsignalstabila.

I definitionen av intern stabilitet antar vi alltså att insignalerna till det återkopplade systemet, d.v.s. r och v är begränsade. Vi ska enligt definitionen undersöka när de övriga signalerna är begränsade, d.v.s. när är e, u, $u+v$ och y begränsade. Eftersom v är begränsad så är $u+v$ begränsad om och endast om u är begränsad. Eftersom r är begränsad så är e begränsad om och endast om y är begränsad. Det är därför tillräckligt att undersöka när y och u är begränsade. Vi räknar därför ut överföringsfunktionerna från r och v till y och u. Vi har från (5.4–5.5) att dessa ges av

$$
\begin{aligned}
Y(s) &= T(s)R(s) + G(s)S(s)V(s) \\
U(s) &= F(s)S(s)R(s) - T(s)V(s)
\end{aligned}
$$

Från detta och Sats 5.7 följer omedelbart följande sats

SATS 5.8 Ett slutet system som i Figur 5.7 med rationella överföringsfunktioner är internt stabilt om och endast om överföringsfunktionerna

$$T(s), \quad G(s)S(s), \quad F(s)S(s)$$

är propra och alla dess poler ligger i det strikta vänstra halvplanet $\mathbb{C}_-$, där $S(s)$ är känslighetsfunktionen, $T(s)$ är den komplementära känslighetsfunktionen, $G(s)$ är det öppna systemets överföringsfunktion och $F(s)$ är regulatorns överföringsfunktion.

KOMMENTAR 5.7 Om det finns fler insignaler till det slutna systemet som kommer in additivt så innebär det inte att villkoret i satsen ändras. Det betyder t.ex. att vi kan analysera intern stabilitet för det återkopplade systemet i Figur 5.6 med hjälp av det återkopplade systemet i Figur 5.7.

KOMMENTAR 5.8 Alla poler för överföringsfunktionerna $T(s)$, $G(s)S(s)$ och $F(s)S(s)$ i Sats 5.8 ligger strikt i vänster halvplan om och endast alla poler för $T(s)$ ligger strikt i vänster halvplan och det inte sker några förkortningar av poler i det högra halvplanet i kretsförstärkningen $G_o(s) = F(s)G(s)$, se Appendix C för ett bevis. Där visas också att om G endast har enkla poler och nollställen i höger halvplan, så gäller att inga förkortningar sker precis då $S(p_i) = 0$ och $S(z_i) = 1$ där p_i och z_i är polerna respektive nollställena för G i höger halvplan. Dessa villkor kallas för *interpolationsvillkoren*.

EXEMPEL 5.13

Betrakta det slutna systemet i Figur 5.7 och låt

$$G(s) = \frac{1}{s-1}, \quad F(s) = \frac{s-1}{s}$$

för vilka vi har

$$T(s) = \frac{1}{s+1}, \quad G(s)S(s) = \frac{s}{(s+1)(s-1)}, \quad F(s)S(s) = \frac{s-1}{s+1}$$

Vi ser att en av överföringsfunktionerna har en pol i $s = 1$, och alltså är det slutna systemet inte internt stabilt. Vi noterar också att det sker en förkortning av $s-1$ i kretsförstärkningen $G_o(s) = F(s)G(s)$.

KOMMENTAR 5.9 Resultatet i Kommentar 5.8 gäller även för $G(s)$ som inte är rationella, men vi måste då införa lite andra antagande. Antag att all singulariteter för $G(s)$ ligger i $\mathbb{C}_-$ förutom ev. poler i $\mathbb{C}_+$. Antag vidare att $G(s)$ och dess första- och andraderivator är sådana att de konvergerar mot noll när $|s|$ går mot oändligheten i $\mathbb{C}_+$ och att de är absolut integrerbara på imaginära axeln utanför ett begränsat intervall. Antag att $F(s)$ är rationell och strikt proper. Antag slutligen att $T(s)$ är analytisk i $\mathbb{C}_+$ och att det inte sker några förkortningar av poler i $\mathbb{C}_+$ i kretsförstärkningen $G_o(s) = F(s)G(s)$. Då gäller enligt [2] att det återkopplade systemet i Figur 5.7 är internt stabilt.

5.6 Överföringsfunktion för differentialekvationer

Vi studerade i Kapitel 3 differentialekvationen

$$\dot{y}(t) + ay(t) = bu(t)$$

och kom fram till att lösningen under förutsättning att $y(0) = 0$ ges av (3.7), d.v.s.

$$y(t) = \int_0^t g(\tau)u(t-\tau)d\tau$$

med viktsfunktionen $g(\tau) = e^{-a\tau}b$. Allmänt gäller att högre ordningens differentialekvationer

$$\begin{aligned}\frac{d^n y(t)}{dt^n} &+ a_1\frac{d^{n-1}y(t)}{dt^{n-1}} + \ldots + a_{n-1}\frac{dy(t)}{dt} + a_n y(t)\\ &= b_0\frac{d^m u(t)}{dt^m} + \ldots + b_{m-1}\frac{du(t)}{dt} + b_m u(t)\end{aligned} \tag{5.6}$$

också har en lösning som kan skrivas på formen (3.7), men med ett annat $g(\tau)$. Vi ska nu ta $\mathscr{L}$-transformen till hjälp för att hitta ett uttryck för denna viktsfunktion.

Det följer från Resultat 5.2 och Resultat 5.7 att (5.6) ovan $\mathscr{L}$-transformeras på

$$\left(s^n + a_1 s^{n-1} + \ldots + a_n\right)Y(s) = \left(b_0 s^m + \ldots + b_{m-1}s + b_m\right)U(s)$$

om u och y och dess derivator har värdet noll vid tidpunkten noll. Vi inför beteckningarna

$$A(s) = s^n + a_1 s^{n-1} + \ldots + a_n, \quad B(s) = b_0 s^m + \ldots + b_{m-1}s + b_m \tag{5.7}$$

och inser från Sats 5.2 och Definition 5.2 att systemets överföringsfunktion ges av

$$G(s) = \frac{Y(s)}{U(s)} = \frac{B(s)}{A(s)}$$

Vi kan därför erhålla viktsfunktionen genom att ta den inversa $\mathscr{L}$-transformen av det rationella uttrycket ovan. Om $A(s)$ och $B(s)$ inte har några gemensamma faktorer så ges enligt Definition 5.4 systemets nollställen av nollställena till $B(s)$

och systemets poler av nollställena till $A(s)$. Vi noterar också att polerna är de samma som rötterna till den karakteristiska ekvationen för differentialekvationen.

Eftersom ett insignalutsignalstabilt system enligt Sats 5.7 har alla poler i det strikta vänstra halvplanet $\mathbb{C}_-$ så är det av intresse att kunna avgöra om ett polynom $A(s)$ har alla sina nollställen i $\mathbb{C}_-$ eller ej. Vi börjar med att studera ett första ordningens polynom $A(s) = s + \alpha$, och vi inser omedelbart att $\alpha > 0$ är ekvivalent med att nollstället ligger i $\mathbb{C}_-$. För ett andra ordningens polynom $A(s) = s^2 + \beta s + \gamma$ gäller att nollställena ges av

$$s = \frac{-\beta \pm \sqrt{4\gamma - \beta^2}}{2}$$

och det är inte svårt att inse att alla nollställen ligger i $\mathbb{C}_-$ om och endast om $\beta > 0$ och $\gamma > 0$. För högre ordningens polynom har vi följande sats.

SATS 5.9 För polynomet $A(s)$ i (5.7) gäller att $a_i > 0$, $i = 1, \dots, n$ är ett nödvändigt villkor för att alla nollställen till $A(s)$ ska ligga i $\mathbb{C}_-$.

Bevis. Alla polynom med reella koefficienter kan faktoriseras i faktorer av typen $s + \alpha$ och $s^2 + \beta s + \gamma$, där (α, β, γ) är reella. Om alla nollställen till $A(s)$ ska ligga i $\mathbb{C}_-$ så gäller detsamma för faktorerna. Från vår diskussion ovan följer att (α, β, γ) måste vara positiva. När vi sedan multiplicerar samman dessa faktorer erhåller vi att alla a_i är positiva. □

Omvändingen av satsen gäller inte, vilket följande exempel visar.

EXEMPEL 5.14

Polynomet $A(s) = s^3 + 2s^2 + 2s + 40$ har nollställena $s = -4$ och $s = 1 \pm 3i$.

Det finns kriterier som även ger tillräckliga villkor för att ett polynom ska ha alla nollställen i $\mathbb{C}_-$. De kallas Rouths algoritm och Hurwitz kriterium. Vi kommer inte att presentera dem i boken utan hänvisar till annan litteratur. Numeriskt kan man enkelt beräkna nollställen för polynom i t.ex. Matlab.

5.7 Polplacering

Vi ska nu använda det vi lärt oss i det här kapitlet för att syntetisera regulatorer. De egenskaper vi önskar erhålla för det slutna systemet kommer vi att specificera i termer av det slutna systemets överföringsfunktion. Vi vill självfallet att polerna ska ligga i det strikta vänstra halvplanet så att vi har stabilitet. Sedan vill vi också se till att erhålla önskade egenskaper på det slutna systemets stegsvar. För detta ändamål minns vi att rötterna till den karakteristiska ekvationen är polerna till överföringsfunktionen, och därför kan vi använda resultaten i Avsnitt 3.5 för att specificera önskat stegsvar genom att ange polernas placering. Denna typ av regulatorsyntes kallas därför *polplacering*. Vi kommer att åter igen analysera det öppna systemet som ges av (3.10), d.v.s.

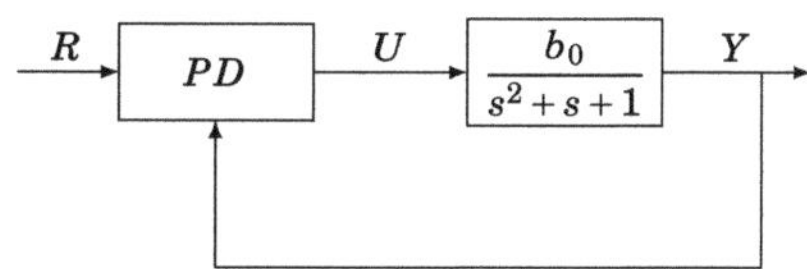

Figur 5.8: Blockschema för PD-reglering.

$$\ddot{y}(t) + \dot{y}(t) + y(t) = b_0 u(t)$$

Vi såg i Avsnitt 3.6 att en P-regulator inte var tillräckligt flexibel för att ge bra prestanda i termer av både snabbhet och dämpning. Därför ska vi nu först studera vad som händer om vi använder en PD-regulator

$$u(t) = K_P e(t) - K_D \frac{dy(t)}{dt}$$

där $e(t) = r(t - y(t))$ är reglerfelet och $r(t)$ referensvärdet. Vi antar att alla initialvärden är noll och $\mathscr{L}$-transformerar alla signaler och inser att de $\mathscr{L}$-transformerade differentialekvationerna för det öppna systemet och för regulatorn ges av

$$\begin{aligned}\left(s^2 + s + 1\right) Y(s) &= b_0 U(s) \\ U(s) &= K_P\left(R(s) - Y(s)\right) - sK_D Y(s)\end{aligned}$$

I Figur 5.8 ses ett blockschema för det reglerade systemet Genom att använda den andra ekvationen för att eliminera $U(s)$ erhåller vi

$$\left(s^2 + (1 + b_0 K_D)s + 1 + b_0 K_p\right) Y(s) = b_0 K_P R(s)$$

Om vi nu väljer regulatorns parametrar K_P och K_D så att polpolynomet blir

$$s^2 + 2\zeta\omega_0 s + \omega_0^2$$

så får vi stegsvar för det slutna systemet som ser ut som stegsvaren i Figur 3.6. Detta erhåller vi genom att ställa upp en ekvation för varje potens av s i polpolynomet, d.v.s.

$$\begin{aligned} 1 + b_0 K_D &= 2\zeta\omega_0 \\ 1 + b_0 K_P &= \omega_0^2 \end{aligned}$$

som har lösningarna $K_P = (\omega_0^2 - 1)/b_0$ och $K_D = (2\zeta\omega_0 - 1)/b_0$. Vi kan alltså med en PD-regulator placera polerna godtyckligt i det strikta vänstra halvplanet genom att välja ζ och ω_0. Reglerfelet e kommer tyvärr inte att konvergera mot noll när tiden går mot oändligheten, och det inser vi genom att notera att de konstanta termerna i polpolynomet och nollställespolynomet inte är lika, d.v.s. $1 + b_0 K_P \neq b_0 K_P$. Notera att dessa termer är båda lika med ω_0^2 för de stegsvar som visas i Figur 3.6. Vi kan analysera detta vidare genom att använda slutvärdessatsen som säger att om r är ett enhetssteg så gäller att

$$\lim_{t\to\infty} y(t) = \lim_{s\to 0} sY(s) = \lim_{s\to 0} s \frac{b_0 K_P}{s^2 + (1 + b_0 K_D)s + 1 + b_0 K_p} \frac{1}{s}$$

om gränvärdena existerar. Eftersom vi valt K_P och K_D så att slutna systemets poler ligger i det strikta vänstra halvplanet, så följer från Kommentar 5.3 att $y(t)$ konvergerar mot $b_0 K_P/(1 + b_0 K_P)$, som kallas slutna systemets *statiska förstärkning*. Alltså konvergerar reglerfelet mot $1/(1 + b_0 K_P)$.

Vi ska nu se att en PID-regulator

$$u(t) = K_P e(t) + K_I \int_0^t e(s) ds - K_D \frac{dy(t)}{dt}$$

klarar av att även uppfylla specifikationen att reglerfelet konvergerar mot noll för ett stegsvar. Vi $\mathscr{L}$-transformerar och erhåller

$$\begin{aligned} \left(s^2 + s + 1\right) Y(s) &= b_0 U(s) \\ U(s) &= K_P (R(s - Y(s))) + \frac{K_I}{s} (R(s) - Y(s)) - sK_D Y(s) \end{aligned}$$

Genom att använda den andra ekvationen för att eliminera $U(s)$ erhåller vi efter att vi multiplicerat med s

$$\left(s^3 + (1 + b_0 K_D)s^2 + (1 + b_0 K_p)s + b_0 K_I\right) Y(s) = b_0 (K_P s + K_I) R(s)$$

Om vi nu väljer regulatorns parametrar K_P, K_I och K_D så att polpolynomet blir

$$(s + \alpha\omega_0)\left(s^2 + 2\zeta\omega_0 s + \omega_0^2\right)$$

så får vi stegsvar för det slutna systemet som ser ut ungefär som stegsvaren i Figur 3.6. Detta förutsätter att α är valt mycket större än ett så att polen i $-\alpha\omega_0$ ligger rejält till vänster om de komplexkonjugerade polerna som ges av andragradspolynomet, vilket då beskriver den dominerande dynamiken, jfr Avsnitt 3.5. Vi har följande ekvationer för de olika potenserna av s i polpolynomet

$$\begin{aligned} 1 + b_0K_D &= (2\zeta + \alpha)\omega_0 \\ 1 + b_0K_P &= (1 + 2\alpha)\omega_0^2 \\ b_0K_I &= \alpha\omega_0^3 \end{aligned}$$

som är linjära ekvationer i variablerna K_P, K_I och K_D, och som därför är enkla att lösa. När r är ett enhetssteg gäller att

$$\lim_{t\to\infty} y(t) = \lim_{s\to 0} sY(s) = \lim_{s\to 0} s\frac{b_0(K_Ps + K_I)}{s^3 + (1 + b_0K_D)s^2 + (1 + b_0K_p)s + b_0K_I}\frac{1}{s}$$

om gränsvärdena existerar. Eftersom vi valt K_P, K_I och K_D så att slutna systemets poler ligger i det strikta vänstra halvplanet, så följer från Kommentar 5.3 att $y(t)$ konvergerar mot $b_0K_I/(b_0K_I) = 1$, och alltså konvergerar reglerfelet mot noll. Vi inser nu att vi genom att inkludera integrerande verkan i regulatorn kan få reglerfelet att konvergera mot noll för stegsvar. Vi avslutar med att inse att om differentialekvationen för det öppna systemet varit av högre ordning så hade vi inte kunna placera polerna godtyckligt, ty det krävs en regulatorparameter för varje pol vi vill placera. Detta problem ska vi tackla med hjälp av s.k. tillståndsåterkoppling i Kapitel 8.

5.8 Felkoefficienter

Vi såg i det förra avsnittet hur vi kunde uppnå önskade specifikationer på stegsvar från referensvärde till utsignal genom polplacering. Ett av de kriterier vi var intresserade av att uppfylla var att reglerfelet konvergerade mot noll för ett konstant referensvärde. För det slutna systemet i Figur 5.6 gäller enligt (5.4) att

$$Y(s) = T(s)R(s) + G(s)S(s)V(s) + S(s)W(s)$$

och därför ges reglerfelet av

$$\begin{aligned} E(s) &= R(s) - Y(s) = (1 - T(s))R(s) - G(s)S(s)V(s) - S(s)W(s) \\ &= S(s)(R(s) - G(s)V(s) - W(s)) \end{aligned}$$

där vi utnyttjat att $S(s) + T(s) = 1$. Vi inser att den komplementära känslighetsfunktionen är den enda överföringsfunktion i uttrycket ovan som vi kan påverka med regulatorn och vi har från definitionerna 5.8–5.9 att

$$S(s) = \frac{1}{1 + G_o(s)}, \quad G_o(s) = F(s)G(s)$$

där $F(s)$ är regulatorns överföringsfunktion och $G(s)$ är överföringsfunktionen för systemet vi vill reglera. Vi ska nu analysera inverkan av $R(s)$ på $E(s)$, och då kan vi anta att $V(s) = W(s) = 0$. Vi återkommer till inverkan av $V(s)$ och $W(s)$. Vi antar att r är ett enhetssteg och erhåller från Sats 5.4 under förutsättning att slutna systemet är internt stabilt att

$$\lim_{t\to\infty} e(t) = \lim_{s\to 0} sE(s) = \lim_{s\to 0} s\frac{1}{1+G_o(s)}R(s) = \lim_{s\to 0} s\frac{1}{1+G_o(s)}\frac{1}{s} = \frac{1}{1+G_o(0)} = S(0)$$

Vi definierar $e_0 = S(0)$, som vi kallar den *nollte felkoefficienten.* Denna felkoefficient mäter storleken på det stationära reglerfelet för ett enhetssteg. Den är noll om och endast om $G_o(0) = \infty$. Detta kan uppnås om $G_o(s)$ innehåller en integrator $1/s$, d.v.s.

$$G_o(s) = \frac{1}{s}H_1(s)$$

för någon överföringsfunktion $H_1(s)$ som är sådan att $H_1(0) \neq 0$. Om G_o är en sådan överföringsfunktion, så kan vi undersöka inverkan av en enhetsramp, d.v.s.

$$r(t) = \begin{cases} t, & t \geq 0 \\ 0, & t < 0 \end{cases}$$

som har $\mathscr{L}$-transform $R(s) = 1/s^2$. Då gäller

$$\lim_{t\to\infty} e(t) = \lim_{s\to 0} s\frac{1}{1+\frac{1}{s}H_1(s)}\frac{1}{s^2} = \frac{1}{H_1(0)}$$

Vi definierar $e_1 = 1/H_1(0)$, som vi kallar den *första felkoefficienten.* Denna blir noll om $H_1(0) = \infty$. Detta gäller om $G_o(s)$ innehåller två integratorer, d.v.s.

$$G_o(s) = \frac{1}{s}H_1(s) = \frac{1}{s^2}H_2(s)$$

för någon överföringsfunktion $H_2(s)$ som är sådan att $H_2(0) \neq 0$. Vi kan nu undersöka reglerfelet för en enhetsparabel

$$r(t) = \begin{cases} t^2/2, & t \geq 0 \\ 0, & t < 0 \end{cases}$$

som har $\mathscr{L}$-transform $R(s) = 1/s^3$. Då gäller

$$\lim_{t\to\infty} e(t) = \lim_{s\to 0} s\frac{1}{1+\frac{1}{s^2}H_2(s)}\frac{1}{s^3} = \frac{1}{H_2(0)}$$

Vi definierar $e_2 = 1/H_2(0)$, som vi kallar den *andra felkoefficienten*. Vi kan nu fortsätta som innan och definiera felkoefficienter av godtycklig ordning. Vi inser också att

$$S(s) = e_0 + e_1 s + e_2 s^2 + \cdots$$

eftersom

$$e_k = \lim_{s\to 0} \frac{S(s)}{s^k}, \quad \text{om } e_j = 0,\ j < k$$

EXEMPEL 5.15

Låt oss betrakta kretsförstärkningen

$$G_o(s) = \frac{s+1}{s(s+2)}$$

för vilken det gäller att $G_o(0) = \infty$, och alltså är den nollte felkoefficienten $e_0 = 0$. Vi har att

$$H_1(s) = \frac{s+1}{s+2}$$

och $H_1(0) = 1/2$. Därför är den första felkoefficienten $e_1 = 2$.

De resultat vi erhållit är även tillämpbara på $W(s)$ genom att ändra tecken. Det är möjligt att generalisera till $V(s)$ genom att istället definiera de så kallade *styvhetskoefficienterna* c_k i serieutvecklingen av $-G(s)S(s)$, d.v.s.

$$-G(s)S(s) = c_0 + c_1 s + c_2 s^2 + \cdots$$

Om t.ex. de två första styvhetskoefficienterna är noll så kommer om v är en enhetsramp inverkan av denna inte att synas i reglerfelet efter oändlig tid.

5.9 Sammanfattning

Vi har i detta kapitel introducerat $\mathscr{L}$-transformen och diskuterat vad den kan användas till inom reglertekniken. Speciellt har vi sett att den möjliggör att på ett enkelt sätt lösa differentialekvationer. Vi har via överföringsfunktioner och blockschemaräkning erhållit ett kraftfullt verktyg för att analysera reglerade system och deras egenskaper i termer av stabilitet och stegsvar. Vi studerade ett enkelt exempel där vi syntetiserade en regulator med polplacering och insåg att vi kunde placera slutna systemets poler godtyckligt med PD-reglering och att vi med PID-reglering också kunde eliminera inverkan av konstanta störningar då tiden gick mot oändligheten. Eliminering av störningar kan, som vi sett, specificeras i termer av felkoefficienter.

5.10 Repetitionsfrågor

1. Hur definieras $\mathscr{L}$-transformen?
2. Vad är $\mathscr{L}$-transformen av derivatan av en signal?
3. Vad är $\mathscr{L}$-transformen av integralen av en signal?
4. Vad säger slutvärdessatsen?
5. Vad motsvaras faltning i tidsdomänen av i $\mathscr{L}$-domänen?
6. Vad är definitionen av ett systems överföringsfunktion?
7. Vad måste gälla för polerna för en överföringsfunktion för att systemet ska vara insignalutsignalstabilt?
8. Vad är kretsförstärkningen?
9. Vad är känslighetsfunktionen?
10. Vad är den komplementära känslighetsfunktionen?
11. Hur definieras intern stabilitet?
12. Ange nödvändiga och tillräckliga villkor för intern stabilitet.
13. Vad är överföringsfunktionen för en linjär differentialekvation?
14. Hur definieras pol- och nollställespolynomen?
15. Ange ett nödvändigt villkor på koefficienterna för ett polynom för att alla dess nollställen ska ligga i det strikta vänstra halvplanet.
16. Beskriv hur man utför polplacering.
17. Vad är felkoefficienterna ett mått på?

Kapitel 6

Regulatorstrukturer

REGULATORSTRUKTURER har inledningsvis diskuterats i Kapitel 2. Vi ska nu i mer detalj gå igenom olika typer av regulatorstrukturer som PID-regulatorer, regulatorer med en intern modell, Otto Smith-regulatorn, framkoppling och kaskadreglering. Vi kommer även att diskutera hur de olika regulatorerna kan ställas in för att möta önskade specifikationer i termer av stegsvar och undertryckning av störningar.

6.1 PID-reglering

Vi ska börja med att studera hur PID-regulatorer ska ställas in för att uppfylla önskade specifikationer. Vi har redan i Kapitel 2 sett vad som kan åstadkommas för ett exempel. I Kapitel 5 har vi sett hur vi kan placera poler godtyckligt för ett system som ges av en andra ordningens linjär differentialekvation. Vi ska här först diskutera olika former av PID-regulatorer, och sedan ska vi lära oss några inställningsmetoder.

6.1.1 Olika former av PID-regulatorer

Den enklaste PID-regulator man kan tänka sig ges av

$$u(t) = K_P e(t) + K_I \int_0^t e(s)ds + K_D \frac{de(t)}{dt}$$

där som vanligt $e = r - y$ är reglerfelet, y ärvärdet, r referensvärdet och u styrsignalen. Vi kallar den första termen för *proportionaltermen*, den andra för *integraltermen* och den tredje för *derivatatermen*. Ibland ersätter vi ordet term med

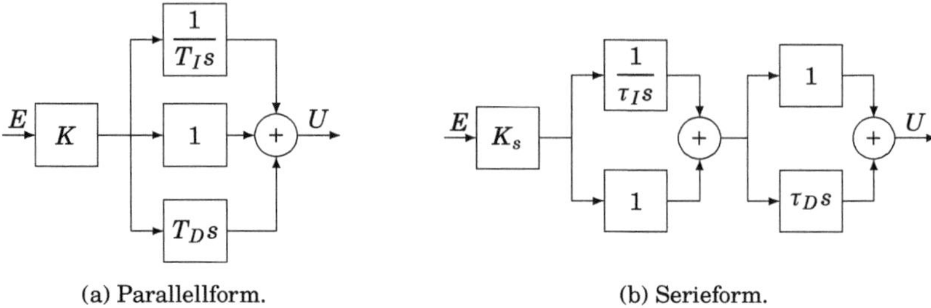

(a) Parallellform.

(b) Serieform.

Figur 6.1: PID-regulatorer.

del, t.ex. kallar vi proportionaltermen för proportionaldel. Vi kallar K_P för *proportionalförstärkning*, K_I för *integralförstärkning* och K_D för *derivataförstärkning*. Ibland skriver vi regulatorn med andra parametrar på formen

$$u(t) = K\left(e(t) + \frac{1}{T_I}\int_0^t e(s)ds + T_D\frac{de(t)}{dt}\right)$$

där $K = K_P$, $K/T_I = K_I$ och $KT_D = K_D$. De nya parametrarna T_I och T_D har dimensionen tid och T_I kallas för *integraltid* och T_D för *derivatatid*. Regulatorn ovan skiljer sig något från den PID-regulator vi diskuterat tidigare där vi undvek att derivera referensvärdet. Ytterligare modifieringar som kan göras är t.ex. att man ersätter proportionaltermen $K_Pe(t)$ med $K_P(\gamma r(t) - y(t))$, där $0 \leq \gamma \leq 1$, så att referensvärdet har mindre direkt inverkan på styrsignalen även via denna term. Vi kommer dock inte i detta avsnitt att använda oss av dessa modifieringar utan återkommer till dem senare i Avsnitt 6.4.3.

Om vi Laplacetransformerar PID-regulatorn ovan gäller att

$$U(s) = F_p(s)E(s)$$

där regulatorns överföringsfunktions ges av

$$F_p(s) = K\left(1 + \frac{1}{T_Is} + T_Ds\right)$$

Vi använder indexet p för att ange att detta är en PID-regulator på s.k. *parallellform*. Namnet kommer från att man kan se regulatorn som en parallellkoppling av tre överföringsfunktioner för vardera proportionaldel, integraldel och derivatadel. Vi illustrerar detta i Figur 6.1a. Man kan också definiera en PID-regulator på *serieform*, och den visas i Figur 6.1b och har överföringsfunktionen

$$F_s(s) = K_s\left(1 + \frac{1}{\tau_Is}\right)(1 + \tau_Ds)$$

Man inser att den är en seriekoppling av en PI-regulator med en PD-regulator. Vi använder indexet s för att ange att regulatorn är på serieform. Man inser att en regulator på serieform alltid kan skrivas på parallellform, ty genom att utföra multiplikationen av parenteserna i serieformen får vi

$$K_s\left(1+\tau_D/\tau_I+\frac{1}{\tau_I s}+\tau_D s\right)$$

och

$$K=\kappa K_s, \quad T_I=\kappa\tau_I, \quad T_D=\tau_D/\kappa$$

där $\kappa=(\tau_I+\tau_D)/\tau_I$. Det är inte alltid möjligt att uttrycka K, T_I och T_D is K_s, τ_I och τ_D. Detta beror på att PID-regulatorn på parallellform kan ha komplexkonjugerade nollställen vilket PID- regulatorn på serieform inte kan ha.

Vi har redan i Kapitel 2 diskuterat behovet av att filtrera bort högfrekventa mätfel från den signal vi använder som insignal till vår regulator. Denna filtrering kan inkluderas i regulatorn, och enklast gör man det genom att införa ett filter med överföringsfunktionen

$$\frac{1}{\beta\tau_D s+1}$$

som kopplas i serie med PID-regulatorn på serieform. Den kan då skrivas på formen

$$F_s(s)=K_s\left(1+\frac{1}{\tau_I s}\right)\left(\frac{\tau_D s+1}{\beta\tau_D s+1}\right) \tag{6.1}$$

där vi för $\beta=0$ erhåller en regulator utan filtrering. Det går även att införa filtrering i regulatorn på parallellform, som då ges av

$$F_p(s)=K\left(1+\frac{1}{T_I s}+\frac{T_D s}{\alpha T_D s+1}\right)$$

Här får vi tillbaka regulatorn utan filtrering för $\alpha=0$. Även för dessa PID- regulatorer med filtrering kan man alltid skriva om regulatorn på serieform på parallellform, och följande ekvationer kan användas för att göra detta rekursivt:

$$T_I=\tau_I+(1-\beta)\tau_D, \quad K=K_sT_I/\tau_I, \quad T_D=\tau_D\left(\tau_I/T_I-\beta\right), \quad \alpha=\beta\tau_D/T_D$$

6.1.2 Experimentell inställning

Valet av parametrarna för en PID-regulator kan görs baserat på enkla experiment på det system som ska regleras. Oftast provar man bara först olika värden K för en P-regulator. Man vrider upp K tills man får önskad snabbhet för systemet. Därefter kan man koppla in integratordelen och väljer en integraltid T_I så att man erhåller noll reglerfel inom rimlig tid. Om stegsvaret nu blivit dåligt dämpat så kan man antingen prova att minska förstärkningen K eller koppla in

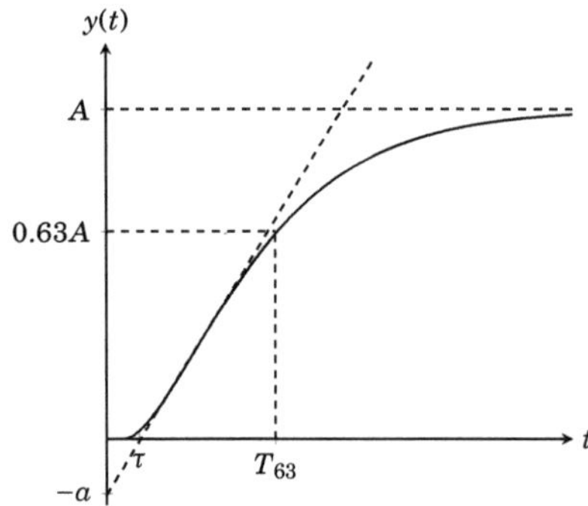

Figur 6.2: Stegsvarsexperiment för inställning av PID-regulator.

derivatadelen och välja en derivatatid T_D. Det är inte ovanligt att man inte använder någon derivatadel, men vi rekommenderar att utnyttja denna möjlighet och tänka på att det kan behövas filtrering av mätsignalen.

Ett alternativ till metoden ovan är att göra ett experiment där man låter insignalen till systemet vara ett enhetssteg, se Figur 6.2. Detta är alltså ett experiment för det öppna systemet som syftar till att ge information om vad som är lämpliga regulatorparametrar. Experimentet kallas för *stegsvarsexperiment*. Om steget inte är ett enhetssteg så normera man stegsvaret med stegets amplitud. Man läser av fyra storheter från stegsvaret. De är slutvärdet A, den tid T_{63} som det tar att nå 63% av slutvärdet, samt de punkter τ och $-a$ där tangenten i inflektionspunkten för stegsvaret skär koordinataxlarna.

Regulator	K	T_I	T_D
P	$1/a$		
PI	$0.9/a$	3τ	
PID	$1.2/a$	2τ	$\tau/2$

Tabell 6.1: PID-parametrar enligt Ziegler och Nichols baserade på stegsvarsexperiment.

Regulator	K_P	K_I
PI	$(0.15\tau + 0.35T)/(A\tau)$	$(0.46\tau + 0.02T)/(A\tau^2)$

Tabell 6.2: PI-parametrar enligt Åström och Hägglund baserade på stegsvarsexperiment.

Regulator	K	T_I	T_D
P	$0.5K_0$		
PI	$0.45K_0$	$T_0/1.2$	
PID	$0.6K_0$	$T_0/2$	$T_0/8$

Tabell 6.3: PID-parametrar enligt Ziegler och Nichols baserade på självsvängningsmetoden.

Den enklaste inställningsregeln är bara baserad på a och τ och är föreslagen av Ziegler och Nichols, se Tabell 6.1. Åström och Hägglund har föreslagit parametrarna i Tabell 6.2 för PI-regulatorer, vilka även beror på A och $T = T_{63} - \tau$. Deras inställningsregler ger ofta mer robusta regulatorer. Notera att man inte behöver vänta tills att stegsvaret svängt in sig mot sitt stationära värde för att använda Ziegler och Nichols metod.

Ett alternativ till stegsvarsexperimentet, som utfördes för det öppna systemet, är att utföra ett experiment med en P-regulator i sluten loop. Man väljer då förstärkning K_0 i P-regulatorn så att systemet bringas till självsvängning med en konstant amplitud. Man noterar periodtiden T_0 för självsvängningen. Baserat på K_0 och T_0 har Ziegler och Nichols föreslagit parametervärdena som anges i Tabell 6.3. Denna inställningsmetod kallas *självsvängningsmetoden* Det finns naturligtvis inga garantier för att de inställningsmetoder som angivits alltid kommer att fungera bra i praktiken. Dock kan de paramtervärden man erhåller ofta användas som en start för vidare manuell finjustering.

6.1.3 λ-inställning

Om man känner till en modell för systemet som ska regleras i form av en överföringsfunktion, så kan denna användas för att ställa in PID-regulatorer. I Figur 6.3 ser vi ett reglersystem med återkoppling, där F är regulatorns överföringsfunktion och G är överföringsfunktionen för det system vi vill reglera. Liknande räkningar som i Avsnitt 5.5 ger, jfr. (5.4), att

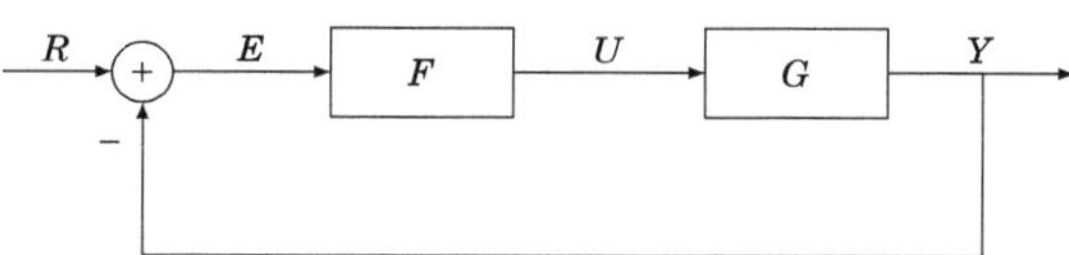

Figur 6.3: Blockschema för återkopplat system.

$$Y(s) = T(s)R(s)$$

där

$$T(s) = \frac{G(s)F(s)}{1 + G(s)F(s)} \tag{6.2}$$

Vi löser ekvationen ovan med avseende på $F(s)$ för att se hur $F(s)$ beror på önskemål på $T(s)$. Vi erhåller

$$F(s) = \frac{1}{G(s)} \frac{T(s)}{1 - T(s)} \tag{6.3}$$

Från detta inser vi att om vi vill att $T(s) = 1$, så att vi erhåller perfekt reglering, så blir $F(s) = \infty$. Detta önskemål är alltså inte möjligt att realisera. Dock kan vi istället välja

$$T(s) = \frac{1}{\lambda s + 1}$$

för något val av parametern $\lambda > 0$. Detta gör att vi får ett slutet system med en pol i $-1/\lambda$, och ju mindre vi väljer λ ju mindre stigtid och insvängningstid får vi. Vi får ingen översläng, jfr. Figur 3.4b. Denna inställningsmetod har fått sitt namn från den enda parameter λ som man behöver välja och kalls för *λ-inställning*. Vi ska nu undersöka vad λ-inställning ger för regulatorer i några exempel.

EXEMPEL 6.1

Antag att

$$G(s) = \frac{b}{s+a}$$

Då gäller att

$$F(s) = \frac{s+a}{b} \frac{\frac{1}{1+\lambda s}}{1 - \frac{1}{1+\lambda s}} = \frac{s+a}{b\lambda s} = \frac{1}{b\lambda}\left(1 + \frac{a}{s}\right)$$

Detta är en PI-regulator

$$F(s) = K\left(1 + \frac{1}{T_I s}\right)$$

med $K = 1/(b\lambda)$ och $T_I = 1/a$.

EXEMPEL 6.2

Antag att

$$G(s) = \frac{b}{(s+a_1)(s+a_2)}$$

Då gäller att

$$F(s) = \frac{(s+a_1)(s+a_2)}{b} \frac{\frac{1}{1+\lambda s}}{1 - \frac{1}{1+\lambda s}} = \frac{a_2}{b\lambda}\left(1 + \frac{a_1}{s}\right)\left(1 + \frac{s}{a_2}\right)$$

Detta är en PID-regulator på serieform

$$F(s) = K_s\left(1 + \frac{1}{\tau_I s}\right)(1 + \tau_D s)$$

med $K_s = a_2/(b\lambda)$, $\tau_I = 1/a_1$ och $\tau_D = 1/a_2$.

EXEMPEL 6.3

Antag att

$$G(s) = \frac{b}{s^2 + 2\zeta\omega_0 s + \omega_o^2}$$

Då gäller att

$$F(s) = \frac{s^2 + 2\zeta\omega_0 s + \omega_o^2}{b} \frac{\frac{1}{1+\lambda s}}{1 - \frac{1}{1+\lambda s}} = \frac{2\zeta\omega_0}{b\lambda}\left(1 + \frac{\omega_0}{2\zeta s} + \frac{s}{2\zeta\omega_0}\right)$$

Detta är en PID-regulator på parallellform

$$F(s) = K\left(1 + \frac{1}{T_I s} + T_D s\right)$$

med $K = 2\zeta\omega_0/(b\lambda)$, $T_I = 2\zeta/\omega_0$ och $T_D = 1/(2\zeta\omega_0)$. Denna PID-regulator går inte att skriva på serieform, eftersom den har komplexkonjugerade nollställen.

Vi kan också erhålla filtrering i PID-regulatorn om vi utnyttjar friheten att välja ett annat T givet av t.ex.

$$T(s) = \frac{1}{(\lambda s + 1)^2}$$

Vi har följande resultat för Exempel 6.2.

Exempel 6.4

Antag att

$$G(s) = \frac{b}{(s + a_1)(s + a_2)}$$

Då gäller att

$$F(s) = \frac{(s + a_1)(s + a_2)}{b} \frac{\frac{1}{(1+\lambda s)^2}}{1 - \frac{1}{(1+\lambda s)^2}} = \frac{a_2}{2b\lambda}\left(1 + \frac{a_1}{s}\right)\left(\frac{s/a_2 + 1}{\lambda s/2 + 1}\right)$$

Detta är en PID-regulator med filtrering på serieform

$$F(s) = K_s\left(1 + \frac{1}{\tau_I s}\right)\left(\frac{\tau_D s + 1}{\beta\tau_D s + 1}\right)$$

med $K_s = a_2/(2b\lambda)$, $\tau_I = 1/a_1$, $\tau_D = 1/a_2$ och $\beta = \lambda a_2/2$.

Det går att härleda en PID regulator med filtrering på parallellform för reglering av ett andra ordningens system med komplexkonjugerade poler, jfr Exempel 6.3. Vi lämnar detta som en övning till läsaren.

Man inser nu att det är väldigt enkelt att ställa in PID-regulatorer, men vi har ännu så länge bara analyserat vad som händer med slutna systemet från referensvärde till utsignal. Det är viktigt att också titta på vad styrsignalen blir, jfr. Avsnitt 5.5, där vi visade att

$$U(s) = F(s)S(s)R(s) = \frac{F(s)}{1+F(s)G(s)}R(s) = \frac{T(s)}{G(s)}R(s)$$

Vi inser nu att för att erhålla inre stabilitet för det slutna systemet måste det gälla att $G(s)$ har alla nollställen i det strikta vänstra halvplanet för de $T(s)$ vi studerat. För alla exempel ovan har detta villkor varit uppfyllt. Frågan som nu inställer sig är om vi kan modifiera vår regulator så att vi kan klara av att $G(s)$ har nollställen i det högra halvplanet. En möjlig lösning är att se till att $T(s)$ också har de nollställena som nollställen, eftersom de då kommer att förkortas bort i $T(s)/G(s)$. Detta är ett av interpolationsvillkoren i Kommentar 5.8. För att formalisera detta faktoriserar vi $G(s)$ som $G(s) = G_+(s)G_-(s)$, där $G_-(s)$ har alla nollställen i det strikta vänstra halvplanet och $G_+(s)$ har alla nollställen i det högra halvplanet. Vi normaliserar faktoriseringen så att $G_+(0) = 1$. Vi låter därefter

$$T(s) = G_+(s)\bar{T}(s)$$

Då följer från (6.2) att

$$G_+(s)\bar{T}(s) = \frac{G(s)F(s)}{1+G(s)F(s)}$$

vilket ger att $F(s)$ ges av

$$F(s) = \frac{1}{G(s)}\frac{T(s)}{1-T(s)} = \frac{1}{G_-(s)}\frac{\bar{T}(s)}{1-G_+(s)\bar{T}(s)}$$

För λ-inställning väljer vi

$$\bar{T}(s) = \frac{1}{\lambda s + 1}$$

Man kan undra om det finns relevanta system som har överföringsfunktioner med nollställen i höger halvplan. Ett exempel är hur hur effekten i en vattenturbin beror av turbinpådraget.

Exempel 6.5

Man kan visa att en linjäriserad modell för en vattenturbin har överföringsfunktionen

$$G(s) = \frac{P_0}{u_0}\frac{1-2u_0 sT}{1+u_0 sT}$$

från turbinpådrag till effekt, där T är den tid det tar för vattnet att rinna från vattenreservoaren till turbinen, u_0 är det stationära turbinpådraget, och P_0 är den stationära effekten. Vi låter nu

$$G_+(s) = 1 - 2u_0 sT, \quad G_-(s) = \frac{P_0}{u_0}\frac{1}{1+u_0 sT}$$

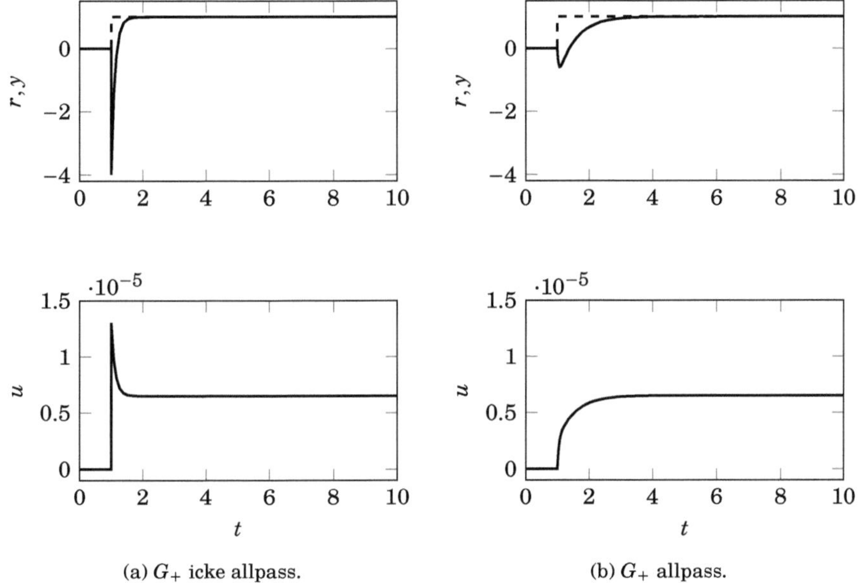

(a) G_+ icke allpass. (b) G_+ allpass.

Figur 6.4: Reglering av vattenturbin med λ-inställning av regulatorn där y är heldragen och r streckad.

Regulatorn blir

$$F(s) = \frac{u_0}{P_0}(1 + u_0 sT)\frac{\frac{1}{\lambda s+1}}{1 - \frac{1-2u_0 sT}{\lambda s+1}} = \frac{u_0}{P_0}\frac{1 + u_0 sT}{(\lambda + 2u_0 T)s}$$

som är en PI regulator

$$F(s) = K\left(1 + \frac{1}{sT_I}\right)$$

med $K = u_0^2 T/(P_0(\lambda + 2u_0 T))$ och $T_I = Tu_0$. Vi inser att då λ går mot noll, d.v.s. då vi önskar ha ett snabbt slutet system, så kommer K att gå mot u_0/P_0. Vi har alltså en övre begränsning på hur stor proportionalförstärkningen kan vara i PI-regulatorn. Nollställen i höger halvplan begränsar oftast förstärkningen i regulatorer. Vi kommer att återkomma till detta i Avsnitt 13.4. Hur kommer slutna systemets stegsvar att se ut? Det är inte svårt att lista ut eftersom vi vet att överföringsfunktionen från referensvärde till ärvärde ges av

$$T(s) = G_+(s)\bar{T}(s) = \frac{1 - 2u_0 sT}{\lambda s + 1}$$

Detta innebär att

$$Y(s) = \frac{1}{\lambda s + 1} R(s) - 2u_0 T s \frac{1}{\lambda s + 1} R(s)$$

För ett enhetssteg r blir den första termen $y_1(t) = 1 - e^{-\lambda t}$, och den andra termen blir en negativ multipel av derivatan av den första termen, d.v.s. $y_2(t) = -2u_0 T \lambda e^{-\lambda t}$. Totalt har vi att stegsvaret är

$$y(t) = y_1(t) + y_2(t) = 1 - (1 + 2u_0 T \lambda) e^{-\lambda t}$$

och vi inser att för $t = 0$ har vi värdet $y(0) = -2u_0 T \lambda$ som är negativt. Det slutna systemet svarar alltså på ett positivt steg med att omedelbart ge ett negativ ärvärde som sedan så småningom konvergerar mot ett. Observera att vi inte gärna kan välja λ liten. Detta inser vi genom att notera att överföringsfunktionen från referensvärde till styrsignal ges av

$$\frac{T(s)}{G(s)} = \frac{\bar{T}(s)}{G_-(s)} = \frac{u_0}{P_0} \frac{1 + u_0 s T}{\lambda s + 1}$$

och att vi för $\lambda = 0$ erhåller en derivering i överföringsfunktionen. Detta resulterar i väldigt stora värden på styrsignalen som inte praktiskt kan realiseras. Därför måste vi välja λ i samma storleksordning som $u_0 T$.

Vi noterar att det finns andra sätt att välja faktoriseringen av G som uppfyller de krav vi ställt, t.ex.

$$G_+(s) = \frac{1 - 2u_0 s T}{1 + 2u_0 s T}, \quad G_-(s) = \frac{P_0}{u_0} \frac{1 + 2u_0 s T}{1 + u_0 s T}$$

Här är G_+ en så kallad *allpassfunktion*, d.v.s. $|G_+(i\omega)| = 1$. Det går alltid att välja G_+ på det sättet. Om vi nu gör om alla räkningar för detta val erhåller vi istället

$$F(s) = \frac{u_0}{P_0} \frac{1 + u_0 s T}{(2u_o \lambda s + \lambda + 4u_0 T)s}$$

Den nya regulatorn är den gamla multiplicerad med

$$\frac{\lambda + 2u_0 T}{2u_0 \lambda s + \lambda + 4u_0 T}$$

Vidare blir

$$T(s) = \frac{1 - 2u_0 s T}{(1 + 2u_0 s T)(\lambda s + 1)}$$

vilket är den tidigare komplementära känslighetsfunktionen multiplicerad med

$$\frac{1}{1 + 2u_0 s T}$$

Slutligen blir

$$\frac{T(s)}{G(s)} = \frac{u_0}{P_0} \frac{1 + u_0 sT}{(1 + 2u_0 sT)(\lambda s + 1)}$$

som också är en multiplikation med samma överföringsfunktion som ovan jämfört med tidigare. Om λ väljs mycket mindre än $2u_0T$ kommer den dominerande tidskonstanten för slutna systemet att vara $2u_0T$. Vi ser en jämförelse i Figur 6.4 där $\lambda = 0.5u_0T$, och konstaterar att alla signaler blir snällare när vi låter G_+ vara en allpassfunktion till priset av att tidskonstanten är större. Dock är det så att man får nästan samma beteende utan allpassfunktion om man väljer $\lambda = 2u_0T$ istället. Vi ska i Avsnitt 13.4 analysera i mer detalj vilka begränsningar nollställen i höger halvplan ställer på ett slutet system. För fullständighetens skull nämner vi att vi använde $u_0 = 0.1, P_0 = 15363$ och $T = 2.3946$ i simuleringarna ovan.

Vi studerar nu vad som händer för ett andra ordningens system.

EXEMPEL 6.6

Antag att

$$G(s) = \frac{b(-\eta s + 1)}{(s + a_1)(s + a_2)}$$

där vi antar att $\eta > 0$ så att vi har ett nollställe i höger halvplan. Vi faktoriserar med

$$G_+(s) = -\eta s + 1, \quad G_-(s) = \frac{b}{(s + a_1)(s + a_2)}$$

Då gäller att

$$F(s) = \frac{(s + a_1)(s + a_2)}{b} \frac{\frac{1}{1+\lambda s}}{1 - \frac{-\eta s+1}{1+\lambda s}} = \frac{a_2}{b(\lambda + \eta)} \left(1 + \frac{a_1}{s}\right)\left(1 + \frac{s}{a_2}\right)$$

Detta är en PID-regulator på serieform

$$F(s) = K_s \left(1 + \frac{1}{\tau_I s}\right)(1 + \tau_D s)$$

med $K_s = a_2/(b(\lambda + \eta))$, $\tau_I = 1/a_1$ och $\tau_D = 1/a_2$. Det som skiljer denna regulator från den för Exempel 6.2 är att i uttrycket för K_s har λ bytts ut mot $\lambda + \eta$. Detta innebär att vi kommer att få en begränsning på K_s till maximalt $a_2/(b\eta)$ oavsett hur litet vi väljer λ. Vi gjorde en liknande observation i det förra exemplet. Genom att välja $\bar{T}(s) = 1/(\lambda_s + 1)^2$ kan vi erhålla filtrering i regulatorn. Vi kan också se till att välja G_+ som en allpassfunktion. Vi lämnar detaljerna som en övning till läsaren.

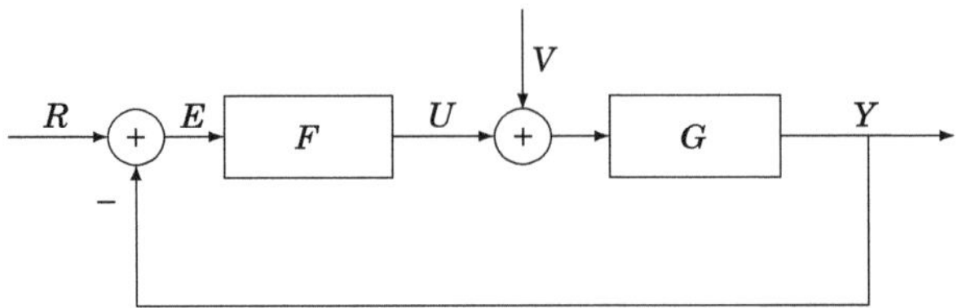

Figur 6.5: Blockschema för återkopplat system med insignalstörning.

Det finns andra signaler som också är viktiga att beakta, jfr. Avsnitt 5.5, och vi ska nu studera vad som händer om vi har en störning på insignalen till systemet vi vill reglera, se Figur 6.5. Det gäller enligt (5.4) att

$$Y(s) = T(s)R(s) + G(s)S(s)V(s) \tag{6.4}$$

Eftersom $S(s) + T(s) = 1$ kan vi även skriva

$$Y(s) = T(s)R(s) + G(s)(1 - T(s)V(s)$$

Låt oss nu studera vad $1 - T(s)$ blir för λ-inställning. Då har vi för något positivt heltal n att

$$1 - T(s) = 1 - \frac{1}{(\lambda s + 1)^n} = \frac{1 - (\lambda s + 1)^n}{(\lambda s + 1)^n}$$

och vi inser att s är en faktor i täljaren eftersom de konstanta termerna tar ut varandra. Detta betyder att vi kan skriva

$$1 - T(s) = \frac{sB(s)}{(\lambda s + 1)^n}$$

för något polynom $B(s)$ som har alla sina nollställen strikt i det vänstra halvplanet.[1] Vi kan nu skriva (6.4) som

$$Y(s) = \frac{1}{(\lambda s + 1)^n} R(s) + G(s) \frac{sB(s)}{(\lambda s + 1)^n} V(s) \tag{6.5}$$

Från detta inser vi att det öppna systemets dynamik $G(s)$ är en del av det slutna systemets dynamik från insignalstörning $V(s)$ till utsignal $Y(s)$ om det inte sker förkortningar. Alla förkortningar som kan ske med $sB(s)$ är för $s = 0$ eller för s med strikt negativ realdel. Därför är den enda instabila dynamik i $G(s)$ som kan förkortas bort en faktor $1/s$, d.v.s en integrator. Vi har nu följande resultat.

[1]Det gäller att $1 - (\lambda s + 1)^n$ har nollställena $s = \left(e^{jk\pi/n} - 1\right)/\lambda$, där $k = 0, 1, \ldots, n - 1$.

RESULTAT 6.1 Antag att vi för λ-inställning ser till att öppna systemets nollställen i det högra halvplanet också är nollställen till det slutna systemet. Då gäller att det slutna systemet är internt stabilt om och endast om $G(s)$ har alla sina poler strikt i det vänstra halvplanet förutom maximalt en pol i origo.

KOMMENTAR 6.1 Detta är i överensstämmelse med interpolationsvillkoret $S(0) = 0$ i Kommentar 5.8.

Även om det slutna systemet är internt stabilt så inser vi att vi får leva med att vi inte kan undertrycka insignalstörningar snabbare än öppna systemets dynamik.

Ännu värre blir det när det finns en instabil pol i origo för det öppna systemet. Då gäller att $G(s) = \bar{G}(s)/s$ för någon överföringsfunktion $\bar{G}(s)$ som har alla poler strikt i det vänstra halvplanet. För r och v enhetssteg gäller då enligt Kommentar 5.3 att vi från (6.5) har att

$$\lim_{t\to\infty} y(t) = \lim_{s\to 0} s\left(\frac{1}{(\lambda s+1)^n}\frac{1}{s} + \bar{G}(s)\frac{1}{s}\frac{sB(s)}{(\lambda s+1)^n}\frac{1}{s}\right) = 1 + \bar{G}(0)B(0) \neq 1$$

och reglerfelet konvergerar mot ett tal skilt från noll. När $1/s$ inte är en faktor i $G(s)$ blir detta gränsvärde istället 1 och reglerfelet blir noll.

EXEMPEL 6.7

Vi ska nu titta på husuppvärmningsexemplet i Kapitel 2. Vi ser att differentialekvationen i (2.3) kan skrivas på formen

$$\frac{dy(t)}{dt} + ay(t) = bu(t) + b_v v(t) + b_p p(t)$$

där $a = (h+k)/C$, $b = k/(h+k)$, $b_v = h/(k+h)$ och $b_p = 1/C$. Här är y inomhustemperaturen som vi vill reglera med framvattentemperaturen u. Signalen v är utomhustemperaturen som är en störning. Vi har jämfört med beskrivningen i Kapitel 2 explicit modellerat solinstrålningen $p(t)$ som inte gärna kan regleras bort med framkoppling, jfr våra diskussioner i Kapitel 2. Om vi Laplacetransformerar så erhåller vi att

$$Y(s) = G(s)\left(U(s) + \frac{b_v}{b}V(s) + \frac{b_p}{b}P(s)\right)$$

där

$$G(s) = \frac{b}{s+a}$$

Vi inser att $G(s)$ har samma form samma som i Exempel 6.1, och därför erhåller vi med λ-inställning en PI-regulator som ger utmärkt prestanda från referensvärde till ärväre. Dock gäller för de numeriska värden som nämns i Kapitel 2 att tidskonstanten för det öppna systemet blir

$$T = \frac{1}{a} = \frac{C}{h+k} = \frac{1000}{100+100}h = 5h$$

Detta betyder att det tar c:a 5 timmar att eliminera inverkan av en insignalstörning som solstrålning, vilket inte är acceptabel prestanda. Vi ska i nästa avsnitt se hur man kan komma tillrätta med detta genom att istället använda polplacering.

6.1.4 Polplacering

Vi har redan i Kapitel 5 diskuterat polplacering. Vi ska här fortsätta denna diskussion för nivåreglering av en tank och för vårt tidigare husuppvärmningsexempel.

EXEMPEL 6.8

I Avsnitt 3.7 tog vi fram en modell av en tank, jfr. (3.16), som här återges igen:

$$\frac{dV(t)}{dt} = q_r(t) - q_u(t)$$

där q_r är en styrsignal som vi betecknar med u, vilket inte ska förväxlas med att vi kallade ventilläget för u i Avsnitt 3.7. Vi kan alltså i detta exempel direkt styra inflödet till tanken. Vi antar att tankens tvärsnittarea A är konstant oberoende av höjden h. Då gäller att $V = Ah$. Vidare antar vi att q_u är en störning orsakad av vad som händer nedströms i den process som tanken är en del av. Vi betecknar den därför med v. Vi mäter höjden h och betecknar denna mätning med y. Vi erhåller då följande alternativa beskrivning av tanken:

$$A\frac{dy(t)}{dt} = u(t) - v(t)$$

Vi Laplacetransformerar differentialekvationen och erhåller med $k_p = 1/A$

$$Y(s) = \frac{k_p}{s}(U(s) - V(s))$$

och vi ser att modellen av tanken har en överföringsfunktion

$$G(s) = \frac{k_p}{s}$$

med en pol i origo. Vi vill använda PI-reglering av nivån i tanken enligt Figur 6.6a med regulator

$$F(s) = K\left(1 + \frac{1}{T_I s}\right)$$

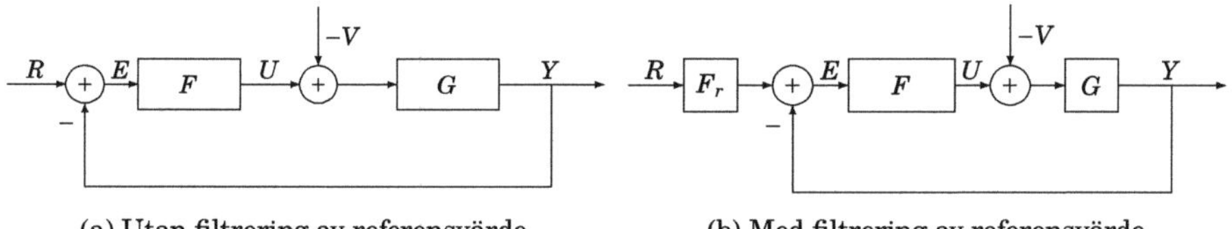

(a) Utan filtrering av referensvärde. (b) Med filtrering av referensvärde.

Figur 6.6: Nivåreglering av tank.

Vi inser att slutna systemet, jfr. (5.4), ges av

$$Y(s) = T(s)R(s) - G(s)S(s)V(s) \tag{6.6}$$

där S är känslighetsfunktionen och T är den komplementära känslighetsfunktionen. Det gäller att

$$T(s) = \frac{K\left(1+\frac{1}{T_I s}\right)\frac{k_p}{s}}{1+K\left(1+\frac{1}{T_I s}\right)\frac{k_p}{s}} = \frac{Kk_p(s+1/T_I)}{s^2+Kk_p s+Kk_p/T_I}$$

$$G(s)S(s) = \frac{k_p}{s}\frac{1}{1+K\left(1+\frac{1}{T_I s}\right)\frac{k_p}{s}} = \frac{k_p s}{s^2+Kk_p s+Kk_p/T_I}$$

Vi väljer nu K och T_I så att

$$s^2+Kk_p s+Kk_p/T_I = (s+1/\lambda)^2 = s^2+2/\lambda s+1/\lambda^2$$

Vi sätter koefficienterna för de olika potenserna av s lika och erhåller ekvationerna

$$\begin{aligned} Kk_p &= 2/\lambda \\ Kk_p/T_I &= 1/\lambda^2 \end{aligned}$$

som har lösning $K = 2/(k_p\lambda)$ och $T_I = 2\lambda$. Vi kan nu stoppa in dessa värden i uttrycket för $Y(s)$ i (6.6) och erhåller

$$Y(s) = \frac{2\lambda s+1}{(\lambda s+1)^2}R(s) - \frac{k_p\lambda^2 s}{(\lambda s+1)^2}V(s)$$

Slutna systemets överföringsfunktion från $R(s)$ till $Y(s)$ är inte samma som den man får för λ-inställning, vilken är

$$\frac{1}{(\lambda s+1)^n}$$

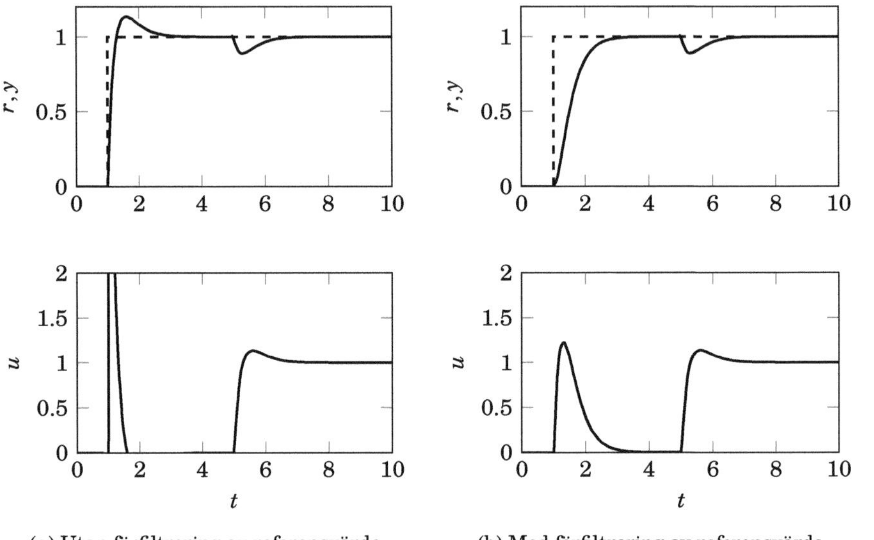

(a) Utan förfiltrering av referensvärde.

(b) Med förfiltrering av referensvärde.

Figur 6.7: Reglering av vattentank med polplacering där y är heldragen och r streckad.

för något heltal n. Dock ser vi att vi har en faktor s i överföringsfunktionen från $V(s)$ till $Y(s)$ och den gör att vi för r och v enhetssteg enligt Sats 5.4 har att

$$\lim_{t\to\infty} y(t) = \lim_{s\to 0} sY(s) = \lim_{s\to 0} s\left(\frac{2\lambda s+1}{(\lambda s+1)^2}\frac{1}{s} - \frac{k_p\lambda^2 s}{(\lambda s+1)^2}\frac{1}{s}\right) = 1$$

och alltså erhåller vi ett reglerfel som är noll när tiden går mot oändligheten. Detta sker dock till priset av att stegsvaret från r till y har en översläng som beror på termen $2\lambda s$ i täljaren för överföringsfunktionen från $R(s)$ till $Y(s)$, se Figur 6.7a, där vi visar stegsvar för ett enhetssteg i referensvärdet vid tidpunkten ett och ett enhetssteg i insignalstörningen vid tidpunkten fem. Här är $\lambda = 0.3$. Detta är en nackdel med polplacering jämfört med λ-inställning där vi alltid får ett stegsvar utan översläng. Dock finns det vägar runt detta. Ett sätt är att låta $R(s)$ verka indirekt via filtrering genom en överföringsfunktion $F_r(s)$ som i Figur 6.6b, där man för det här exemplet väljer

$$F_r(s) = \frac{1}{2\lambda s+1}$$

Då inser man att faktorn $2\lambda s+1$ förkortas bort och överföringsfunktionen från $R(s)$ till $Y(s)$ blir densamma som för λ-inställning, och den resulterar i stegsvar utan översläng, se Figur 6.7b, där $\lambda = 0.3$. Det är oftast att rekommendera

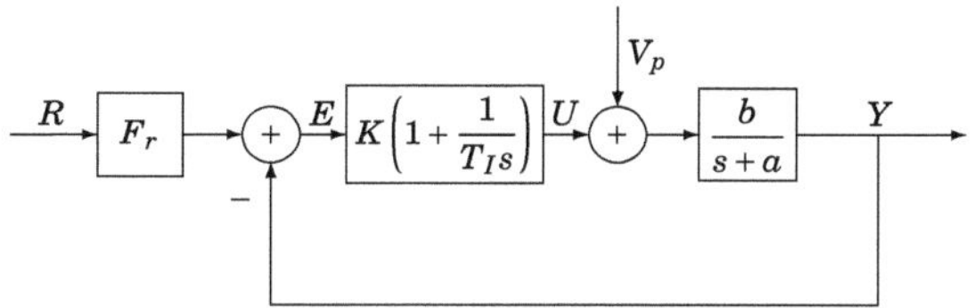

Figur 6.8: PI-reglering av hus med filtrering av referensvärde.

att syntetisera regulatorer så att man först tar hand om undertryckningen av störningar med hjälp av $F(s)$ och därefter ser till att ta hand om hur referensvärdet påverkar utsignalen genom att välja ett lämpligt $F_r(s)$. Metoden är lite mer omständlig än λ-inställning, men den ger för många öppna system bättre prestanda för det slutna systemet. Speciellt har man möjlighet att välja hur snabbt störningar ska undertryckas oberoende av hur man vill att ärvärdet ska bero av referensvärdet.

Man kan enkelt visa att λ-inställning för nivåreglering av tanken resulterar i en P-regulator

$$U(s) = \frac{1}{k_p \lambda} E(s)$$

då man väljer $T(s) = 1/(\lambda s + 1)$ och en regulator

$$U(s) = \frac{1}{k_p \lambda (s+2)} E(s)$$

då man väljer $T(s) = 1/(\lambda s + 1)^2$. Ingen av dessa regulatorer har integralverkan. De resulterar båda i intern stabilitet och utmärkta egenskaper för stegsvaret från referensvärde till ärvärde. Dock är de tämligen dåliga för att undertrycka insignalstörningar vid nivåreglering av en tank.

EXEMPEL 6.9

Vi ska nu igen studera husuppvärmningsexemplet som diskuterats i Kapitel 2 och i Exempel 6.7, där vi använde λ-inställning och kom fram till att prestandan vad gäller undertryckning av solstrålning inte blev bra. Vi kommer i det här exemplet endast beakta solstrålningen som störning och bryr oss inte om utomhustemperaturen. Vi planerar att använda en PI-regulator och vi tänker också filtrera referensvärdet. Ett blockschema för vårt problem ges i Figur 6.8 där $V_p(s) = b_p P(s)/b$. Från (5.4–5.5) följer med $R(s)$ ersatt med $F_r(s)R(s)$ att

$$Y(s) = T(s)F_r(s)R(s) + G(s)S(s)V_p(s) \tag{6.7}$$

$$U(s) = F(s)S(s)F_r(s)R(s) - T(s)V_p(s) \tag{6.8}$$

I det här exemplet är vi också intresserade av hur styrsignalen beter sig, eftersom vi i Kapitel 2 såg att den lätt kunde bli för stor. Nu gäller att

$$S(s) = \frac{1}{1+F(s)G(s)} = \frac{1}{1+K\left(1+\frac{1}{T_I s}\right)\frac{b}{s+a}} = \frac{s(s+a)}{s^2+(a+Kb)s+Kb/T_i}$$

Vi väjer K och T_I så att nämnarpolynomet ovan blir $s^2+2\zeta\omega_0 s+\omega_0^2$. Observera att vi kan erhålla nämnarpolynomet $(s+1/\lambda)^2$ om vi väljer $\omega_0 = 1/\lambda$ och $\zeta = 1$, så det är enkelt att jämföra med λ-inställning för specialfallet $\zeta = 1$. Identifiering av koefficienter framför potenserna av s ger att

$$a+Kb = 2\zeta\omega_0$$
$$\frac{Kb}{T_I} = \omega_0^2$$

som har lösning $K = (2\zeta\omega_0 - a)/b$ och $T_I = (2\zeta\omega_0 - a)/\omega_o^2$. Det följer nu att

$$S(s) = \frac{s(s+a)}{s^2+2\zeta\omega_0 s+\omega_0^2}$$
$$T(s) = \frac{(2\zeta\omega_0 - a)s+\omega_0^2}{s^2+2\zeta\omega_0 s+\omega_0^2}$$
$$G(s)S(s) = \frac{bs}{s^2+2\zeta\omega_0 s+\omega_0^2}$$
$$F(s)S(s) = \frac{s+a}{b}\frac{(2\zeta\omega_0 - a)s+\omega_0^2}{s^2+2\zeta\omega_0 s+\omega_0^2}$$

Vi inser att faktorn s i $G(s)S(s)$ ser till att konstanta störningar elimineras då tiden går mot oändligheten. Vi kan med ω_0 välja hur snabbt detta ska göras. Om vi väljer

$$F_r(s) = \frac{\omega_0^2}{(2\zeta\omega_0 - a)s+\omega_0^2}$$

så erhåller vi

$$Y(s) = \frac{\omega_0^2}{s^2+2\zeta\omega_0 s+\omega_0^2}R(s) + \frac{bs}{s^2+2\zeta\omega_0 s+\omega_0^2}V_p(s) \tag{6.9}$$

$$U(s) = \frac{s+a}{b}\frac{\omega_0^2}{s^2+2\zeta\omega_0 s+\omega_0^2}R(s) - \frac{(2\zeta\omega_0 - a)s+\omega_0^2}{s^2+2\zeta\omega_0 s+\omega_0^2}V_p(s) \tag{6.10}$$

Vi ser att vi kan erhålla samma snabbhet både från referensvärde och insignalstörning, och att vi enkelt väljer den genom att välja ω_0. Vi noterar att det finns

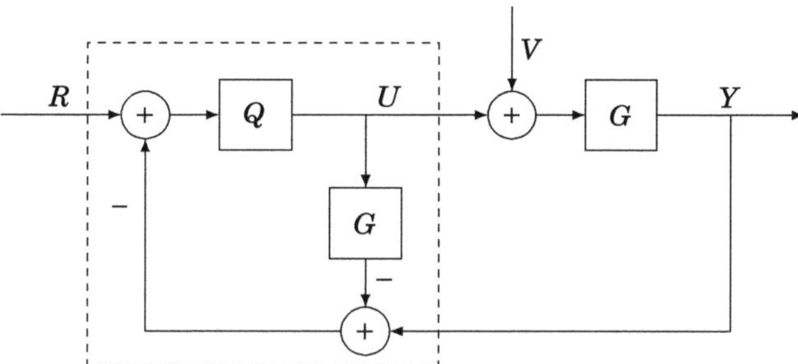

Figur 6.9: Reglering med intern modell.

nollställen i överföringsfunktionerna från r till styrsignalen u. Detta kommer att resultera i stora värden på styrsignalen om vi gör abrupta ändringar av r. Detta kan vi påverka genom att införa ytterligare filtrering i $F_r(s)$. Observera att detta inte kommer att påverka hur snabbt vi kan undertrycka störningar.

6.2 Regulator med intern modell

Vi ska nu studera en generalisering av λ-inställning som lämpar sig för syntes av mer generella regulatorer. Regulatorn syns i blockshemat i Figur 6.9 och har som en byggsten en modell av systemet som ska regleras, d.v.s. $G(s)$ ingår i regulatorn. Vi kallar därför syntesmetoden reglering med *intern modell*. Regulatorn består av det block som definieras av den streckade rektangeln, och den har som vanligt överföringsfunktion F. Vi har från blockschemat att

$$U(s) = Q(s)(R(s) + G(s)U(s) - Y(s))$$

och vi kan lösa ut $U(s)$ och erhåller att

$$U(s) = \frac{Q(s)}{1 - Q(s)G(s)}(R(s) - Y(s))$$

Alltså har vi en regulator med överföringsfunktion

$$F(s) = \frac{Q(s)}{1 - Q(s)G(s)} \tag{6.11}$$

från reglerfel $E(s) = R(s) - Y(s)$ till styrsignal $U(s)$. Vi kan erhålla olika regulatorer genom att välja olika överföringsfunktioner $Q(s)$. Vi ska se att detta sätt att beskriva en regulator har många fördelar. Vi har redan sett ett exempel där vi valde

$$Q(s) = \frac{1}{G(s)} \frac{1}{(\lambda s + 1)^n}$$

vilket resulterade i λ-inställning. Vi ska nu undersöka vilka ytterligare möjligheter vi har.

6.2.1 Det slutna systemet

Vi har från blockschemat i Figur 6.9 att $Y(s) = G(s)(U(s) + V(s))$, och om vi nu utnyttjar att $U(s) = F(s)(R(s) - Y(s))$ där $F(s)$ ges av (6.11) erhåller vi

$$Y(s) = G(s)\left(V(s) + \frac{Q(s)}{1 - Q(s)G(s)}(R(s) - Y(s))\right)$$

Genom att multiplicera ekvationen med $1 - Q(s)G(s)$ och förenkla fås

$$Y(s) = G(s)Q(s)R(s) + G(s)(1 - Q(s)G(s))V(s)$$

Genom att substituera in detta uttryck för $Y(s)$ i uttrycket för $U(s)$ ovan erhålles att

$$\begin{aligned} U(s) &= \frac{Q(s)}{1 - Q(s)G(s)}(R(s) - G(s)Q(s)R(s) - G(s)(1 - Q(s)G(s))) \\ &= Q(s)R(s) - Q(s)G(s)V(s) \end{aligned}$$

Vi sammanfattar dessa ekvationer i

$$\begin{aligned} Y(s) &= G(s)Q(s)R(s) + G(s)(1 - Q(s)G(s))V(s) \\ U(s) &= Q(s)R(s) - Q(s)G(s)V(s) \end{aligned} \tag{6.12}$$

Precis som för λ-inställning inser vi att det är frestande att låta

$$Q(s) = \frac{T(s)}{G(s)} \tag{6.13}$$

för något lämpligt val av $T(s)$. Då gäller att det slutna systemet kan sammanfattas som

$$\begin{aligned} Y(s) &= T(s)R(s) + G(s)(1 - T(s))V(s) \\ U(s) &= \frac{T(s)}{G(s)}R(s) - T(s)V(s) \end{aligned}$$

Speciellt noterar vi att slutna systemets överföringsfunktion från $R(s)$ till $Y(s)$ blir $T(s)$. Precis som för λ-inställning kan man inte göra så här för godtyckligt val av $T(s)$. För att erhålla intern stabilitet måste $T(s)/G(s)$ ha alla poler i det strikta vänstra halvplanet. Detta medför att vi måste låta $T(s)$ innehålla alla de nollställen till $G(s)$ som ligger i det högra halvplanet så att dessa förkortas bort. Vi ska i nästa avsnitt se att vi ibland måste ställa fler krav på $T(s)$. Vi avslutar med att konstatera att det öppna systemets överföringsfunktion $G(s)$ är en faktor i $G(s)(1-T(s))$ och därför måste ha alla poler i det strikta vänstra halvplanet för att vi ska ha intern stablitet, såvida vi inte kan lyckas förkorta bort dem mot den andra faktorn $1-T(s)$. Vi lyckades för λ-inställning göra detta för en enda pol i origo för $G(s)$. Vi kommer i Avsnitt 13.5 att diskutera hur resultaten i detta avsnitt kan användas för att syntetisera en regulator som uppfyller specifikation på stigstid och underslång när det finns ett nollställe i höger halvplan.

Man kan visa, jfr. Avsnitt 9.6, att om $G(s)$ har alla poler i det strikta vänstra halvplanet så gäller att alla regulatorer som ger intern stabilitet kan erhållas genom att variera $Q(s)$ över mängden av alla propra överföringsfunktioner, jfr. Definition 5.7, som har alla sina poler i det strikta vänstra halvplanet. Vi noterar att $Q(s)$ kommer in linjärt i uttrycket för $Y(s)$ och $U(s)$ i (6.12), vilket inte är fallet om man uttrycker det slutna systemet direkt i regulatorn $F(s)$, d.v.s.

$$
\begin{aligned}
Y(s) &= \frac{F(s)G(s)}{1+F(s)G(s)}R(s) + \frac{G(s)}{1+F(s)G(s)}V(s) \\
U(s) &= \frac{F(s)}{1+F(s)G(s)}R(s) - \frac{F(s)G(s)}{1+F(s)G(s)}V(s)
\end{aligned}
$$

Genom att beskriva regulatorn med $Q(s)$ erhåller vi enklare uttryck. Detta öppnar upp för numeriska metoder och konvexa optimeringsansatser för att hitta bra regulatorer. Skälet till detta är att många kriterier för optimalitet är konvexa i slutna systemets överföringsfunktioner, vilket resulterar i konvexa kriterier i $Q(s)$.

6.2.2 Otto Smith-regulator

Vi nämnde i det förra avsnittet att man måste låta $T(s)$ innehålla alla de nollställen till $G(s)$ som ligger i det högra halvplanet så att dessa förkortas bort. Ett annat krav som måste ställas på $T(s)$ när man låter

$$
Q(s) = \frac{T(s)}{G(s)}
$$

är att $Q(s)$ måste definiera ett kausalt system. Detta inser vi genom att substitutera in uttrycket för $Q(s)$ i nämnaren för (6.11), vilket ger

$$
F(s) = \frac{Q(s)}{1-T(s)}
$$

Om $Q(s)$ inte är kausal så är inte heller $F(s)$ kausal och då kan regulatorn inte realiseras. Ett typexempel när vi skulle erhålla ett ickekausalt $Q(s)$ från $Q(s) =$

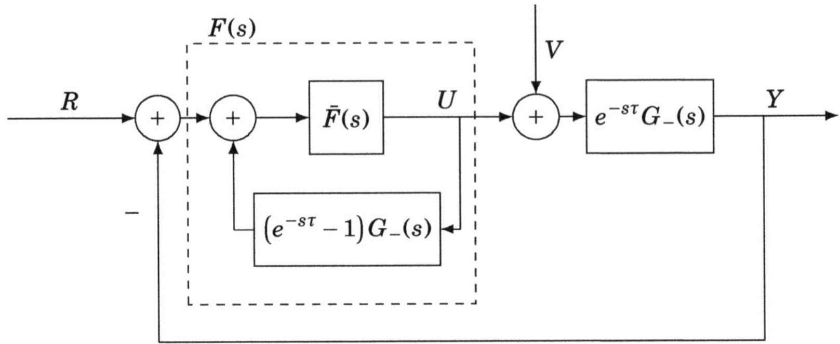

Figur 6.10: Otto Smith-regulator.

$T(s)/G(s)$ är om $G(s)$ innehåller en tidsfördröjning, d.v.s. om

$$G(s) = G_+(s)G_-(s)$$

där $G_+(s) = e^{-s\tau}$ för någon överföringsfunktion $G_-(s)$. Precis som vi gjorde för λ-inställning när vi hade nollställen i höger halvplan för $G(s)$ låter vi nu $T(s)$ innehålla $G_+(s)$ som en faktor och skriver

$$T(s) = G_+(s)\bar{T}(s)$$

och därigenom får vi att

$$Q(s) = \frac{T(s)}{G(s)} = \frac{\bar{T}(s)}{G_-(s)} \tag{6.14}$$

Detta ger nu regulatorn

$$F(s) = \frac{1}{G_-(s)} \frac{\bar{T}(s)}{1 - G_+(s)\bar{T}(s)}$$

och vi inser att regulatorn innehåller överföringsfunktionen $G_+(s) = e^{-s\tau}$ för tidsfördröjningen. Detta är enkelt att implementera om man gör det digitalt. Regulatorn kallas för *Otto Smith-regulatorn* eller *dödtidskompensering*. Det slutna systemets överföringsfunktion från $R(s)$ till $Y(s)$ blir, jfr. (6.12),

$$G(s)Q(s) = G(s)\frac{\bar{T}(s)}{G_-(s)} = e^{-s\tau}\bar{T}(s)$$

Otto Smith presenterade inte sin regulator på det här sättet. Istället tänkte han sig att man man ignorerade $G_+(s)$ och designade en regulator $\bar{F}(s)$ för enbart $G_-(s)$ som resulterade i överföringsfunktionen

$$\bar{T}(s) = \frac{\bar{F}(s)G_-(s)}{1 + \bar{F}(s)G_-(s)}$$

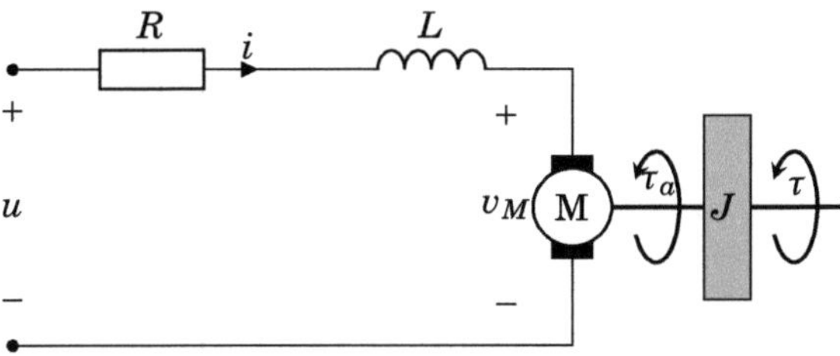

Figur 6.11: Likströmsmotor.

Detta innebär bara att vi parameteriserar regulatorn med $\bar{F}(s)$ istället för med $\bar{T}(s)$. Vi inser från (6.14) att

$$Q(s) = \frac{\bar{T}(s)}{G_-(s)} = \frac{\bar{F}(s)}{1 + \bar{F}(s)G_-(s)}$$

Efter lite exercis med blockschemaräkning följer att Otto Smith-regulatorn kan implementeras som i blockschemat i Figur 6.10. Denna regulator förutsätter att $G(s)$ har alla sina poler i det strikta vänstra halvplanet. Det förutsätts också att $\bar{F}(s)$ är valt så att det slutna systemet för $G_-(s)$ reglerat med $\bar{F}(s)$ är internt stabilt.

6.3 Kaskadreglering

Vi har hittills bara studerat reglersystem som har en mätstorhet och en styrstorhet. I många praktiska tillämpningar kan det finnas flera mätstorheter och styrstorheter. Det kan då vara attraktivt att bygga upp reglersystemet genom att kombinera t.ex. flera olika PID-regulatorer så att utsignalen från en PID-regulator är referensvärde för en annan PID-regulator o.s.v. Detta kallas för *kaskadreglering*. Vi ska studera detta för ett exempel där vi vill reglera en likströmsmotor.

EXEMPEL 6.10

I Figur 6.11 syns en principskiss av en likströmsmotor. Motorn alstrar ett vridmoment τ_a som är proportionellt mot strömmen i enligt

$$\tau_a = k_a i$$

där k_a är en proportionalitestkonstant som beror på motorns egenskaper. Vi antar att motoraxeln med last har ett tröghetsmoment J och att den bromsas med en viskös friktion μ samt att ett yttre moment τ också verkar på axeln. Normalt sett har τ_a och τ motsatta tecken så att det yttre momentet belastar motorn. En momentbalans för motorn ger då att följande samband måste gälla

$$J\ddot{\theta}(t) = k_a i - \mu\dot{\theta}(t) + \tau(t)$$

där θ är vinkeln för motoraxeln. Spänningen över motorn ges av

$$v_M(t) = k_v\dot{\theta}(t)$$

där k_v är en proportionalitestkonstant som också beror på motorns egenskaper. Kirchhoffs spänningslag ger nu att

$$u(t) = Ri(t) + L\frac{di(t)}{dt} + v_M(t)$$

Oftast är L försumbar, och vi kan därför härleda följande differentialekvation för likströmsmotorn

$$J\ddot{\theta}(t) + \left(\frac{k_a k_v}{R} + \mu\right)\dot{\theta}(t) = \frac{k_a}{R}u(t) + \tau(t)$$

Likströmsmotorn lämpar sig för kaskadreglering om man har mätningar av både vinkeln $\theta(t)$ och vinkelhastigheten $\omega = \dot{\theta}(t)$. Notera att vi kan skriva om differentialekvationen som två ekvationer

$$\begin{aligned}
\dot{\theta}(t) &= \omega(t) \\
\dot{\omega}(t) &= -\frac{1}{J}\left(\frac{k_a k_v}{R} + \mu\right)\omega(t) + \frac{k_a}{JR}u(t) + \frac{1}{J}\tau(t)
\end{aligned}$$

Vi inför nu de mätta utsignalerna $y_1(t) = \theta(t)$ och $y_2(t) = \omega(t)$, insignalstörningen $v(t) = R/k_a\tau(t)$ samt storheterna

$$a = \frac{1}{J}\left(\frac{k_a k_v}{R} + \mu\right), \quad b = \frac{k_a}{JR}$$

Då kan vi skriva differentialekvationerna som

$$\begin{aligned}
\dot{y}_1(t) &= y_2(t) \\
\dot{y}_2(t) &= -ay_2(t) + b\,(u(t) + v(t))
\end{aligned}$$

som efter Laplacetransformering kan skrivas

$$\begin{aligned}
Y_1(s) &= \frac{1}{s}Y_2(s) \\
Y_2(s) &= \frac{b}{s+a}(U(s) + V(s))
\end{aligned}$$

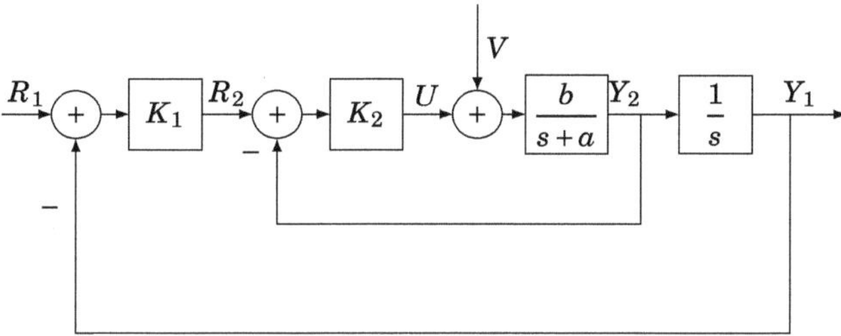

Figur 6.12: Kaskadreglering av likströmsmotor.

under förutsättning att initialvärdena är noll. I Figur 6.12 ses hur två P-regulatorer kan användas för att reglera likströmsmotorn. Från blockschemat i figuren erhåller vi för den inre kretsen

$$Y_2(s) = \frac{b}{s+a}(V(s) + K_2(R_2(s) - Y_2(s)))$$

Vi löser ut $Y_2(s)$ och får att

$$Y_2(s) = \frac{bK_2}{s+a+bK_2}R_2(s) + \frac{b}{s+a+bK_2}V(s)$$

Om vi väljer K_2 stor så inser vi att vi får ett snabbt system som också undertrycker insignalstörningen på ett bra sätt. Man kan då approximera den inre kretsen med $Y_2(s) \approx R_2(s)$. Detta betyder att vi för den yttre kretsen approximativt har att

$$Y_1(s) = \frac{1}{s}(K_1(R_1(s) - Y_1(s)))$$

Vi löser ut $Y_1(s)$ och erhåller

$$Y_1(s) = \frac{K_1}{s+K_1}R_1(s)$$

Vi väljer nu K_1 så att vi får önskad snabbhet för det slutna systemet.

Det är möjligt att tolka kaskadregleringen av likströmsmotorn som en PD-regulator där man mäter derivatan av utsignalen istället för att derivera den i regulatorn. Detta följer från att vi har att

$$U(s) = K_1K_2R_1(s) - K_1K_2Y_1(s) - K_2sY_1(s) = KR_1(s) - K(1+sT_D)Y_1(s) \quad (6.15)$$

där $K = K_1K_2$ och $T_D = 1/K_1$. En alternativ inställningsmetod för kaskadregleringen kan därför vara att göra polplacering för den ekvivalenta PD-regulatorn och låta $K_1 = 1/T_D$ och låta $K_2 = K/K_1 = KT_D$, där K och T_D är de parametrar som erhållits för PD-regulatorn med polplacering. Vi ska nämna att det kan

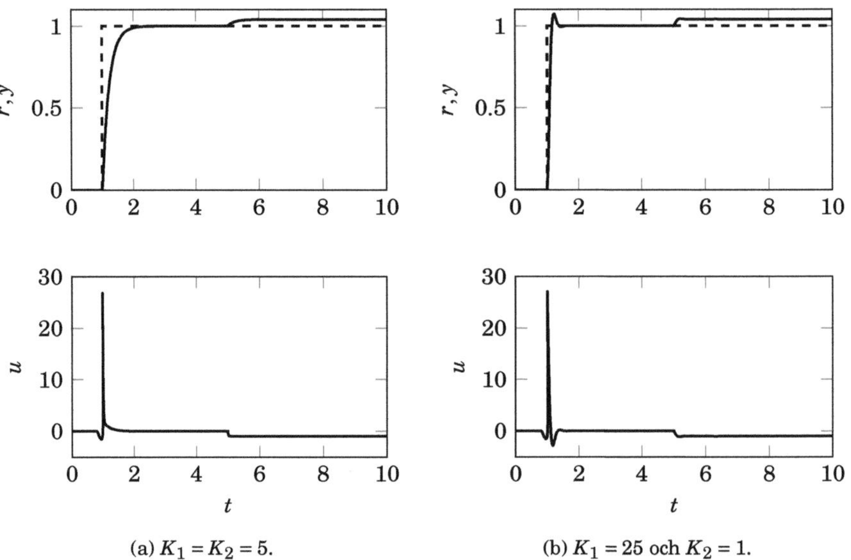

(a) $K_1 = K_2 = 5$. (b) $K_1 = 25$ och $K_2 = 1$.

Figur 6.13: Kaskadreglering av likströmsmotor där y är heldragen och r streckad.

vara en bra idé att reglera den inre kretsen med en PI-regulator för att erhålla god undertryckning av insignalstörningen utan att behöva använda ett stort värde på K_2. Vi jämför två olika val av regulatorparameterarna i Figur 6.13, för vilka produkten av parametrarna är densamma, d.v.s. $K = K_1K_2 = 25$. Vi har i simuleringarna valt $a = 10$ och $b = 14$. Referensvärdet är ett enhetssteg vid tidpunkten ett och insignalstörningen är ett enhetssteg vid tidpunkten fem. Vi ser att ingen av regulatorerna helt eliminerar störningen. Regulatorn för vilken motsvarande T_D är minst har snabbast stegsvar men till priset av en överslång.

Man inser att det är väldigt enkelt att ställa in kaskadregulator eftersom man kan bryta ner problemet i enklare mindre delproblem. Dock kommer man att behöva göra approximationer, och ibland kan dessa ställa till med problem. Det ska påpekas att det är bättre att mäta hastigheten än att derivera fram den, eftersom mätningar ofta är behäftade med mätfel som förstärks vid derivering. Detta kommer dock till priset av en extra sensor.

6.4 Framkoppling

Vi har redan mött framkoppling i Kapitel 2 där vi såg att det var ett bra sätt att eliminera mätbara störningar. Skälet till att framkoppling är användbart är att man kan agera proaktivt när man vet att en mätbar störning ska påverka det system man vill reglera. Med återkoppling kan man inte agera förrän ett reglerfel uppkommit. Vi ska nu studera framkoppling i mer detalj, och vi ska även behandla framkoppling från referensvärde.

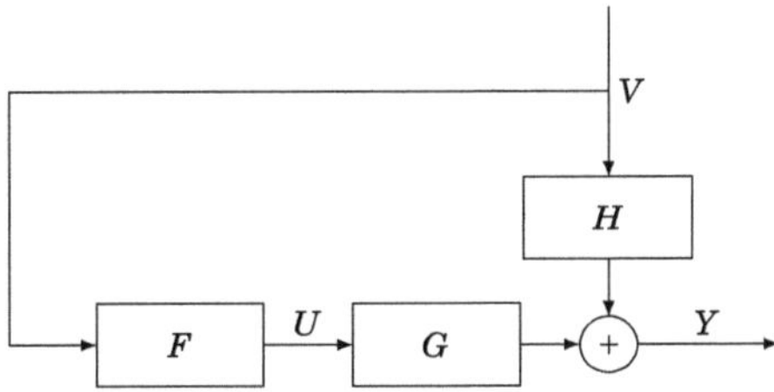

Figur 6.14: Framkoppoling från störning.

6.4.1 Framkoppling från störning

I Figur 6.14 ses ett typiskt exempel på framkoppling från en mätbar störning. Målet är att eliminera inverkan av $V(s)$ på $Y(s)$, vilket betyder att följande ekvation ska vara uppfylld:

$$Y(s) = H(s)V(s) + G(s)F(s)V(s) = 0$$

Alltså bör vi välja $F(s) = -H(s)/G(s)$. Här uppkommer omedelbart en viss oro för om detta $F(s)$ kommer att vara lämpligt. För insignalutsignalstabilitet krävs att alla poler till $F(s)$ ligger i det strikta vänstra halvplanet. Detta betyder att $G(s)$ inte får lov att ha några nollställen i det högra halvplanet. Om så ej är fallet behöver vi göra på annat sätt, vilket vi ska diskutera längre fram. Vidare kan vi råka ut för att $F(s)$ kan komma att innehålla deriveringar. Låt oss studera ett exempel för att belysa detta.

Exempel 6.11

Antag att

$$G(s) = \frac{1}{s^2 + 3s + 1}, \quad H(s) = \frac{1}{s+1}$$

Då blir

$$F(s) = -\frac{H(s)}{G(s)} = -\frac{s^2 + 3s + 1}{s+1} = \frac{1}{s+1} - 2 - s$$

och vi ser att vi måste derivera störningen för att beräkna styrsignalen. Ett sätt att undvika detta är att stryka den deriverande termen $-s$. Framkopplingen kommer då att bli exakt endast för konstanta störningar.

EXEMPEL 6.12

Antag att

$$G(s) = \frac{e^{-s\tau}}{s+1}, \quad H(s) = \frac{1}{s+1}$$

Då blir

$$F(s) = -\frac{H(s)}{G(s)} = -e^{s\tau}$$

och vi inser att $u(t) = -v(t+\tau)$, d.v.s. vi måste veta vad störningen är i framtiden. Detta är alltså en ickekausal regulator som inte går att implementera.

Ibland väljer man att endast göra en *statisk framkoppling* och den erhålles genom att ersätta $F(s)$ med $F(0)$. Den kommer att eliminera konstanta störningar då tiden går mot oändligheten, och i praktiken fungerar den bra även för långsamt varierande störningar. En framkoppling som inte är statisk kallas för *dynamisk framkoppling*.

En statisk framkoppling kommer alltid att resultera i insignalutsignalstabilitet och kausalitet, och den är därför ett sätt att komma runt problemen vi diskuterat ovan. Dock kan man fortfarande använda en dynamisk framkoppling om man faktoriserar $G(s)$ som $G(s) = G_+(s)G_-(s)$, där $G_-(s)$ har alla nollställen i det strikta vänstra halvplanet och $G_+(s)$ har alla nollställen i det högra halvplanet samt ev. tidsfördröjning. Vi normaliserar faktoriseringen så att $G_+(0) = 1$. Därefter låter vi

$$F(s) = -\frac{H(s)}{G_-(s)}$$

som kommer att vara kausal och ha alla poler i det strikta vänstra halvplanet. Vidare ser vi att den statiska förstärkningen inte påverkas eftersom vi valt att normalisera G_+.

Vi inser att vi ovan approximerat inversen av ett dynamiskt system genom att ignorera den del av dynamiken som blir instabil vid invertering. Det finns mer noggranna inverser, och en ges för rationella $G(s)$ av

$$G_{\text{inv}}(s) = \frac{1}{G_-(s)G_+(-s)}$$

Man kan visa att detta är den approximativa stabila invers som minimerar tidsintegralen av kvadraten på felet $e(t)$ när insignalen är ett enhetssteg, d.v.s. $\int_0^\infty e(t)^2 dt$. Här är $e(t)$ definierad som den inversa Laplacetransformen av

$$E(s) = (1 - G(s)G_{\text{inv}}(s))\,\frac{1}{s}$$

Vi avstår från att bevisa detta resultat.

6.4.2 Framkoppling från referensvärde

Redan i Kapitel 2 diskuterade vi framkoppling från referensvärde, jfr. (2.2), som beskriver en statisk framkoppling från både störsignal och referensvärde. Vi ska nu studera framkoppling från referensvärde i mer detalj, och ett blockschema för detta ses i Figur 6.15. Vi inser att

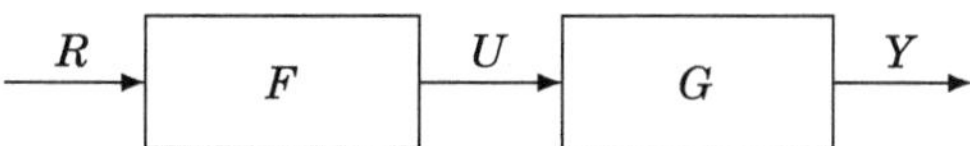

Figur 6.15: Framkoppling från referensvärde.

$$Y(s) = G(s)F(s)R(s)$$

och att vi erhåller $Y(s) = R(s)$, d.v.s. perfekt reglering, om $G(s)F(s) = 1$. Det betyder att vi ska välja $F(s)$ som en invers till $G(s)$. Som vi sett i det förra avsnittet så kan man ibland välja $F(s) = 1/G(s)$, men ibland så måste man av olika skäl välja en approximativ invers. Förutom vad som sagts i det förra avsnittet så är det naturligtvis så att man måste ha en väldigt bra modell $G(s)$ av det sanna systemet för att framkoppling ska fungera bra. Detta diskuterade vi redan i Kapitel 2. Återkoppling är mer förlåtande vad gäller bra modeller av det vi vill reglera, och det ska vi återkomma till i Kapitel 13. Detta är ett av skälen till att man ofta kombinerar framkoppling med återkoppling, vilket är temat för nästa avsnitt.

6.4.3 Kombination av framkoppling och återkoppling

I Figur 6.16 ses ett blockschema för kombination av fram- och återkoppling.

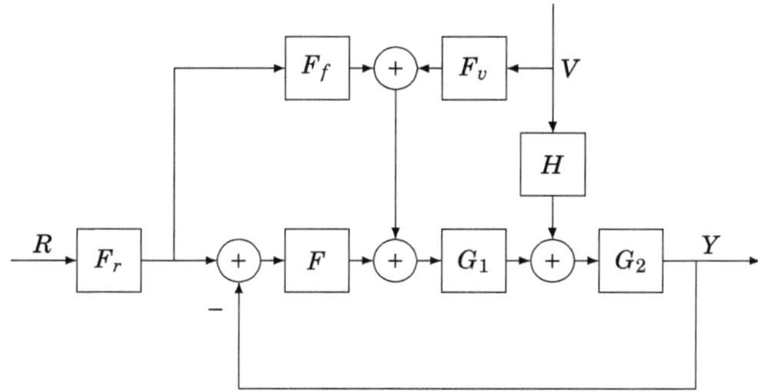

Figur 6.16: Kombination av framkoppling och återkoppling.

Från blockschemat följer att

$$Y(s) = G_2(s)\Big(H(s)V(s) + G_1(s)\big(F_v(s)V(s) + F_f(s)F_r(s)R(s) + F(s)(F_r(s)R(s) - Y(s))\big)\Big)$$

och genom att lösa ut $Y(s)$ erhåller vi

$$Y(s) = \frac{G(s)\left(F_f(s) + F(s)\right)}{1 + F(s)G(s)} F_r(s)R(s) + \frac{G_2(s)(H(s) + G_1(s)F_v(s))}{1 + F(s)G(s)} V(s)$$

där $G(s) = G_1(s)G_2(s)$. Om vi kan välja $F_f(s) = 1/G(s)$ och $F_v(s) = -H(s)/G_1(s)$ så följer att

$$Y(s) = F_r(s)R(s)$$

Om vi endast kan använda approximativa inverser så inser vi att vi med återkopplingen kan komma nära uttrycket ovan om kretsförstärkningen $G_o(s) = F(s)G(s)$ kan göras stor. Det finns dock många skäl till varför den inte kan göras godtyckligt stor för alla värden på s, något som vi ska diskutera i mer detalj i Kapitel 13. Vi ska avsluta detta avsnitt med att tolka en PID-regulator med viktning av referensvärdet i proportionaldelen och derivatadelen som en modifiering av en PID-regulator på standardform med en framkoppling från referensvärdet.

Exempel 6.13

En PID-regulator med viktning av referensvärdet i proportionaldelen och derivatadelen ges av

$$U(s) = K\left(\gamma R(s) - Y(s) + \frac{1}{T_I s}(R(s) - Y(s)) + T_D s\left(\eta R(s) - Y(s)\right)\right)$$

där γ och η är vikterna. Detta kan vi med

$$F(s) = K\left(1 + \frac{1}{T_I s} + T_D s\right), \quad F_f(s) = K\left(\gamma - 1 + (\eta - 1)T_D s\right)$$

skriva som

$$U(s) = F(s)E(s) + F_f(s)R(s)$$

där $E(s) = R(s) - Y(s)$ är reglerfelet. Vi betonar att regulatorn inte ska implementeras med framkoppling från referensvärdet utan på den ursprungliga formen. Detta blir uppenbart om man väljer $\eta = 0$. Då inser man att man med den ursprungliga formen inte deriverar referensvärdet, men med formen med framkoppling deriverar man referensvärdet dels i framkopplingen och dels i återkopplingen och sedan subtraherar man dessa värden från varandra.

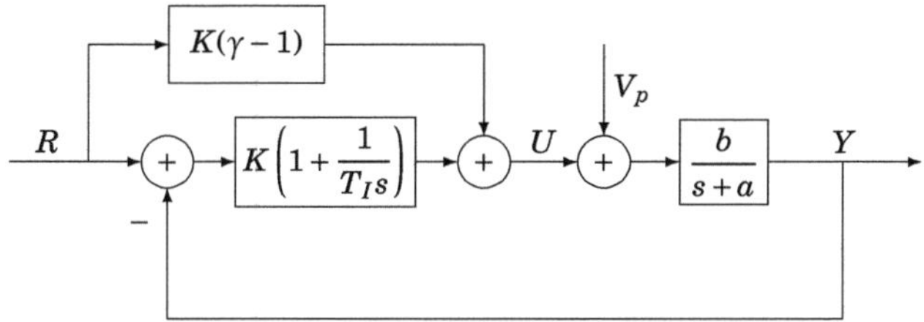

Figur 6.17: PI-reglering av hus med framkoppling av referensvärde.

Vi ska nu se hur vi kan förbättra stegsvaret för polplaceringen för husuppvärmning som vi diskuterade i Exempel 6.9. Vi ska se att vi kan slippa att filtrera referensvärdet om vi istället använder framkoppling från referensvärdet, vilket är en mycket enklare regulator.

Exempel 6.14

I Figur 6.17 ses ett blockschema för PI-reglering med viktning av referensvärdet för husuppvärming, jfr. Exempel 6.9. Vi ska nu se vilken inverkan parametern γ har. Från blockschemat erhåller vi att

$$Y(s) = \frac{b}{s+a}\left(V_p(s) + K\left(1 + \frac{1}{sT_I}\right)(R(s) - Y(s)) + K(\gamma - 1)R(s)\right)$$

Vi löser ut $Y(s)$ och erhåller att

$$Y(s) = \frac{bK(\gamma s + 1/T_I)}{s^2 + (a + bK)s + bK/T_I} R(s) + \frac{bs}{s^2 + (a + bK)s + bK/T_I} V_p(s)$$

Vi ser att vi kan eliminera nollstället i överföringsfunktionen från $R(s)$ till $Y(s)$ genom att välja $\gamma = 0$. I övrigt kan vi välja polerna med hjälp av K och T_I på samma sätt som vi gjorde i Exempel 6.9.

6.5 Laddning av battericell

Vi ska här titta på ett lite mer omfattande exempel rörande laddning av ett batteri där vi får tillfälle att diskutera mer det vi lärt oss i detta kapitel. Stabilitet är endast av intresse om regleringen ska fortgå lång tid. I en del tillämpningar reglerar man endast över kort tid och då behöver inte nödvändigtvis stabilitet beaktas. Så är fallet när man laddar ett batteri. Betrakta kretsen i Figur 6.18

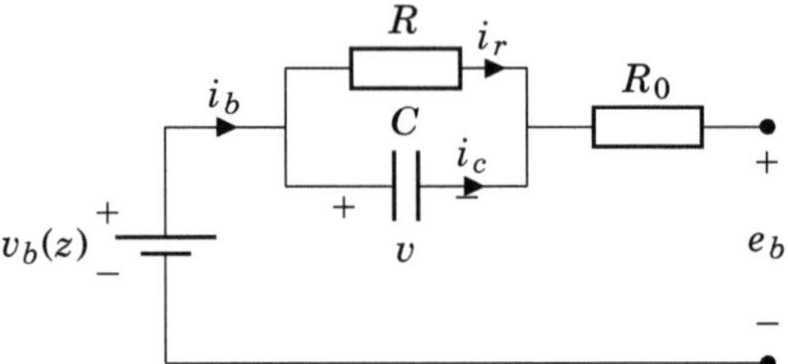

Figur 6.18: Kretsschema för en battericell.

som beskriver en battericell. Vi har följande ekvationer som beskriver batteriet:

$$
\begin{aligned}
C\frac{dv(t)}{dt} &= i_c(t) \\
Q\frac{dz(t)}{dt} &= -i_b(t) \\
v(t) &= R i_r(t) \\
v_b(z(t)) &= v(t) + R_0 i_b(t) + e_b(t) \\
i_b(t) &= i_c(t) + i_r(t)
\end{aligned}
$$

där $0 \le z \le 1$ är batteriets laddning, Q är batteriets kapacitet, och e_b batteriets utspänning. En enkel modell för hur v_b beror av z är

$$v_b(z) = \theta_0 + \theta_1 z$$

där θ_0 och θ_1 är konstanter. Laddning av ett batteri brukar gå till så att man först laddar batteriet med konstant ström i_b. Detta betyder att laddningen kommer att öka som en ramp, eftersom laddningen är integralen av i_b. När spänningen e_b nått en föreskriven nivå så övergår man till att ladda med konstant spänning e_b, eftersom batteriet kan skadas om spänningen e_b blir för hög. I Figur 6.19 ses blockscheman för regleringen av de olika faserna av laddningen av batteriet.

Vi ska först studera den första fasen av laddningen, d.v.s. där vi önskar ladda med konstant ström i_b, jfr. Figur 6.19a. För detta ändamål vill vi ta fram en regulator som använder e_b som styrsignal för att styra i_b. Vi ska därför ta fram en överföringsfunktion från $E_b(s)$ till $I_b(s)$. Laplacetransformering av ekvatio-

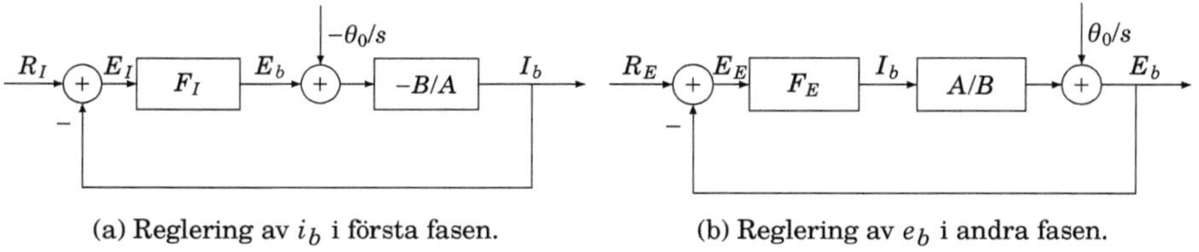

(a) Reglering av i_b i första fasen. (b) Reglering av e_b i andra fasen.

Figur 6.19: Reglering för laddning av batteri.

nerna ovan ger

$$\begin{aligned} CsV(s) &= I_c(s) \\ QsZ(s) &= -I_b(s) \\ V(s) &= RI_r(s) \\ V_b(Z(s)) &= V(s) + R_0 I_b(s) + E_b(s) \\ V_b(Z(s)) &= \theta_0 + \theta_1 Z(s) \\ I_b(s) &= I_c(s) + I_r(s) \end{aligned}$$

Algebraiska räkningar ger att

$$I_b(s) = -\frac{B(s)}{A(s)}(E_b(s) - \theta_0)$$

där

$$A(s) = s^2 + \left(\frac{1}{R_0 C} + \frac{1}{RC} + \frac{\theta_1}{R_0 Q}\right)s + \frac{\theta_1}{R_0 RCQ}, \quad B(s) = \frac{s}{R_0}\left(s + \frac{1}{RC}\right)$$

Vi ser att överföringsfunktionen från E_b till I_b har ett nollställe i origo, d.v.s. i höger halvplan. Vi kan för λ-inställning välja

$$T(s) = \frac{1}{\lambda s + 1}$$

och regulatorn blir på grund av minustecknet i överföringsfunktionen från E_b till I_b

$$F_I(s) = -\frac{A(s)}{B(s)}\frac{T(s)}{1 - T(s)} = -\frac{A(s)}{B(s)}\frac{1}{\lambda s}$$

som innehåller en dubbelintegrator eftersom även $B(s)$ innehåller en faktor s. Slutna systemet är inte internt stabilt eftersom

$$F_I(s)S(s) = -\frac{A(s)}{B(s)}\frac{1}{\lambda s}\frac{\lambda s}{\lambda s + 1} = -\frac{A(s)}{B(s)}\frac{1}{\lambda s + 1}$$

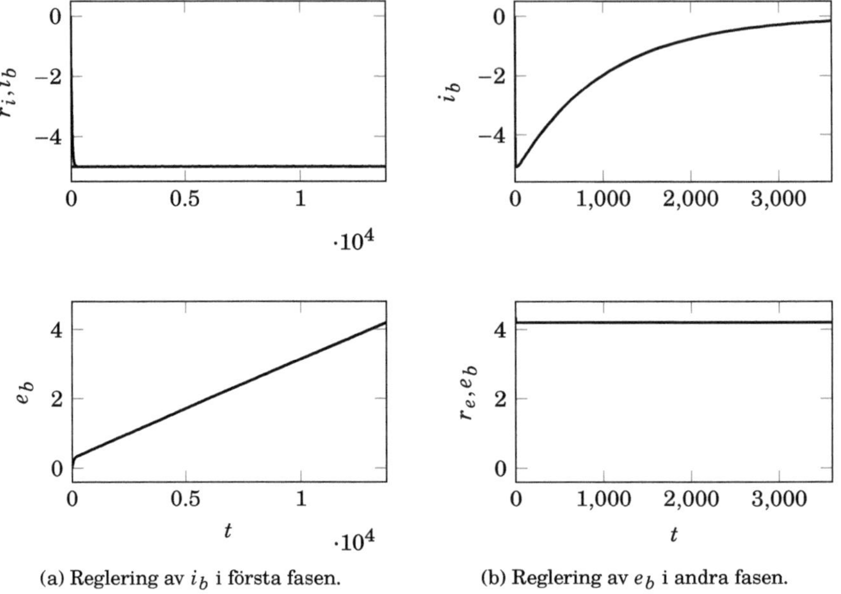

(a) Reglering av i_b i första fasen.

(b) Reglering av e_b i andra fasen.

Figur 6.20: Figurer som visar reglering för laddning av en battericell.

där $B(s)$ har ett nollställe i origo. Detta är överföringsfunktionen från referensvärde till styrsignal, jfr. (5.5), och vi inser att för ett konstant negativt referensvärde för i_b kommer e_b att asymptotiskt gå mot plus oändligheten som en ramp. Dock är detta för en begränsad tid, eftersom vi sedan övergår till att istället reglera e_b när den nått det föreskrivna maximala värdet. Det är också viktigt att se till att göra en framkoppling som eliminerar inverkan av insignalstörningen. Annars kommer man initialt att dra ström ur batteriet istället för att ladda det. Detta betyder att man ska låta

$$E_b(s) = F_I(s)E_I(s) + \frac{\theta_0}{s}$$

Regulatorn för reglering av e_b i den andra fasen kan vi också ställa in med λ-inställning, men nu har vi systemet

$$E_b(s) = \frac{A(s)}{B(s)} I_b(s) + \theta_0$$

där θ_0 istället är en utsignalstörning. Observera att insignal och utsignal har bytt betydelse jämfört med innan, jfr. Figur 6.19b. Vi kan använda samma $T(s)$

som innan men nu blir regulatorn

$$F_E(s) = \frac{B(s)}{A(s)} \frac{1}{\lambda s} = \frac{s + \frac{1}{RC}}{\lambda R_0 A(s)}$$

där vi förkortat bort en faktor s. Denna regulator är internt stabiliserande i enlighet med Resultat 6.1. Vidare kommer den att eliminera den konstanta utsignalörningen då tiden går mot oändligheten, eftersom känslighetsfunktionen ges av

$$S(s) = 1 - T(s) = \frac{\lambda s}{\lambda s + 1}$$

som har ett nollställe i origo. Observera att det är mycket enklare att undertycka konstanta utsignalstörningar jämfört med konstanta insignalstörningar. I Figur 6.20 ses en simulering av laddning av ett batteri. Parametervärdena är $\theta_0 = 3.2$V, $\theta_1 =$V, $R_0 = 0.028\Omega$, $R = 0.03\Omega$, $RC = 34.5$s, $Q = 17460$As, $r_e = 4.2$V, och $r_i = -5$A. Parmetern λ är 3600 i den första fasen och 36 i den andra fasen. Detta är inte optimala värden på λ i praktiken, t.ex. med avseende på eventuella mätfel, men underlättar genereringen av graferna när en bra omslagsmekanism mellan reglerfaserna inte tagits fram. Vi noterar att reglerfelen är nästan osynliga för ögat.

6.6 Sammanfattning

Vi har i det här kapitlet beskrivit olika former av PID-regulatorer. Vi har lärt oss att ställa in dem baserat på experiment. Vi har studerat hur stegsvarsexperiment kan användas för detta ändamål. Vi har också diskuterat olika modellbaserade ansatser för att ställa in PID-regulatorer. Speciellt har vi diskuterat λ-inställning och polplacering. Den förstnämnda metoden har endast en designparameter och är enkel att använda. Dock har vi sett att den medför vissa begränsningar som polplacering inte lider av. Vidare har vi diskuterat regulatorer med en intern modell. Vi såg att λ-inställning var ett exempel på en sådan regulator. Med hjälp av regulatorn med intern modell tog vi fram en regulator för dödtidskompensering kallad Otto Smith-regulatorn. Därefter diskuterade vi kaskadreglering som är användbart när man kan mäta mer än en utsignal. Slutligen diskuterade vi framkoppling både från en mätbar störning och från referensvärde. Vi såg också hur framkoppling med fördel kan användas tillsammans med återkoppling.

6.7 Repetitionsfrågor

1. Vad är en PID-regulator?
2. Vad skiljer en PID-regulator på serieform från en PID-regulator på parallellform?
3. Varför vill man ha filtrering i en PID-regulator?
4. Vilka metoder finns det för att ställa in en PID-regulator experimentellt?
5. Nämn några metoder för att ställa in en PID-regulator baserad på en modell av systemet som ska regleras.
6. Nämn för- och nackdelar med λ-inställning.
7. Nämn för- och nackdelar med polplacering.
8. Vilka begränsningar på slutna systemets dynamik ger nollställen i höger halvplan för öppna systemets dynamik?
9. Varför kan man vilja filtrera referensvärdet till en regulator?
10. Nämn två typer av regulatorer som är baserade på en intern modell.
11. När kan kaskadreglering vara bra?
12. Nämn för- och nackdelar med framkoppling.
13. Varför kan det vara fördelaktigt att göra framkoppling från referensvärde?
14. Varför kombinerar man ofta framkoppling med återkoppling?

Kapitel 7

Tillståndsform

I DET här kapitlet ska vi se hur man kan beskriva linjära system definierade av högre ordningens ordinära linjära differentialekvationer, jfr. Avsnitt 5.6, med en vektorvärd linjär differentialekvation av ordning ett. Ekvationen innehåller en vektorvärd variabel kallad *tillstånd*, och denna variabel förekommer i ekvationen endast i termer av sig själv och sin förstaderivata. Vi kommer att se att vi kan utnyttja en mängd resultat från linjär algebra för att ta fram intressanta resultat för denna differentialekvation och dess lösning. Vi kommer speciellt att relatera tillståndsformen för det linjära systemet till dess överföringsfunktion.

7.1 Tillståndsform

Vi minns från Exempel 6.10 att överföringsfunktionen för likströmsmotorns insignal u till vinkelhastighet ω ges av

$$G(s) = \frac{b}{s+a}$$

där a och b är positiva konstanter. Detta kan beskrivas med differentialekvationen

$$\dot{\omega}(t) + a\omega(t) = bu(t)$$

Relationen mellan vinkeln θ och vinkelhastigheten är

$$\dot{\theta}(t) = \omega(t)$$

Vi definierar nu *tillståndsvektorn* eller *tillståndet*

$$x(t) = \begin{bmatrix} \theta(t) \\ \omega(t) \end{bmatrix}$$

och inser att

$$\frac{dx(t)}{dt} = \begin{bmatrix} \omega(t) \\ -a\omega(t) + bu(t) \end{bmatrix} = \begin{bmatrix} 0 & 1 \\ 0 & -a \end{bmatrix} x(t) + \begin{bmatrix} 0 \\ b \end{bmatrix} u(t) \tag{7.1}$$

Vi kan också skriva utsignalen $y(t) = \theta(t)$ som $y(t) = \begin{bmatrix} 1 & 0 \end{bmatrix} x(t)$. Vi kan med matriserna

$$A = \begin{bmatrix} 0 & 1 \\ 0 & -a \end{bmatrix}, \quad B = \begin{bmatrix} 0 \\ b \end{bmatrix}, \quad C = \begin{bmatrix} 1 & 0 \end{bmatrix}$$

beskriva likströmsmotorn på *tillståndsformen*

$$\begin{aligned} \frac{dx(t)}{dt} &= Ax(t) + Bu(t) \\ y(t) &= Cx(t) \end{aligned}$$

Mer generellt kan en tillståndsform också innehålla en *direktterm* från $u(t)$ till $y(t)$ och vi har följande definition.

DEFINITION 7.1 Ett system på tillståndsform ges av

$$\begin{aligned} \frac{dx(t)}{dt} &= Ax(t) + Bu(t) \\ y(t) &= Cx(t) + Du(t) \end{aligned} \tag{7.2}$$

Matriserna (A, B, C, D) kallas *systemmatriserna* och definierar systemet.

Tillståndsvektorn x, insignalen u och utsignalen y kan ha godtyckliga dimensioner. Om man bara vill referera till den första ekvationen kan man göra det med (A, B). På samma sätt kan man om man bara vill referera till systemet då man inte är intresserad av insignalens påverkan göra det med (A, C)

7.2 Lösning av differentialekvationen

Vi ska ny ta fram en lösningsformel för (7.2). Till att börja med ska vi först studera den enklare ekvationen

$$\frac{dx(t)}{dt} = Ax(t) \tag{7.3}$$

med givet initalvärde $x(0) = x_0$. Vi inför *matrisexponentialen*

$$e^X = I + X + \frac{1}{2!}X^2 + \frac{1}{3!}X^3 + \cdots$$

som konvergerar för alla kvadratiska matriser X.[1] Det gäller nu att lösningen till (7.3) ges av

$$x(t) = e^{At}x_0 \tag{7.4}$$

Detta visas enklast genom att derivera uttrycket ovan:

$$\begin{aligned}\frac{dx(t)}{dt} &= \frac{d}{dt}\left(I + At + \frac{1}{2!}(At)^2 + \frac{1}{3!}(At)^3 + \cdots\right)x_0 \\ &= \left(A + A^2t + \frac{1}{2!}A^3t^2 + \cdots\right)x_0 = Ae^{At}x_0 = Ax(t)\end{aligned}$$

Alltså satisfierar $x(t)$ definierad av (7.4) differentialekvationen (7.3) och är därför en lösning. Vi har nu också lärt oss den användbara formeln

$$\frac{d}{dt}e^{At} = Ae^{At} \tag{7.5}$$

Exempel 7.1

Antag att

$$A = \begin{bmatrix} -1 & 1 \\ 0 & -1 \end{bmatrix}$$

Då gäller att

$$A^k = \begin{bmatrix} (-1)^k & k(-1)^{k-1} \\ 0 & (-1)^k \end{bmatrix}$$

och därför är

$$\begin{aligned}e^{At} &= \sum_{k=0}^{\infty}\frac{1}{k!}\begin{bmatrix} (-1)^k & k(-1)^{k-1} \\ 0 & (-1)^k \end{bmatrix}t^k = \begin{bmatrix} \sum_{k=0}^{\infty}\frac{(-t)^k}{k!} & \sum_{k=1}^{\infty}\frac{-k(-t)^k}{k!} \\ 0 & \sum_{k=0}^{\infty}\frac{(-t)^k}{k!} \end{bmatrix} \\ &= \begin{bmatrix} \sum_{k=0}^{\infty}\frac{(-t)^k}{k!} & \sum_{k=0}^{\infty}\frac{-t(-t)^k}{k!} \\ 0 & \sum_{k=0}^{\infty}\frac{(-t)^k}{k!} \end{bmatrix} = \begin{bmatrix} e^{-t} & -te^{-t} \\ 0 & e^{-t} \end{bmatrix}\end{aligned}$$

Med hjälp av formeln i (7.5) och regler för hur man deriverar integraler kan man visa att

$$x(t) = e^{At}x_0 + \int_0^t e^{A(t-\tau)}Bu(\tau)d\tau \tag{7.6}$$

löser den första ekvationen i (7.2). Detta betyder att uttrycket $y(t)$ i den andra ekvationen i (7.2) blir som i lösningsformeln nedan.

[1] Mera precist konvergerar serien i norm, eftersom varje term $X^k/k!$ domineras av $\|X\|^k/k!$, där $\|\cdot\|$ är någon matrisnorm. Enligt satsen om absolutkonvergens är därför serien konvergent.

Resultat 7.1 *Lösningsformel:*

$$y(t) = Ce^{At}x_0 + \int_0^t Ce^{A(t-\tau)}Bu(\tau)d\tau + Du(t)$$

Om vi låter $x_0 = 0$ och $u(\tau) = \delta(\tau)$ så följer att $y(t) = Ce^{At}B + D\delta(t)$. Från detta inser vi att impulssvaret eller viktsfunktionen för ett system på tillståndsform ges av uttrycket nedan.

Resultat 7.2 *Viktsfunktion:*

$$g(\tau) = Ce^{A\tau}B + D\delta(\tau)$$

Från detta följer enligt Sats 3.1 att system på tillståndsformen i (7.2) är linjära och kausala.

Exempel 7.2

Antag att

$$A = \begin{bmatrix} -1 & 1 \\ 0 & -1 \end{bmatrix}, \quad B = \begin{bmatrix} 1 \\ 1 \end{bmatrix}, \quad C = \begin{bmatrix} 1 & 0 \end{bmatrix}, \quad D = 0$$

Då gäller att

$$e^{At} = \begin{bmatrix} e^{-t} & -te^{-t} \\ 0 & e^{-t} \end{bmatrix}$$

enligt Exempel 7.1. Vi har därför att impulssvaret är

$$g(\tau) = \begin{bmatrix} 1 & 0 \end{bmatrix} \begin{bmatrix} e^{-t} & -te^{-t} \\ 0 & e^{-t} \end{bmatrix} \begin{bmatrix} 1 \\ 1 \end{bmatrix} = (1-t)e^{-t}$$

7.3 Styrbarhet och observerbarhet

Låt oss definiera a_i som koefficienterna för det *karakteristiska polynomet*

$$\det(\lambda I - A) = \lambda^n + a_1\lambda^{n-1} + \cdots + a_{n-1}\lambda + a_n \tag{7.7}$$

Exempel 7.3

Låt

$$A = \begin{bmatrix} 1 & 2 \\ 0 & 3 \end{bmatrix}$$

Då är det karakteristiska polynomet

$$\det(\lambda I - A) = \begin{vmatrix} \lambda - 1 & -2 \\ 0 & \lambda - 3 \end{vmatrix} = (\lambda - 1)(\lambda - 3) = \lambda^2 - 4\lambda + 3$$

och vi ser att $a_1 = -4$ och $a_2 = 3$.

Följande sats, som vi ger utan bevis, kommer att användas frekvent.

SATS 7.1 *Cayley-Hamilton:* Varje matris satisfierar sin egen karakterstiska ekvation, d.v.s.

$$A^n + a_1 A^{n-1} + \cdots + a_{n-1} A + a_n I = 0$$

där a_i definieras av (7.7)

Vi ska nu diskutera när det finns en insignal för ett system så att man kan ta sig till origo på ändlig tid.

DEFINITION 7.2 Ett tillstånd x_0 säges vara *styrbart* för ett system (A,B) om det finns en insignal u så att $x(t_f) = 0$ för ett ändligt t_f när $x(0) = x_0$. Om alla x_0 är styrbara så säges systemet (A,B) vara styrbart.

Vi har från (7.6) att

$$x(t_f) = e^{At_f} x_0 + \int_0^{t_f} e^{A(t_f - \tau)} Bu(\tau) d\tau = 0$$

och eftersom e^{At_f} är inverterbar, så är detta ekvivalent med att

$$\begin{aligned} x_0 &= -\int_0^{t_f} e^{-A\tau} Bu(\tau) d\tau = -\int_0^{t_f} \sum_{k=0}^{\infty} \frac{1}{k!} (-A\tau)^k Bu(\tau) d\tau \\ &= -\sum_{k=0}^{n-1} A^k B \int_0^{t_f} \alpha_k(\tau) u(\tau) d\tau \end{aligned}$$

för några funktioner $\alpha_k(\tau)$. Den sista likheten följer från Sats 7.1 varur det följer att varje potens A^k för $k \geq n$ uttryckas som en linjärkombination av $I, A, \ldots, A^{n-1}$. Vi inser nu att x_0 kan skrivas som en linjärkombination av $A^k B$ och vi inför därför följande definition.

DEFINITION 7.3 *Styrbarhetsmatrisen* för (A,B) ges av

$$\mathcal{S} = \begin{bmatrix} B & AB & \cdots & A^{n-2}B & A^{n-1}B \end{bmatrix} \tag{7.8}$$

och det underrum som spänns av styrbarhetsmatrisen kallas det *styrbara underrummet.*

Vi har nu följande sats.

SATS 7.2 *Styrbarhet:* Ett tillstånd x_0 är styrbart för ett system (A,B) om och endast om det ligger i det styrbara underrummet. Systemet är styrbart om och endast om styrbarhetsmatrisen har full radrang.

KOMMENTAR 7.1 Eftersom e^{At_f} är inverterbar så skulle vi lika gärna kunna ha definierat strybarhet som att kunna ta sig från origo till x_f på ändlig tid. Man inser nu också att man för styrbara system kan ta sig från vilket tillstånd som helst till vilket annat tillstånd som helst på ändlig tid. Dock kan man inte välja vilken trajektoria man ska följa.

EXEMPEL 7.4

Låt

$$A = \begin{bmatrix} 1 & 2 \\ 0 & 3 \end{bmatrix}, \quad B = \begin{bmatrix} 0 \\ 1 \end{bmatrix}$$

Då gäller att

$$AB = \begin{bmatrix} 1 & 2 \\ 0 & 3 \end{bmatrix} \begin{bmatrix} 0 \\ 1 \end{bmatrix} = \begin{bmatrix} 2 \\ 3 \end{bmatrix}$$

och stryrbarhetsmatrisen ges av

$$\mathscr{S} = \begin{bmatrix} B & AB \end{bmatrix} = \begin{bmatrix} 0 & 2 \\ 1 & 3 \end{bmatrix}$$

som är inverterbar, och systemet är därför styrbart.

Vi ska nu undersöka när man kan bestämma initialvärdet $x(0)$ för ett system (A, C) från observation av systemets utsignal $y(t)$.

DEFINITION 7.4 Ett tillstånd $x_0 \neq 0$ säges vara *icke observerbart* för ett system (A, C) om det finns ett ändligt t_f så att $y(t) = 0$ när $x(0) = x_0$ och $u(t) = 0$ för $0 \leq t \leq t_f$. Om det inte finns några icke observerbara tillstånd så säges systemet vara observerbart.

Vi har från Resultat 7.1 att

$$y(t) = Ce^{At}x_0$$

eftersom $u(t) = 0$. Genom att derivera upprepade gånger inser vi att

$$\frac{d^k y(t)}{dx^k} = CA^k x(t)$$

Genom att evaluera för $t = 0$ erhåller vi, eftersom $y(t)$ och alla dess derivator är noll, att $CA^k x_0 = 0$ för alla $k \geq 0$. Sats 7.1 säger nu att det räcker att undersöka $0 \leq k \leq n-1$. Vi inför följande definition

DEFINITION 7.5 *Observerbarhetsmatrisen* för (A, C) ges av

$$\mathcal{O} = \begin{bmatrix} C \\ CA \\ \vdots \\ CA^{n-1} \end{bmatrix} \tag{7.9}$$

och nollrummet till observerbarhetsmatrisen kallas det *icke-observerbara underrummet.*

och vi erhåller följande sats.

SATS 7.3 *Observerbarhet:* Ett tillstånd $x_0 \neq 0$ är icke-observerbart för ett system (A, C) om och endast om det ligger i det icke-observerbara underrummet. Systemet är observerbart om och endast om observerbarhetsmatrisen har full kolonnrang.

7.4 Tillståndstransformation

Tillståndsformen för ett system är inte unik. Antag att vi har ett system definierat av (7.2). Låt nu för en inverterbar matris T tillståndsvektorn $z(t)$ ges av $z(t) = Tx(t)$. Då följer att

$$\frac{dz(t)}{dt} = T\frac{dx(t)}{dt} = TAx(t) + TBu(t) = TAT^{-1}z(t) + TBu(t)$$

och att

$$y(t) = Cx(t) + Du(t) = CT^{-1}z(t) + Du(t)$$

Vi sammanfattar detta i resultatet nedan.

RESULTAT 7.3 *Tillståndstransformation:* För ett system givet av (7.2) gäller att

$$\begin{aligned} \frac{dz(t)}{dt} &= \bar{A}z(t) + \bar{B}u(t) \\ y(t) &= \bar{C}z(t) + \bar{D}u(t) \end{aligned} \tag{7.10}$$

med $(\bar{A}, \bar{B}, \bar{C}, \bar{D}) = (TAT^{-1}, TB, CT^{-1}, D)$ beskriver samma system för godtycklig inverterbar matris T.

Egenvärdena för A är desamma som egenvärdena för $\bar{A}$ vilket lätt inses ur

$$\lambda z = \bar{A}z \Longleftrightarrow \lambda Tx = TAT^{-1}z \Longleftrightarrow \lambda x = Ax$$

där $z = Tx$.

Resultat 7.4 *Invarians av egenvärden* En tillståndstransformation påverkar inte systemmatrisens egenvärden, d.v.s. A och TAT^{-1} har samma egenvärden för alla inverterbara T.

En speciellt enkel form, kallad *diagonalform*, kan erhållas då A har distinkta, d.v.s. olika egenvärden. Då gäller att det finns inverterbart T så att

$$TAT^{-1} = \begin{bmatrix} \lambda_1 & 0 & \cdots & 0 \\ 0 & \lambda_2 & \cdots & 0 \\ \vdots & \vdots & \ddots & \vdots \\ 0 & 0 & \cdots & \lambda_n \end{bmatrix} \tag{7.11}$$

Från detta följer att komponenterna z_i i det nya tillsåndet z satisfierar

$$\begin{aligned} \frac{dz_1(t)}{dt} &= \lambda_1 z_1(t) + b_1 u(t) \\ \frac{dz_2(t)}{dt} &= \lambda_2 z_2(t) + b_2 u(t) \\ &\vdots \\ \frac{dz_n(t)}{dt} &= \lambda_n z_n(t) + b_n u(t) \end{aligned}$$

där $\bar{B} = \begin{bmatrix} b_1 & b_2 & \cdots & b_n \end{bmatrix}^T$. Dessa komponenter kallas för *moder*. Ovan har vi antagit att $u(t)$ är skalärvärd. Om också $y(t)$ är skalärvärd så gäller att vi kan skriva

$$y(t) = c_1 z_1(t) + c_2 z_2(t) + \cdots + c_n z_n(t) + du(t)$$

där $\bar{C} = \begin{bmatrix} c_1 & c_2 & \cdots & c_n \end{bmatrix}$ och $D = d$. Alltså räcker det med $2n+1$ parametrar för att beskriva sambandet mellan insignal och och utsignal. Detta följer av att vi kan normera så att $b_i = 1$ då $b_i \neq 0$. Diagonalformen kan sammanfattas enligt nedan.

Resultat 7.5 *Diagonalform* Om matrisen A är diagonaliserbar så finns tillståndstransformation så att (7.2) kan beskrivas med

$$\begin{aligned}
\frac{dz_1(t)}{dt} &= \lambda_1 z_1(t) + b_1 u(t) \\
\frac{dz_2(t)}{dt} &= \lambda_1 z_2(t) + b_2 u(t) \\
&\vdots \\
\frac{dz_n(t)}{dt} &= \lambda_1 z_n(t) + b_n u(t) \\
y(t) &= c_1 z_1(t) + c_2 z_2(t) + \cdots + c_n z_n(t) + du(t)
\end{aligned}$$

Exempel 7.5

Låt

$$A = \begin{bmatrix} 1 & 2 \\ 0 & 3 \end{bmatrix}, \quad B = \begin{bmatrix} 1 \\ 1 \end{bmatrix}, \quad C = \begin{bmatrix} 1 & 0 \end{bmatrix}$$

Då gäller att egenvärdena till matrisen A är 1 och 3. En egenvektor x för $\lambda = 1$ ska lösa ekvationen

$$(1 \times I - A)x = \begin{bmatrix} 0 & -2 \\ 0 & -2 \end{bmatrix} \begin{bmatrix} x_1 \\ x_2 \end{bmatrix} = \begin{bmatrix} 0 \\ 0 \end{bmatrix}$$

En lösning är $x = \begin{bmatrix} 1 & 0 \end{bmatrix}^T$. En egenvektor x för $\lambda = 3$ ska lösa ekvationen

$$(3 \times I - A)x = \begin{bmatrix} 2 & -2 \\ 0 & 0 \end{bmatrix} \begin{bmatrix} x_1 \\ x_2 \end{bmatrix} = \begin{bmatrix} 0 \\ 0 \end{bmatrix}$$

En lösning är $x = \begin{bmatrix} 1 & 1 \end{bmatrix}^T$. Vi låter nu

$$T = \begin{bmatrix} 1 & 1 \\ 0 & 1 \end{bmatrix}^{-1} = \begin{bmatrix} 1 & -1 \\ 0 & 1 \end{bmatrix}$$

Då gäller att

$$\begin{aligned}
\bar{A} &= TAT^{-1} = \begin{bmatrix} 1 & -1 \\ 0 & 1 \end{bmatrix} \begin{bmatrix} 1 & 2 \\ 0 & 3 \end{bmatrix} \begin{bmatrix} 1 & 1 \\ 0 & 1 \end{bmatrix} = \begin{bmatrix} 1 & 0 \\ 0 & 3 \end{bmatrix} \\
\bar{B} &= TB = \begin{bmatrix} 1 & -1 \\ 0 & 1 \end{bmatrix} \begin{bmatrix} 1 \\ 1 \end{bmatrix} = \begin{bmatrix} 0 \\ 1 \end{bmatrix} \\
\bar{C} &= CT^{-1} = \begin{bmatrix} 1 & 0 \end{bmatrix} \begin{bmatrix} 1 & 1 \\ 0 & 1 \end{bmatrix} = \begin{bmatrix} 1 & 1 \end{bmatrix}
\end{aligned}$$

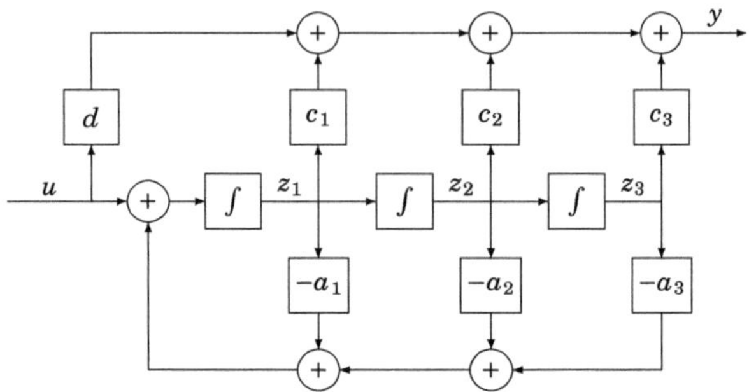

Figur 7.1: Blockschema för styrbar kanonisk form.

SATS 7.4 Impulssvaret för ett system är invariant under tillståndstransformationer.

Bevis. Det gäller att

$$
\begin{aligned}
e^{\bar{A}t} &= e^{TAT^{-1}t} = I + TAT^{-1}t + \frac{1}{2!}\left(TAT^{-1}t\right)^2 + \cdots \\
&= T\left(I + At + \frac{1}{2!}(t)^2 + \cdots\right)T^{-1} = Te^{At}T^{-1}
\end{aligned}
$$

Från detta följer att $\bar{C}e^{\bar{A}t}\bar{B} = CT^{-1}Te^{At}T^{-1}TB = Ce^{At}B$. □

7.5 Kanoniska former

Vi ska nu visa att det finns enkla tillståndsformer för (7.2) kallade *kanoniska former* som man kan transformera sig till även då A inte har distinkta egenvärden. Vi antar att $u(t)$ och $y(t)$ är skalärvärda. Vi har då följande sats.

Sats 7.5 *Styrbar kanonisk form:* Låt (A,B,C,D) definiera ett system på tillståndsformen. Antaga att styrbarhetsmatrisen $\mathcal{S}$ för (A,B) är inverterbar. Då existerar en tillståndstransformation $z(t) = Tx(t)$ så att

$$\frac{dz(t)}{dt} = \begin{bmatrix} -a_1 & -a_2 & \cdots & -a_{n-1} & -a_n \\ 1 & 0 & \cdots & 0 & 0 \\ 0 & 1 & \cdots & 0 & 0 \\ \vdots & \vdots & \ddots & \vdots & \vdots \\ 0 & 0 & \cdots & 1 & 0 \end{bmatrix} z(t) + \begin{bmatrix} 1 \\ 0 \\ \vdots \\ 0 \end{bmatrix} u(t)$$

$$y(t) = \begin{bmatrix} c_1 & c_2 & \cdots & c_n \end{bmatrix} z(t) + du(t)$$

där $\begin{bmatrix} c_1 & c_2 & \cdots & c_n \end{bmatrix} = CT^{-1}$ och $d = D$. Här är a_i koefficienterna för det karakteristiska polynomet i (7.7).

Denna tillståndsform kallas *styrbar kanonisk form* och satsen bevisas i Appendix C. På liknande sätt kan man transformera sig till den s.k. *observerbara kanoniska formen*.

Sats 7.6 *Observerbar kanonisk form:* Låt (A,B,C,D) definiera ett system på tillståndsform. Antag att observerbarhetsmatrisen $\mathcal{O}$ för (A,C) är inverterbar. Då existerar en tillståndstransformation $z(t) = Tx(t)$ så att

$$\frac{dz(t)}{dt} = \begin{bmatrix} -a_1 & 1 & 0 & \cdots & 0 \\ -a_2 & 0 & 1 & \cdots & 0 \\ \vdots & \vdots & \vdots & \ddots & \vdots \\ -a_{n-1} & 0 & 0 & \cdots & 1 \\ -a_n & 0 & 0 & \cdots & 0 \end{bmatrix} z(t) + \begin{bmatrix} b_1 \\ b_2 \\ \vdots \\ b_n \end{bmatrix} u(t)$$

$$y(t) = \begin{bmatrix} 1 & 0 & \cdots & 0 \end{bmatrix} z(t) + du(t)$$

där $\begin{bmatrix} b_1 & b_2 & \cdots & b_n \end{bmatrix}^T = TB$ och $d = D$. Här är a_i koefficienterna för det karakteristiska polynomet i (7.7).

Även denna sats bevisas i Appendix C. De kanoniska formerna illustreras med blockscheman i figurerna 7.1–7.2. Vi noterar att vi behöver veta T för att kunna beräkna b_i i såväl den observerbara kanoniska formen som c_i i den styrbara kanoniska formen. Dock ges a_i enkelt av koefficienterna för det karakteristiska polynomet for A. Explicita uttryck för T ges i Appendix C. Vi återkommer till de kanoniska formerna i Avsnitt 7.9, och vi kommer då att se att vi direkt kan läsa av dem från koefficienterna i polynomen för systemets överföringsfunktion.

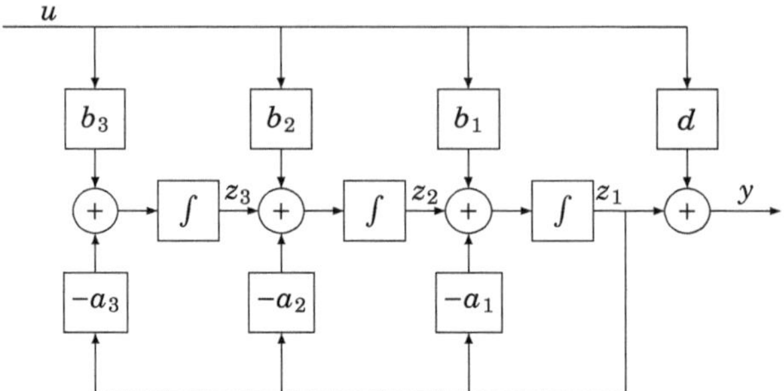

Figur 7.2: Blockschema för observerbar kanonisk form.

7.6 Kalmans uppdelningssats

Vi ska nu intressera oss för vad som händer när styrbarhetsmatrisen och/eller observerbarhetsmatrisen inte har full rang för ett system definierat av (7.2). Vi startar med fallet att styrbarhetsmatrisen $\mathscr{S}$ i (7.8) inte har full radrang. Låt $p_1,\ldots,p_q$ vara linjärt oberoende kolonner från $\mathscr{S}$. Låt $p_{q+1},\ldots,p_n$ vara ytterligare kolonner så att

$$T = \begin{bmatrix} p_1 & \cdots & p_q & p_{q+1} & \cdots p_n \end{bmatrix}$$

är inverterbar. Låt $z(t) = T^{-1}x(t)$ vara en tillståndstransformation som transformerar systemet beskrivet av (A,B) till

$$(\bar{A},\bar{B}) = (T^{-1}AT, T^{-1}B)$$

Nu gäller att kolonnerna i $T\bar{B} = B$ måste kunna skrivas som linjärkombinationer av $p_1,\ldots,p_q$ eftersom B är första kolonnerna i $\mathscr{S}$. Alltså är

$$T\bar{B} = T\begin{bmatrix} \bar{B}_1 \\ 0 \end{bmatrix}$$

där $\bar{B}_1$ har q rader. Härav följer att

$$\bar{B} = \begin{bmatrix} \bar{B}_1 \\ 0 \end{bmatrix}$$

Skriv nu $\bar{A} = \begin{bmatrix} \bar{A}_1 & \bar{A}_2 \end{bmatrix}$, där $\bar{A}_1$ har q kolonner. Eftersom $T\begin{bmatrix} \bar{A}_1 & \bar{A}_2 \end{bmatrix} = AT$ gäller att $T\bar{A}_1 = A\begin{bmatrix} p_1 & \cdots & p_q \end{bmatrix}$. Från Sats 7.1 följer nu att alla kolonner i högerledet kan skrivas som linjärkombinationer av $p_1,\ldots,p_q$. Därför gäller att

$$T\bar{A}_1 = T\begin{bmatrix} \bar{A}_{11} \\ 0 \end{bmatrix}$$

där $\bar{A}_{11}$ har q rader. Härav följer att

$$\bar{A}_1 = \begin{bmatrix} \bar{A}_{11} \\ 0 \end{bmatrix}$$

Vi ser att vi med

$$\bar{A}_2 = \begin{bmatrix} \bar{A}_{12} \\ \bar{A}_{22} \end{bmatrix}$$

får följande transformerade system

$$\frac{dz(t)}{dt} = \begin{bmatrix} \bar{A}_{11} & \bar{A}_{12} \\ 0 & \bar{A}_{22} \end{bmatrix} z(t) + \begin{bmatrix} \bar{B}_1 \\ 0 \end{bmatrix} u(t)$$

Man inser att med uppdelningen

$$z(t) = \begin{bmatrix} z_1(t) \\ z_2(t) \end{bmatrix}$$

gäller att

$$\frac{dz_1(t)}{dt} = \bar{A}_{11} z_1(t) + \bar{A}_{12} z_2(t) + \bar{B}_1 u(t)$$
$$\frac{dz_2(t)}{dt} = 0 \times z_1(t) + \bar{A}_{22} z_2(t) + 0 \times u(t)$$

Vi ser att $u(t)$ endast kan påverka $z_1(t)$ och att $z_2(t)$ är helt opåverkad. Det gäller att

$$\bar{\mathscr{S}} = [\bar{B} \quad \bar{A}\bar{B} \quad \cdots \quad \bar{A}^{n-1}\bar{B}] = \begin{bmatrix} \bar{B}_1 & \bar{A}_{11}\bar{B}_1 & \cdots & \bar{A}_{11}^{n-1}\bar{B}_1 \\ 0 & 0 & \cdots & 0 \end{bmatrix}$$

och att

$$\bar{\mathscr{S}} = \left[T^{-1}B \quad T^{-1}ATT^{-1}B \quad \cdots \quad \left(T^{-1}AT\right)^{n-1} T^{-1}B \right] = T^{-1}\mathscr{S}$$

Eftersom $\mathscr{S}$ har rang q och T är inverterbar gäller att $\bar{\mathscr{S}}$ har samma rang. Från den förra ekvationen följer därför att $\bar{\mathscr{S}}$ har rang q. Sats 7.1 ger nu att styrbarhetsmatrisen

$$\bar{\mathscr{S}}_1 = \left[\bar{B}_1 \quad \bar{A}_{11}\bar{B}_1 \quad \cdots \quad \bar{A}_{11}^{q-1}\bar{B}_1 \right]$$

för delsystemet definierat av $(\bar{A}_{11}, \bar{B}_1)$ har full radrang. Vi inser att z_1 beskriver dynamiken för det styrbara underrummet och att z_2 beskriver dynamiken som inte är styrbar.

EXEMPEL 7.6

Låt

$$A = \begin{bmatrix} 1 & 2 \\ 0 & 3 \end{bmatrix}, \quad B = \begin{bmatrix} 1 \\ 1 \end{bmatrix}$$

Då gäller att

$$AB = \begin{bmatrix} 1 & 2 \\ 0 & 3 \end{bmatrix} \begin{bmatrix} 1 \\ 1 \end{bmatrix} = \begin{bmatrix} 3 \\ 3 \end{bmatrix}$$

och stryrbarhetsmatrisen ges av

$$\mathscr{S} = [B \quad AB] = \begin{bmatrix} 1 & 3 \\ 1 & 3 \end{bmatrix}$$

och vi ser att kolonnerna i styrbarhetsmatrisen är linjärt beroende och därför är (A,B) inte är styrbart. Det styrbara underrummet spänns upp t.ex. av vektorn

$$\begin{bmatrix} 1 \\ 1 \end{bmatrix}$$

Låt oss nu välja

$$T = \begin{bmatrix} 1 & 1 \\ 1 & 0 \end{bmatrix}$$

som har invers

$$T^{-1} = \begin{bmatrix} 0 & 1 \\ 1 & -1 \end{bmatrix}$$

Då gäller att

$$\bar{A} = T^{-1}AT = \begin{bmatrix} 0 & 1 \\ 1 & -1 \end{bmatrix} \begin{bmatrix} 1 & 2 \\ 0 & 3 \end{bmatrix} \begin{bmatrix} 1 & 1 \\ 1 & 0 \end{bmatrix} = \begin{bmatrix} 3 & 0 \\ 0 & 1 \end{bmatrix}$$

$$\bar{B} = T^{-1}B = \begin{bmatrix} 0 & 1 \\ 1 & -1 \end{bmatrix} \begin{bmatrix} 1 \\ 1 \end{bmatrix} = \begin{bmatrix} 1 \\ 0 \end{bmatrix}$$

och vi ser att det endast är det första tillståndet med egenvärde 3 som är styrbart.

Vi ska nu genomföra en liknande analys kopplad till observerbarhetsmatrisen i (7.9). Vi noterar att

$$\mathscr{O}^T = [C^T \quad A^T C^T \quad \cdots (A^T)^{n-1} C^T]$$

är samma som styrbarhetsmatrisen för (A^T, C^T). Vi kan därför gå tillväga som vi gjorde ovan för styrbarhetsmatrisen om vi ersätter den med observerbarhetsmatrisens transponat och ersätter A med A^T och B med C^T. Vi låter alltså

$p_1,\ldots,p_q$ vara linjärt oberoende kolonner från $\mathcal{O}^T$. Låt $p_{q+1},\ldots,p_n$ vara ytterligare kolonner så att

$$T = \begin{bmatrix} p_1 & \cdots & p_q & p_{q+1} & \cdots p_n \end{bmatrix}$$

är inverterbar. Låt $z(t) = T^T x(t)$ vara en tillståndstransformation som transformerar systemet beskrivet av (A, C) till

$$(\bar{A}, \bar{C}) = (T^T A T^{-T}, C T^{-T})$$

Nu gäller att kolonnerna i $T\bar{C}^T = C^T$ måste kunna skrivas som linjärkombinationer av $p_1,\ldots,p_q$ eftersom C^T är första kolonnerna i $\mathcal{O}^T$. Alltså är

$$T\bar{C}^T = T \begin{bmatrix} \bar{C}_1^T \\ 0 \end{bmatrix}$$

där $\bar{C}_1$ har q kolonner. Härav följer att

$$\bar{C} = \begin{bmatrix} \bar{C}_1 & 0 \end{bmatrix}$$

Skriv nu $\bar{A}^T = \begin{bmatrix} \bar{A}_1^T & \bar{A}_2^T \end{bmatrix}$, där $\bar{A}_1$ har q rader. Eftersom $T\begin{bmatrix} \bar{A}_1^T & \bar{A}_2^T \end{bmatrix} = A^T T$ gäller att $T\bar{A}_1^T = A^T \begin{bmatrix} p_1 & \cdots & p_q \end{bmatrix}$. Från Sats 7.1 föjer nu att alla kolonner i högerledet kan skrivas som linjärkombinationer av $p_1,\ldots,p_q$. Därför gäller att

$$T\bar{A}_1^T = T \begin{bmatrix} \bar{A}_{11}^T \\ 0 \end{bmatrix}$$

där $\bar{A}_{11}$ har q kolonner. Härav följer att $\bar{A}_1 = \begin{bmatrix} \bar{A}_{11} & 0 \end{bmatrix}$. Vi ser att vi med $\bar{A}_2 = \begin{bmatrix} \bar{A}_{21} & \bar{A}_{22} \end{bmatrix}$ får följande transformerade system

$$\begin{aligned} \frac{dz(t)}{dt} &= \begin{bmatrix} \bar{A}_{11} & 0 \\ \bar{A}_{21} & \bar{A}_{22} \end{bmatrix} z(t) + \bar{B}u(t) \\ y(t) &= \begin{bmatrix} \bar{C}_1 & 0 \end{bmatrix} z(t) + Du(t) \end{aligned}$$

där

$$\bar{B} = \begin{bmatrix} \bar{B}_1 \\ \bar{B}_2 \end{bmatrix} = T^T B$$

Man inser att med uppdelningen

$$z(t) = \begin{bmatrix} z_1(t) \\ z_2(t) \end{bmatrix}$$

gäller att

$$\begin{aligned}\frac{dz_1(t)}{dt} &= \bar{A}_{11}z_1(t) + 0 \times z_2(t) + \bar{B}_1 u(t)\\ \frac{dz_2(t)}{dt} &= \bar{A}_{21}z_1(t) + \bar{A}_{22}z_2(t) + \bar{B}_2 u(t)\\ y(t) &= \bar{C}_1 z_1(t) + 0 \times z_2(t) + Du(t)\end{aligned}$$

Vi ser att endast $z_1(t)$ syns i $y(t)$ och att $z_2(t)$ inte har någon som helst inverkan. Det gäller att

$$\bar{\mathcal{O}} = \begin{bmatrix} \bar{C} \\ \bar{C}\bar{A} \\ \vdots \\ \bar{C}\bar{A}^{n-1} \end{bmatrix} = \begin{bmatrix} \bar{C}_1 & 0 \\ \bar{C}_1\bar{A}_{11} & 0 \\ \vdots & \vdots \\ \bar{C}_1\bar{A}_{11}^{n-1} & 0 \end{bmatrix}$$

och att $\bar{\mathcal{O}} = \mathcal{O}T^{-T}$. Eftersom $\mathcal{O}$ har rang q och T är inverterbar gäller att $\bar{\mathcal{O}}$ har samma rang. Från den förra ekvationen följer därför att

$$\begin{bmatrix} \bar{C}_1 \\ \bar{C}_1\bar{A}_{11} \\ \vdots \\ \bar{C}_1\bar{A}_{11}^{n-1} \end{bmatrix}$$

har rang q. Sats 7.1 ger nu att observerbarhetsmatrisen

$$\bar{\mathcal{O}}_1 = \begin{bmatrix} \bar{C}_1 \\ \bar{C}_1\bar{A}_{11} \\ \vdots \\ \bar{C}_1\bar{A}_{11}^{q-1} \end{bmatrix}$$

för delsystemet definierat av $(\bar{A}_{11}, \bar{C}_1)$ har full kolonnrang. Vi minns att $p_1, \ldots, p_q$ är linjärt oberoende kolonner från $\mathcal{O}^T$. Det betyder att de är en bas för alla vektorer som ligger i värderummet till $\mathcal{O}^T$. Från linjär algebra vet vi att de då också är en bas för alla de vektorer som är ortogonala mot vektorer i nollrummet till $\mathcal{O}$. På grund av detta är $p_{q+1}, \ldots, p_n$ en bas för de vektorer som ligger i nollrummet till $\mathcal{O}$, d.v.s. det icke observerbara underrummet. Observera att alla de vektorer som är ortogonala mot vektorerna i det icke observerbara underrumet inte definierar ett underrum, och därför kan man inte prata om ett observerbart underrum. Dock kan man prata om observerabara och icke observerbara tillstånd, och på samma sätt kan man prata om styrbara och icke styrbara tillstånd. Kalmans uppdelningssats handlar om att göra en sådan uppdelning i de tillstånd som är både styrbara och observerbara, de som är styrbara men inte

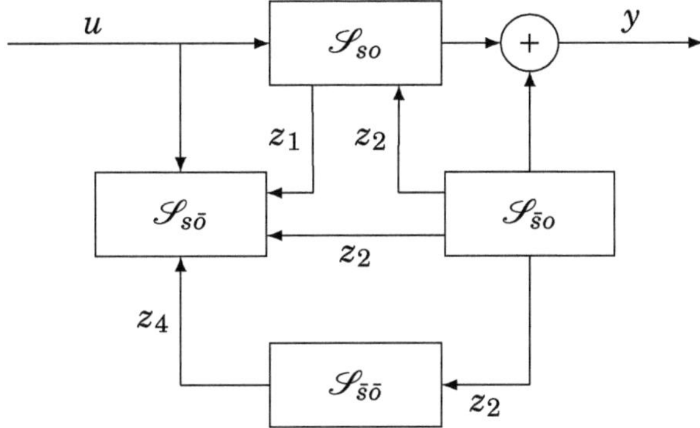

Figur 7.3: Blockschema för Kalmans uppdelningssats.

observerbara, de som är observerbara men inte stryrbara och de som varken är styrbara eller observerbara.

Sats 7.7 *Kalmans uppdelningssats:* Det finns en tillståndstransformation

$$z(t) = \begin{bmatrix} z_1(t) \\ z_2(t) \\ z_3(t) \\ z_4(t) \end{bmatrix} = Tx(t)$$

så att (7.2) transformeras till (7.10) där

$$\bar{A} = \begin{bmatrix} \bar{A}_{11} & \bar{A}_{12} & 0 & 0 \\ 0 & \bar{A}_{22} & 0 & 0 \\ \bar{A}_{31} & \bar{A}_{32} & \bar{A}_{33} & \bar{A}_{34} \\ 0 & \bar{A}_{42} & 0 & \bar{A}_{44} \end{bmatrix}, \quad \bar{B} = \begin{bmatrix} \bar{B}_1 \\ 0 \\ \bar{B}_3 \\ 0 \end{bmatrix} \qquad (7.12)$$
$$\bar{C} = \begin{bmatrix} \bar{C}_1 & \bar{C}_2 & 0 & 0 \end{bmatrix}$$

Här är $z_1(t)$ styrbart och observerbart, $z_2(t)$ är observerbart men icke styrbart, $z_3(t)$ är styrbart men icke observerbart och $z_4(t)$ är vare sig styrbart eller oberverbart.

Bevis. Detta visas genom att först applicera transformationen som definierar uppdelningen i observerbara och icke observerbara tillstånd och därefter på dessa grupper av tillstånd var för sig applicera transformationerna som definierar styrbara och icke styrbara tillstånd. □

Vi illustrerar i Figur 7.3 Kalmans uppdelningssats.

KOMMENTAR 7.2 Delsystemet $(\bar{A}_{11}, \bar{B}_1, \bar{C}_1)$ är såväl styrbart som observerbart.

Vi noterar följande intressanta konsekvens av Kalmans uppdelningssats, som tillsammans med Sats 7.4 visar att endast den styrbara och observerbara dynamiken syns i impulssvaret.

SATS 7.8 Impulssvaret för (7.10) där $(\bar{A}, \bar{B}, \bar{C})$ är definierade som i (7.12) ges av

$$\bar{C}_1 e^{\bar{A}_{11}t} \bar{B}_1 + D$$

Bevis. Från definitionen av matrisexponentialen följer att $e^{\bar{A}t}$ har samma blockstruktur med nollor som $\bar{A}$ i (7.12). Härav följer resultatet. □

Frågan som nu infinner sig är om det kan finnas en tillståndsrepresentation av impulssvaret som har ännu färre tillstånd. Innan vi undersöker detta ger vi en definition

DEFINITION 7.6 Ett system (A, B, C, D) med n tillstånd säges vara *minimalt* om det inte finns ett annat system (F, G, H, D) med samma viktsfunktion och med färre tillstånd än n.

Vi besvarar nu frågan ovan.

SATS 7.9 Ett system (A, B, C, D) är minimalt om och endast om det är både styrbart och observerbart.

Denna sats visas i Appendix C. En följd av denna sats är att $(\bar{A}_{11}, \bar{B}_1, \bar{C}_1, D)$ definierat av Kalmans uppdelningssats är minimalt. Detta följer av att systemet givet av $(\bar{A}_{11}, \bar{B}_1, \bar{C}_1, D)$ är såväl styrbart som observerbart.

7.7 Asymptotisk stabilitet

Vi ska nu undersöka stabilitet för (7.3).

DEFINITION 7.7 Vi säger att systemet

$$\frac{dx(t)}{dt} = Ax(t)$$

är *asymptotiskt stabilt* om lösningen $x(t)$ konvergerar mot noll när t går mot oändligheten för alla initialvärden $x(0) = x_0$.

Vi utnyttjar ett resultat från teorin för matriser som säger att det alltid existerar en inverterbar matris T sådan att

$$TAT^{-1} = \begin{bmatrix} \lambda_1 & \times & \cdots & \times \\ 0 & \lambda_2 & \cdots & \times \\ \vdots & \vdots & \ddots & \vdots \\ 0 & 0 & \cdots & \lambda_n \end{bmatrix}$$

där λ_i är egenvärdena för matrisen A, och där $\times$ anger numeriska värden som inte är av ytterligare intresse i vår härledning, jfr. Appendix A.1. Vi inser nu att vi kan använda T som tillståndstransformation och skriva lösningen till (7.3) som $x(t) = T^{-1}z(t)$ där $z(t)$ är lösningen till

$$\frac{dz(t)}{dt} = \begin{bmatrix} \lambda_1 & \times & \cdots & \times \\ 0 & \lambda_2 & \cdots & \times \\ \vdots & \vdots & \ddots & \vdots \\ 0 & 0 & \cdots & \lambda_n \end{bmatrix} z(t)$$

Vi startar med att studera den sista raden i denna ekvation och vi inser att $z_n(t) = c_n e^{\lambda_n t}$ för någon konstant c_n som kan bestämmas från $z(0) = T^{-1}x_0$. Vi studerar därefter den näst sista ekvationen, och vi inser att om $\lambda_n \neq \lambda_{n-1}$ så är z_{n-1} summan av två exponentialfunktioner. Generellt gäller om alla egenvärden är olika att alla komponenter i $z(t)$ blir summor av exponentialfunktioner $e^{\lambda_i t}$. Om det finns multipla egenvärden så erhåller vi istället att komponenterna blir summan av termer av formen $p_i(t)e^{\lambda_i t}$, där $p_i(t)$ är polynom i t. Eftersom $p_i(t)e^{\lambda_i t} \to 0$, då $\to \infty$ om och endast om $\Re\lambda_i < 0$ följer att lösningen till (7.3) är asymptotiskt stabil om och endast om $\Re\lambda_i < 0$ för alla i. Vi har nu visat följande sats.

Sats 7.10 Systemet

$$\frac{dx(t)}{dt} = Ax(t)$$

är asymptotiskt stabilt om och endast om $\Re\lambda_i < 0$ för alla i, där λ_i är egenvärdena till A.

Exempel 7.7

I Exempel 7.1 studerade vi

$$A = \begin{bmatrix} -1 & 1 \\ 0 & -1 \end{bmatrix}$$

och kom fram till att

$$e^{At} = \begin{bmatrix} e^{-t} & -te^{-t} \\ 0 & e^{-t} \end{bmatrix}$$

Vi ser därför att $e^{At} \to 0$ då $t \to \infty$ precis som vår analys ovan visat.

För insignalutsignalstabilitet har vi följande sats.

SATS 7.11 Systemet definierat av (7.2) är insignalutsignalstabilt om $\Re\lambda_i < 0$ för alla i, där λ_i är egenvärdena till A.

Bevis. Vi har att viktsfunktionen är $g(\tau) = Ce^{A\tau}B + D\delta(\tau)$ och att

$$\int_0^\infty |g(\tau)|d\tau \leq \int_0^\infty |Ce^{A\tau}B|d\tau + |D|$$

från triangelolikheten. Det räcker nu att visa att $Ce^{A\tau}B$ är absolut integrerbart om $\Re\lambda_i < 0$ för alla i. Med liknande resonemang som tidigare i detta avsnitt följer att varje matriselement i $e^{A\tau}$ är summan av termer av formen $p_i(\tau)e^{\lambda_i\tau}$ där $p_i(\tau)$ är polynom. Detsamma gäller nu för $Ce^{A\tau}B$. Vidare gäller att det finns konstanter k_i sådana att varje matriselement i $e^{A\tau}$ är absolut begränsat av $k_ie^{\alpha\tau}$, där $\alpha = \max_i \Re\lambda_i < 0$. Av detta följer att $|Ce^{A\tau}B| \leq Ke^{\alpha\tau}$ för någon konstant K, och därför är $Ce^{A\tau}B$ absolut integrerbart. □

Vi inser att asymptotisk stabilit medför insignalutsignalstabilitet. Dock är omvändningen inte nödvändigtvis är sann. Vi illusterar detta med ett exempel.

EXEMPEL 7.8

Låt ett linjärt dynamiskt system ges av

$$A = \begin{bmatrix} -1 & 0 \\ 0 & 1 \end{bmatrix}, \quad B = \begin{bmatrix} 1 \\ 0 \end{bmatrix}, \quad C = \begin{bmatrix} 1 & 0 \end{bmatrix}, \quad D = 0$$

vilket uppenbarligen inte är asymptotiskt stabilt. Dock gäller att viktsfunktionen ges av

$$g(\tau) = Ce^{A\tau}B = \begin{bmatrix} 1 & 0 \end{bmatrix} \begin{bmatrix} e^{-\tau} & 0 \\ 0 & e^{\tau} \end{bmatrix} \begin{bmatrix} 1 \\ 0 \end{bmatrix} = e^{-\tau}$$

som är absolut integrerbart.

SATS 7.12 Systemet definierat av (7.2) är insignalutsignalstabilt om och endast om $\Re\lambda_i < 0$ för alla i, där λ_i är egenvärdena till $\bar{A}_{11}$ som i Kalmans uppdelningssats i (7.12).

Denna sats visas i Appendix C. Det är alltså endast de tillstånd som är både styrbara och observerbara som är relevanta när man uttalar sig om insignalutsignalstabilitet. Den instabila moden i exemplet ovan är vare sig styrbar eller observerbar.

7.8 Från tillståndsform till överföringsfunktion

Givet ett system på tillståndsform (7.2) kan vi låta X vara Laplacetransformen av vektorn x, d.v.s. varje komponent i X är Laplacetransformen av motsvarande komponent i x. Med $x_0 = x(0)$ gäller att

$$\begin{aligned} sX(s) - x_0 &= AX(s) + BU(s) \\ Y(s) &= CX(s) + DU(s) \end{aligned}$$

Enkla algebraiska manipulationer ger nu att

$$X(s) = (sI - A)^{-1}x_0 + (sI - A)^{-1}BU(s)$$

och därför är

$$Y(s) = C(sI - A)^{-1}x_0 + C(sI - A)^{-1}BU(s) + DU(s)$$

Vi ser att överföringsfunktionen för ett system på tillståndsform ges av

$$G(s) = C(sI - A)^{-1}B + D$$

Det är rättframt att se att överföringsfunktionen för ett system på tillståndsform inte påverkas av tillståndstransformationer.

Sats 7.13 Systemen definierade av (7.2) och (7.10) har samma överföringsfunktion.

Bevis. För (7.10) gäller att dess överföringsfunktion ges av

$$\begin{aligned} \bar{C}(sI - \bar{A})^{-1}\bar{B} + \bar{D} &= CT^{-1}(TsT^{-1} - TAT^{-1})^{-1}TB + D \\ &= CT^{-1}\left(T(s - A)T^{-1}\right)^{-1}TB + D \\ &= C(sI - A)^{-1}B + D \end{aligned}$$

som är överföringsfunktionen för (7.2). □

Dennas sats skulle också kunna ha bevisats genom att notera att överföringsfunktionen är Laplacetransformen av viktsfunktionen som är invariant under tillståndstransformationer enligt Sats 7.4.

Exempel 7.9

Det gäller för likströmsmotorn i början av kapitlet att

$$(sI - A)^{-1} = \begin{bmatrix} s & -1 \\ 0 & s + a \end{bmatrix}^{-1} = \frac{1}{s(s + a)} \begin{bmatrix} s + a & 1 \\ 0 & s \end{bmatrix}$$

och därav följer att dess överföringsfunktion ges av

$$G(s) = \begin{bmatrix}1 & 0\end{bmatrix} \frac{1}{s(s+a)} \begin{bmatrix} s+a & 1 \\ 0 & s \end{bmatrix} \begin{bmatrix} 0 \\ b \end{bmatrix} = \frac{b}{s(s+a)}$$

Det gäller allmänt att

$$G(s) = \frac{C\,\mathrm{adj}(sI - A)B}{\det(sI - A)} + D$$

från vilket det följer att polerna till $G(s)$ är egenvärden till matrisen A. Observera att omvändningen inte gäller, eftersom det kan ske förkortningar av polynomen i nämnaren och täljaren.

EXEMPEL 7.10

Låt oss igen studera systemet i Exempel 7.8. För detta system gäller att överföringsfunktionen ges av

$$G(s) = \begin{bmatrix}1 & 0\end{bmatrix} \begin{bmatrix} s+1 & 0 \\ 0 & s-1 \end{bmatrix}^{-1} \begin{bmatrix} 1 \\ 0 \end{bmatrix} = \frac{1}{s+1}$$

Det gäller vidare att

$$\det(sI - A) = \begin{vmatrix} s+1 & 0 \\ 0 & s-1 \end{vmatrix} = (s+1)(s-1)$$

och vi ser att faktorn $(s-1)$ inte finns med i överföringsfunktionen. Den har alltså förkortats bort.

SATS 7.14 Det gäller att överföringsfunktionen för (7.2) ges av

$$G(s) = \bar{C}_1(sI - \bar{A}_{11})^{-1}\bar{B}_1 + D \tag{7.13}$$

där $(\bar{A}_{11}, \bar{B}_1, \bar{C}_1)$ är definierade som i (7.12).

Bevis. Eftersom överföringsfunktionen är Laplacetransformen av viktsfunktionen, som enligt Sats 7.8 ges av $\bar{C}_1 e^{\bar{A}_{11}\tau}\bar{B}_1$, följer önskat resultat. □

Vi inser nu att överföringsfunktionen för ett system på tillståndsform inte involverar de tillstånd som inte är styrbara eller observerbara eftersom $(\bar{A}_{11}, \bar{B}_1, \bar{C}_1)$ i satsen ovan är både styrbart och oberverbart. Inte heller kan det ske några förkortningar i (7.13). Detta följer av att om så vore fallet, så vore inte $(\bar{A}_{11}, \bar{B}_1, \bar{C}_1, D)$ minimalt, vilket skulle motsäga Sats 7.9.

7.9 Från överföringsfunktion till tillståndsform

Det finns många olika tillståndsformer för en given överföringsfunktion

$$G(s) = \frac{B(s)}{A(s)} = \frac{b_1 s^{n-1} + \cdots + b_{n-1}s + b_n}{s^n + a_1 s^{n-1} + \cdots + a_{n-1}s + a_n}$$

Varje sådan tillståndsform kallas för en *realisering* av överföringsfunktionen eller systemet den beskriver.

Vi har tidigare sett i Sats 7.9 att en tillståndsform är minimal om och endast om den är både styrbar och observerbar. Det gäller därför att en realisering av en överföringsfunktion är minimal om och endast om den är både styrbar och observerbar. Vi kan också från diskussionerna i förra avsnittet dra slutsatsen att en realisering är minimal om och endast om det inte sker några förkortningar i dess överföringsfunktion. Ett sätt att se till att man erhåller minimala realiseringar är därför att se till att $A(s)$ och $B(s)$ ovan är definierade så att de inte innehåller några gemensamma faktorer.

Ett sätt att erhålla en tillståndsbeskrivning från en överföringsfunktion bygger på att först faktorisera överföringsfunktionens nämnarpolynom i polynom av första graden. Om vi nu inskränker oss till att anta att dessa polynom är distinkta i meningen att om $p(s)$ är ett polynom av första graden och en faktor i $A(s)$ så är inte också $p(s)^k$ för $k > 1$ en faktor i $A(s)$. Detta är detsamma som att säga att polerna till $G(s)$ är distinkta. Partialbråksuppdelningen kan då skrivas

$$G(s) = \frac{B(s)}{A(s)} = \sum_{k=1}^{n} \frac{c_k}{s + p_k}$$

för några koefficienter c_k, $k = 1, \ldots, n$, där $A(s) = (s + p_1)(s + p_2) \cdots (s + p_n)$. Låt Laplacetransformen av komponent k av tillståndsvektorn x ges av

$$X_k(s) = \frac{1}{s + p_k} U(s)$$

Då gäller att $Y(s) = c_1 X_1(s) + c_2 X_2(s) + \cdots + c_n X_m(s)$. Invers Laplacetransformering av dessa ekvationer ger

$$\frac{dx(t)}{dt} = \begin{bmatrix} -p_1 & 0 & \cdots & 0 \\ 0 & -p_2 & \cdots & 0 \\ \vdots & \vdots & \ddots & \vdots \\ 0 & 0 & \cdots & -p_n \end{bmatrix} x(t) + \begin{bmatrix} 1 \\ 1 \\ \vdots \\ 1 \end{bmatrix} u(t)$$

$$y(t) = \begin{bmatrix} c_1 & c_2 & \cdots & c_n \end{bmatrix} x(t)$$

Denna tillståndsform kallas *Gilberts form*, och är ett exempel på en diagonalform. Observera att om polerna för $G(s)$ är komplexa så kommer vissa p_k att vara komplexa. Man kan hitta en annan tillståndsform som istället för att ha en komplex A-matris har en reellvärd. Det kommer dock till priset av att matrisen inte blir diagonal utan endast blockdiagonal med block av storleken högst 2×2. Vi lämnar detaljerna för detta som en övning för den intresserade läsaren.

Vi ska nu studera ett sätt att erhålla en tillståndsform utan att vi inskränker oss till distinkta poler. Låt oss skriva $Y(s)=G(s)U(s)$ som $A(s)Y(s)=B(s)U(s)$. Inför det Laplacetransformerade tillståndet $X_n(s)$ och låt det definieras av $A(s)X_n(s)=U(s)$. Då följer att $Y(s)=B(s)X_n(s)$. Låt vidare övriga komponenter $X_k(s)$ av det Laplacetransformerade tillståndet $X(s)$ definieras av $sX_k(s)=X_{k-1}(s)$ för $k=2,\dots,n$. Då gäller att $s^kX_n(s)=X_{n-k}(s)$ och därför följer att

$$\begin{aligned}A(s)X_n(s)&=(s^n+a_1s^{n-1}+\dots+a_{n-1}s+a_n)X_n(s)\\&=sX_1(s)+a_1X_1(s)+\dots+a_{n-1}X_{n-1}(s)+a_nX_n(s)\end{aligned}$$

och att

$$Y(s)=B(s)X_n(s)=b_1X_1(s)+\dots+b_{n-1}X_{n-1}(s)+b_nX_n(s)$$

Genom att invers-Laplacetransformera alla dessa ekvationer erhålles

$$\begin{aligned}\frac{dx(t)}{dt}&=\begin{bmatrix}-a_1&-a_2&\cdots&-a_{n-1}&-a_n\\1&0&\cdots&0&0\\0&1&\cdots&0&0\\\vdots&\vdots&\ddots&\vdots&\vdots\\0&0&\cdots&1&0\end{bmatrix}x(t)+\begin{bmatrix}1\\0\\0\\\vdots\\0\end{bmatrix}u(t)\\y(t)&=\begin{bmatrix}b_1&b_2&\cdots&b_n\end{bmatrix}x(t)\end{aligned}$$

Vi känner igen detta som den styrbara kanonisk formen. Vi noterar att man direkt kan avläsa tillståndsformen från koefficienterna i polynomen som definierar överföringsfunktionen.

Vi ska nu se att vi också direkt kan avläsa den observerbara kanoniska formen. Låt de Laplacetransformerade komponenterna av tillståndsvektorn ges av

$$\begin{aligned}sX_1(s)&=-a_1X_1(s)+X_2(s)+b_1U(s)\\sX_2(s)&=-a_2X_1(s)+X_3(s)+b_2U(s)\\&\vdots\\sX_{n-1}(s)&=-a_{n-1}X_1(s)+X_n(s)+b_{n-1}U(s)\\sX_n(s)&=-a_nX_1(s)+b_nU(s)\end{aligned}$$

Multiplicera nu den första raden med s^{n-1}, den andra raden med s^{n-2} o.s.v. Det ger

$$\begin{aligned} s^n X_1(s) &= -a_1 s^{n-1} X_1(s) + s^{n-1} X_2(s) + b_1 s^{n-1} U(s) \\ s^{n-1} X_2(s) &= -a_2 s^{n-2} X_1(s) + s^{n-2} X_3(s) + b_2 s^{n-2} U(s) \\ &\vdots \\ s^2 X_{n-1}(s) &= -a_{n-1} s X_1(s) + s X_n(s) + b_{n-1} s U(s) \\ s X_n(s) &= -a_n X_1(s) + b_n U(s) \end{aligned}$$

Substituera rekursivt den sista ekvationen i den näst sist, den näst sista i den nästnäst sista o.s.v.. Detta resulterar i att den första ekvationen blir

$$\begin{aligned} s^n X_1(s) = &-a_1 s^{n-1} X_1(s) - a_2 s^{n-2} X_1(s) - \cdots \\ &- a_{n-1} s X_1(s) - a_n X_1(s) + b_1 s^{n-1} U(s) \end{aligned}$$

eller $A(s)X_1(s) = U(s)$, och alltså är $Y(s) = X_1(s)$. Vi kan nu invers-Laplacetransformera dessa ekvationer och erhåller

$$\begin{aligned} \frac{dx(t)}{dt} &= \begin{bmatrix} -a_1 & 1 & 0 & \cdots & 0 \\ -a_2 & 0 & 1 & \cdots & 0 \\ \vdots & \vdots & \vdots & \ddots & \vdots \\ -a_{n-1} & 0 & 0 & \cdots & 1 \\ -a_n & 0 & 0 & \cdots & 0 \end{bmatrix} x(t) + \begin{bmatrix} b_1 \\ b_2 \\ \vdots \\ b_{n-1} \\ b_n \end{bmatrix} u(t) \\ y(t) &= \begin{bmatrix} 1 & 0 & \cdots & 0 \end{bmatrix} x(t) \end{aligned}$$

som är den observerbara kanoniska formen. Liksom för den styrbara kanoniska formen så kan vi direkt avläsa tillståndsformen från koefficienterna i polynomen för överföringsfunktionen.

Kommentar 7.3 Om man startar med en överföringsfunktion där nämnarens gradtal och täljarens gradtal är lika, så kan man alltid utföra polynomdivision och erhålla

$$G(s) = \frac{B(s)}{A(s)} + D$$

där $B(s)$ har lägre gradtal än $A(s)$. Man beräknar en realisering (A,B,C) för $B(s)/A(s)$ och[2] därefter adderar man bara $Du(t)$ till utsignalen, och realiseringen för $G(s)$ blir

$$\begin{aligned} \frac{dx(t)}{dt} &= Ax(t) + Bu(t) \\ y(t) &= Cx(t) + Du(t) \end{aligned}$$

[2]Notera att här är A och B matriser medan $A(s)$ och $B(s)$ är polynom, vilket är ett missbruk av beteckningar som vi hoppas inte förvirrar läsaren.

Exempel 7.11

Låt en överföringsfunktion ges av

$$G(s) = \frac{s^2+3s+2}{s^2+7s+12} = \frac{-4s-10}{s^2+7s+12} + 1$$

Från detta inser vi att en observerbar kanonisk form ges av

$$\frac{dx(t)}{dt} = \begin{bmatrix} -7 & 1 \\ -12 & 0 \end{bmatrix} x(t) + \begin{bmatrix} -4 \\ -10 \end{bmatrix} u(t)$$
$$y(t) = \begin{bmatrix} 1 & 0 \end{bmatrix} x(t) + u(t)$$

7.10 Sammanfattning

Vi har definierat tillståndsformen och tagit fram en lösningsformel för den. Vi har speciellt undersökt när man kan hitta en styrsignal så att man kan ta sig från ett givet initialvärde till origo på ändlig tid. Sådana initialvärden eller tillstånd kallar vi styrbara. Vi har också undersökt när initialvärden inte syns i utsignalen, och dessa initialvärden eller tillstånd kallar vi icke observerbara. Vi har också sett att tillståndsformen inte är unik, och vi har tagit fram speciellt enkla tillståndsformer, t.ex. de kanoniska formerna. Kalmans uppdelningssats möjliggör för oss att särskilja de observerbara och styrbara moderna från de övriga. Vi har sett hur egenvärdena till systemmatrisen bestämmer stabiliteten för ett system på tillståndsform. Vi har också sett hur vi kan relatera tillståndsformer till överföringsfunktioner. Minimala system är både styrbara och observerbara och detta manifisterar sig i överföringsfunktionen genom att inga förkortningar av singulariteter sker när den räknas ut från tillståndsformen.

7.11 Repetitionsfrågor

1. Vad är en tillståndsform?
2. Ange lösningsformeln för ett system på tillståndsform.
3. Vad är viktsfunktionen för ett system på tillståndsform?
4. Definiera styrbarhet och observerbarhet.
5. Ange kriterier för att ett system ska vara styrbart respektive observerbart.
6. Vad är en tillståndstransformation?
7. Vad menas med att egenvärdena för en tillståndsform är invarianta under en tillståndstransformation?
8. Ge exempel på system på diagonalform, styrbar kanonisk form, och observerbar kanonisk form.
9. Vad menar man med att ett system är minimalt?
10. Ange ett kriterium för att ett system ska vara minimalt.
11. Vad är definitionen av att ett system är asymptotiskt stabilt?
12. Ange ett nödvändigt och tillräckligt villkor för att ett system ska vara asymptotiskt stabilt.
13. Hur relaterar asymptotisk stabilitet till insignalutsignalstabilitet?
14. Hur relaterar ett systems överföringsfunktion till dess systemmatriser (A,B,C,D)?
15. Hur är de kanoniska formerna relaterade till överföringsfunktionen?

Kapitel 8

Tillståndsåterkoppling

TILLSTÅNDSÅTERKOPPLING handlar om att syntetisera en regulator genom att låta styrsignalen vara en funktion av alla tillstånd i en tillståndsbeskrivning av ett öppet dynamiskt system. Tidigare regulatorer som vi diskuterat har endast använt utsignalen från det öppna systemet för att bestämma styrsignalen. Nu antar vi alltså att vi kan mäta alla tillstånd. Ju fler mätningar man har, desto bättre prestanda kan rimligen erhållas, men till priset av fler sensorer. I praktiken är det därför sällan som man använder tillståndsåterkoppling så som vi kommer att presentera den i detta kapitel. Dock är det så att den kan användas tillsammans med s.k. rekonstruktion av tillstånd, vilket ger en skattning av de sanna tillstånden från en mätning av utsignalen för det öppna systemet. Detta återkommer vi till i Kapitel 9.

8.1 Återkoppling från tillstånd

Vi minns från Avsnitt 7.1 att vi med matriserna

$$A = \begin{bmatrix} 0 & 1 \\ 0 & -a \end{bmatrix}, \quad B = \begin{bmatrix} 0 \\ b \end{bmatrix}, \quad C = \begin{bmatrix} 1 & 0 \end{bmatrix}$$

kan beskriva likströmsmotorn på tillståndsformen

$$\begin{aligned} \frac{dx(t)}{dt} &= Ax(t) + Bu(t) \\ y(t) &= Cx(t) \end{aligned} \tag{8.1}$$

I Exempel 6.10 diskuterade vi kaskadreglering av likströmsmotorn. Styrsignalen gavs enligt Figur 6.12 av

$$u(t) = K_1K_2r_1(t) - K_1K_2y_1(t) - K_2y_2(t)$$

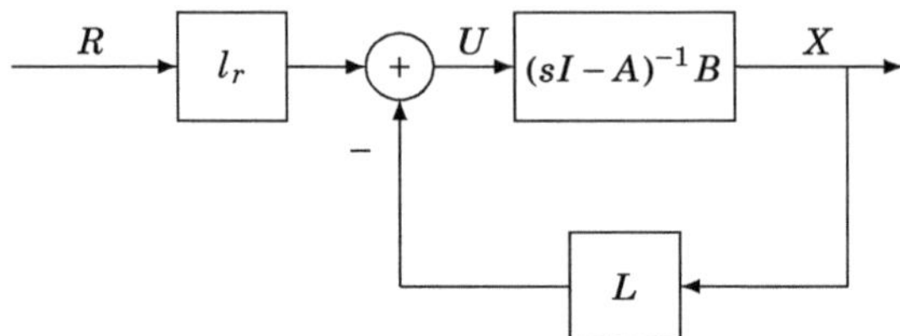

Figur 8.1: Tillståndsåterkoppling.

där $y_1(t) = x_1(t)$ och $y_2(t) = x_2(t)$. Man kan alltså tolka kaskadregleringen som en återkoppling från tillståndet

$$x(t) = \begin{bmatrix} x_1(t) \\ x_2(t) \end{bmatrix}$$

eftersom

$$u(t) = K_1K_2r(t) - \begin{bmatrix} K_1K_2 & K_2 \end{bmatrix} x(t)$$

Med

$$l_r = K_1K_2, \quad L = \begin{bmatrix} l_1 & l_2 \end{bmatrix} = \begin{bmatrix} K_1K_2 & K_2 \end{bmatrix}$$

kan vi skriva

$$u(t) = l_r r(t) - Lx(t) \tag{8.2}$$

där L är en matris. Vi ska nu studera hur vi kan reglera allmänna system på tillståndsformen (8.1) med *tillståndsåterkopplingen* i (8.2), se Figur 8.1. Vi inser att tillståndsåterkoppling kan betraktas som en generalisering av kaskadreglering.

Syftet med regleringen kan vara att uppfylla specifikationer på stegsvar för referensvärdet. Som vanligt kan vi ofta relatera dessa specifikationer till slutna systemets poler, jfr Avsnitt 3.5, och vi ska därför i det här avsnittet diskutera hur vi kan placera polerna för slutna systemet. Vi inser genom att substituera uttrycket för $u(t)$ i (8.2) i differentialekvationen i (8.1) att

$$\frac{dx(t)}{dt} = (A - BL)x(t) + Bl_r r(t)$$

Slutna systemets överföringsfunktion från $R(s)$ till $Y(s)$ ges av

$$G_c(s) = C(sI - A + BL)^{-1}Bl_r \tag{8.3}$$

Slutna systemets poler ges av rötterna till $\det(sI - A + BL) = 0$ om ingen förkortning sker.

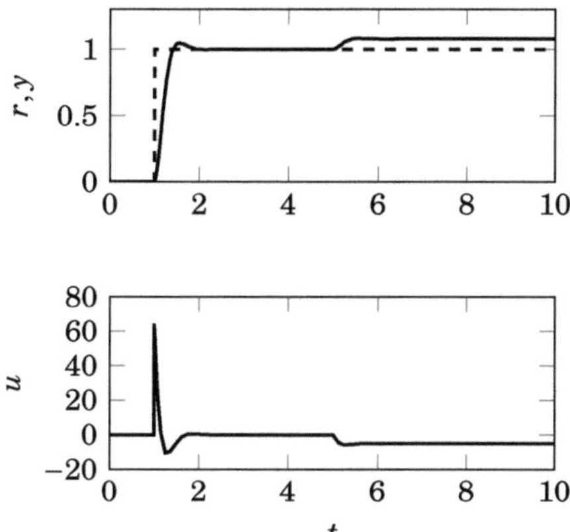

Figur 8.2: Tillståndsåterkoppling för likströmsmotor där y är heldragen och r streckad.

EXEMPEL 8.1

För likströmsmotorn har vi att

$$A - BL = \begin{bmatrix} 0 & 1 \\ 0 & -a \end{bmatrix} - \begin{bmatrix} 0 \\ b \end{bmatrix} \begin{bmatrix} l_1 & l_2 \end{bmatrix} = \begin{bmatrix} 0 & 1 \\ -bl_1 & -a - bl_2 \end{bmatrix}$$

Polpolynomet ges av

$$\det(sI - A + BL) = \begin{vmatrix} s & -1 \\ bl_1 & s + a + bl_2 \end{vmatrix} = s(s + a + bl_2) + bl_1$$

Vi önskar att polpolynomet ska ges av $s^2 + 2\zeta\omega_0 s + \omega_0^2$. Genom att jämföra koefficienter framför de olika potenserna av s för de två polpolynomen erhåller vi följande ekvationer

$$\begin{aligned} a + bl_2 &= 2\zeta\omega_0 \\ bl_1 &= \omega_0^2 \end{aligned}$$

som har lösning $L = \begin{bmatrix} l_1 & l_2 \end{bmatrix} = \begin{bmatrix} \omega_0^2/b & (2\zeta\omega_0 - a)/b \end{bmatrix}$. Slutna systemets överföringsfunktion blir efter enkla räkningar

$$C(sI - A + BL)^{-1} Bl_r = \frac{bl_r}{s^2 + 2\zeta\omega_0 s + \omega_0^2}$$

Om vi vill att den statiska förstärkningen ska vara ett så ska vi välja l_r så att $bl_r = \omega_0^2$, eller ekvivalent $l_r = l_1$. I Figur 8.2 ses en simulering av det slutna systemet för $\omega_0 = 7$, $\zeta = 0.7$, $a = 1$ och $b = 1$ då referensvärdet är ett enhetssteg vid tidpunkten ett och insignalstörningen är ett steg med amplitud fem vid tidpunkten fem. Vi ser att vi erhåller önskad prestanda.

En fråga som omedelbart uppkommer är om det med tillståndsåterkoppling går att placera slutna systemets poler godtyckligt. Eftersom polerna för slutna systemet alltid är egenvärden till $A - BL$ så följer att vi kan placera polerna godtyckligt om vi kan välja egenvärdena till $A - BL$ godtyckligt. Denna fråga ska nu utredas i detalj. Enligt Resultat 7.4 påverkas inte egenvärden av en tillståndstransformation. Vi antar nu att u är skalär samt att (A,B) är styrbart, och transformerar oss till styrbar kanonisk form som i Sats 7.5. Då gäller med $z(t) = Tx(s)$ att

$$\frac{dz(t)}{dt} = \underbrace{\begin{bmatrix} -a_1 & -a_2 & \cdots & -a_{n-1} & -a_n \\ 1 & 0 & \cdots & 0 & 0 \\ 0 & 1 & \cdots & 0 & 0 \\ \vdots & \vdots & \ddots & \vdots & \vdots \\ 0 & 0 & \cdots & 1 & 0 \end{bmatrix}}_{\bar{A}} z(t) + \underbrace{\begin{bmatrix} 1 \\ 0 \\ \vdots \\ 0 \end{bmatrix}}_{\bar{B}} u(t)$$

Här är a_i koefficienterna för det karakteristiska polynomet i (7.7). Vi har nu med $\bar{L} = \begin{bmatrix} \bar{l}_1 & \cdots & \bar{l}_n \end{bmatrix}$ att

$$\bar{A} - \bar{B}\bar{L} = \begin{bmatrix} -a_1 - \bar{l}_1 & -a_2 - \bar{l}_2 & \cdots & -a_{n-1} - \bar{l}_{n-1} & -a_n - \bar{l}_n \\ 1 & 0 & \cdots & 0 & 0 \\ 0 & 1 & \cdots & 0 & 0 \\ \vdots & \vdots & \ddots & \vdots & \vdots \\ 0 & 0 & \cdots & 1 & 0 \end{bmatrix}$$

Vi inser nu att vi har full frihet att välja alla koefficienter i det karakteristiska polynomet för $\bar{A} - \bar{B}\bar{L}$ med hjälp av $\bar{L}$. Detta betyder att vi också kan välja egenvärdena till $\bar{A} - \bar{B}\bar{L}$ helt fritt. Nu gäller att $\bar{A} - \bar{B}\bar{L} = TAT^{-1} - TB\bar{L} = T(A - BL)T^{-1}$ där $\bar{L}T = L$, och vi inser att vi också kan välja egenvärdena till $A - BL$ godtyckligt med hjälp av L om (A,B) är styrbart. Vidare inser vi från vad vi sagt om realiseringar av överföringsfunktioner i Avsnitt 7.9 med styrbar kanonisk form att nollställespolynomet inte påverkas av tillståndsåterkopplingen. Vi har följande resultat.

RESULTAT 8.1 *Polplacering med tillståndsåterkoppling.* För systemet givet av (8.1) kan vi med tillståndsåterkopplingen i (8.2) placera slutna systemets poler godtyckligt om (A,B) är styrbart. Öppna systemet och slutna systemet har samma nollställen.

KOMMENTAR 8.1 Resultatet ovan gäller även för vektorvärda styrsignaler u, men det är inget vi bevisar.

Vad händer då (A, B) inte är styrbart. Vi studerar ett exempel

EXEMPEL 8.2

Betrakta systemet givet av

$$\frac{dx(t)}{dt} = \begin{bmatrix} 1 & 1 \\ 0 & -1 \end{bmatrix} x(t) + \begin{bmatrix} 1 \\ 0 \end{bmatrix} u(t)$$

Nu gäller att

$$A - BL = \begin{bmatrix} 1 & 1 \\ 0 & -1 \end{bmatrix} - \begin{bmatrix} 1 \\ 0 \end{bmatrix} \begin{bmatrix} l_1 & l_2 \end{bmatrix} = \begin{bmatrix} 1 - l_1 & 1 - l_2 \\ 0 & -1 \end{bmatrix}$$

Eftersom matrisen är triangulär ges egenvärdena av diagonalelementen som är $1 - l_1$ och -1. Vi kan alltså bara påverka ett av egenvärdena med L. Om vi väljer $l_1 = 2$ så blir båda egenvärdena -1 och det slutna systemet asymptotiskt stabilt. Eftersom egenvärdena inte kan väljas godtyckligt kan systemet inte vara styrbart.

Vi inser nu att man inte kan placera slutna systemets poler godtyckligt om man inte har styrbarhet. Vi har följande definition.

DEFINITION 8.1 Om det finns L så att $A - BL$ har alla egenvärden strikt i det vänstra halvplanet så säger vi att (A, B) är *stabiliserbart*.

Vi inser att styrbarhet medför stabiliserbarhet men att omvändingen inte gäller.

EXEMPEL 8.3

Betrakta systemet givet av

$$\frac{dx(t)}{dt} = \begin{bmatrix} 1 & 1 \\ 0 & 1 \end{bmatrix} x(t) + \begin{bmatrix} 1 \\ 0 \end{bmatrix} u(t)$$

Nu gäller att

$$A - BL = \begin{bmatrix} 1 & 1 \\ 0 & 1 \end{bmatrix} - \begin{bmatrix} 1 \\ 0 \end{bmatrix} \begin{bmatrix} l_1 & l_2 \end{bmatrix} = \begin{bmatrix} 1 - l_1 & 1 - l_2 \\ 0 & 1 \end{bmatrix}$$

Eftersom matrisen är triangulär ges egenvärdena av diagonalelementen som är $1 - l_1$ och 1. Vi kan inte påverka egenvärdet 1 med L och alltså är detta system inte stabiliserbart.

8.2 Referensvärde

Vi har ovan sett att vi med hjälp av matrisen L i tillståndsåterkopplingen i (8.2) kan välja slutna systemets poler. Kvar att diskutera är hur vi ska välja l_r. Oftast väljer man denna konstant så att statiska förstärkningen för det slutna systemet blir ett, vilket innebär att reglerfelet konvergerar mot noll för ett konstant referensevärde när tiden går mot oändligheten. Detta följer av slutvärdessatsen. Den statiska förstärkningen ges enligt (8.3) av $G_c(0) = C(-A+BL)^{-1}Bl_r$, och om vi sätter denna lika med ett får vi följande ekvation för l_r:

$$C(-A+BL)^{-1}Bl_r = 1$$

Notera att vi i Exempel 8.1 såg till att välja l_r på detta sätt.

8.3 Integralverkan

Som vi har sett i Kapitel 6 vill man ofta ha integralverkan i regulatorer. Detta är inget som tillståndsåterkoppling ger, men det är möjligt att göra en modifiering som ger integralverkan. Vi antar att vi har en störning v som kommer in på följande sätt:

$$\begin{aligned}\frac{dx(t)}{dt} &= Ax(t) + Bu(t) + Fv(t)\\ y(t) &= Cx(t)\end{aligned}$$

Vi inför ett extra tillstånd x_{n+1} som satisfierar

$$\frac{dx_{n+1}(t)}{dt} = r(t) - y(t)$$

Detta innebär att x_{n+1} är integralen av reglerfelet. Vi låter nu vår tillståndsåterkoppling även återkoppla från detta nya tillstånd, d.v.s. vi låter

$$u(t) = -Lx(t) - l_{n+1}x_{n+1}(t)$$

Då gäller att vi kan skriva det slutna systemet som

$$\frac{d}{dt}\begin{bmatrix} x(t) \\ x_{n+1}(t)\end{bmatrix} = \begin{bmatrix} A-BL & -Bl_{n+1} \\ -C & 0\end{bmatrix}\begin{bmatrix} x(t) \\ x_{n+1}(t)\end{bmatrix} + \begin{bmatrix} F \\ 0\end{bmatrix} v(t) + \begin{bmatrix} 0 \\ 1\end{bmatrix} r(t)$$

Man kan visa att man kan välja egenvärdena godtyckligt med L och l_{n+1} om (A,B) är styrbart och om (A,B,C) inte har något nollställe i origo. För konstanta värden på v och r, och om vi valt återkopplingen så att slutna systemet är stabilt,

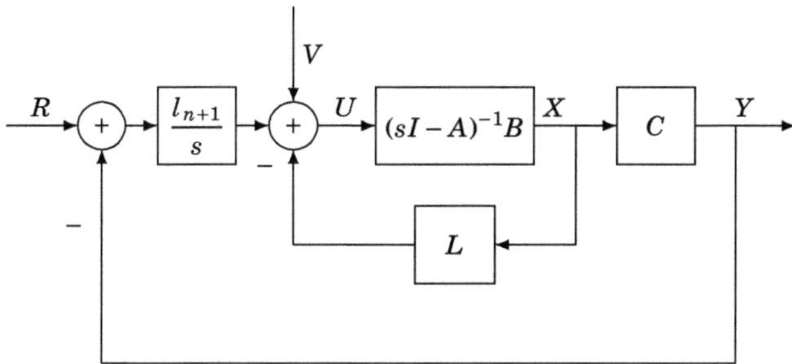

Figur 8.3: Tillståndsåterkoppling med integrator.

så gäller då tiden gått mot oändligheten att derivatorna blir noll. Därför måste följande ekvationer vara uppfyllda:

$$\begin{aligned}0 &= (A - BL)x - Bl_{n+1}x_{n+1} + Fv \\ 0 &= -Cx + r\end{aligned}$$

Vi ser att den sista ekvationen är ekvivalent med att $y = r$, d.v.s. vi har ett reglerfel som är noll. Vi ser i Figur 8.3 ett blockschema för tillståndsåterkoppling med integrering för det fall att $F = B$, d.v.s. då vi har en insignalstörning.

EXEMPEL 8.4

Vi ska nu studera nivåregeglering av en tank igen, jfr. Exempel 6.8, där överföringsfunktionen för tanken gavs av

$$G(s) = \frac{k_p}{s}$$

för en positiv konstant k_p. En realisering av denna överföringsfunktion med insignalstörning $-v$ ges av

$$\begin{aligned}\frac{dx(t)}{dt} &= k_p(u(t) - v(t)) \\ y(t) &= x(t)\end{aligned}$$

Vi har för slutna systemet att

$$\begin{bmatrix} A - BL & -Bl_{n+1} \\ -C & 0 \end{bmatrix} = \begin{bmatrix} -k_pL & -k_pl_{n+1} \\ -1 & 0 \end{bmatrix}$$

Om vi som i Exempel 6.8 vill att slutna systemets poler ska vara i $-1/\lambda$ så ska det gälla att

$$\begin{vmatrix} s + k_pL & k_pl_{n+1} \\ 1 & s \end{vmatrix} = s(s + k_pL) - k_pl_{n+1}$$

ska vara identisk lika med $s^2 + 2/\lambda s + 1/\lambda^2$. Identifiering av koefficienter framför potenserna av s ger följande ekvationer

$$\begin{aligned} k_p L &= 2/\lambda \\ k_p l_{n+1} &= -1/\lambda^2 \end{aligned}$$

med lösning $L = 2/(\lambda k_p)$ och $l_{n+1} = -1/(\lambda^2 k_p)$. Slutna systemets tillstånd ges nu av lösningen till

$$\begin{bmatrix} s + 2/\lambda & -1/\lambda^2 \\ 1 & s \end{bmatrix} \begin{bmatrix} X(s) \\ X_{n+1}(s) \end{bmatrix} = -\begin{bmatrix} k_p \\ 0 \end{bmatrix} V(s) + \begin{bmatrix} 0 \\ 1 \end{bmatrix} R(s)$$

och därför erhåller vi

$$Y(s) = X(s) = \frac{1/\lambda^2}{s^2 + 2/\lambda s + 1/\lambda^2} R(s) - \frac{k_p s}{s^2 + 2/\lambda s + 1/\lambda^2} V(s)$$

En fördel med denna integrerande regulator jämfört med PI-regulatorn i Exempel 6.8 är att vi inte introducerat något nollställe i överföringsfunktionen från $R(s)$ till $Y(s)$. Detta beror på att vi inte har någon direkt framkoppling i regulatorn från referensvärdet till styrsignalen. Hade vi haft en term $l_r R(s)$ som adderats till styrsignalen så hade det introducerat ett nollställe.

8.4 Linjärkvadratisk reglering

Vi är nu intresserade av att välja $u(t)$ så att vi minimerar följande kvadratiska kriterium

$$J = \int_0^\infty \begin{bmatrix} x(t) \\ u(t) \end{bmatrix}^T \begin{bmatrix} Q & S \\ S^T & R \end{bmatrix} \begin{bmatrix} x(t) \\ u(t) \end{bmatrix} dt$$

för $x(t)$ lösning till

$$\frac{dx(t)}{dt} = Ax(t) + Bu(t), \quad x(0) = x_0$$

Den optimala regulatorn kallas en *linjärkvadratisk regulator* eftersom det dynamiska systemet är linjärt och kriteriet vi minimerar är kvadratiskt. Vi kommer att se att lösningen är en tillståndsåterkoppling.

EXEMPEL 8.5

Antag att

$$\begin{aligned} \frac{dx(t)}{dt} &= Ax(t) + Bu(t) \\ y(t) &= Cx(t) \end{aligned}$$

där både y och u är skalärvärda signaler och att vi vill hitta en regulator som minimerar

$$\int_0^\infty y(t)^2 + \rho u(t)^2 dt$$

där $\rho > 0$. Detta är en specifikation som mäter en avvägning mellan energin i y och u där avvägningen kan styras med valet av ρ. Detta är ett linjärkvadratiskt problem med $Q = C^T C$, $R = \rho$ och $S = 0$.

Vi har följande sats.

SATS 8.1 *Linjärkvadratisk reglering* Antag att (A,B) är styrbar, (A,C) observerbar, där $Q = C^T C$, R positivt definit och att

$$\begin{bmatrix} Q & S \\ S^T & R \end{bmatrix}$$

är positivt semidefinit. Låt P vara den entydigt positivt definita lösningen till den *algebraiska Riccatiekvationen*

$$A^T P + PA + Q - (PB + S)R^{-1}(PB + S)^T = 0$$

Då gäller att $u(t) = -Lx(t)$ med $L = R^{-1}(PB + S)^T$ minimerar

$$J = \int_0^\infty \begin{bmatrix} x(t) \\ u(t) \end{bmatrix}^T \begin{bmatrix} Q & S \\ S^T & R \end{bmatrix} \begin{bmatrix} x(t) \\ u(t) \end{bmatrix} dt$$

för $x(t)$ lösning till

$$\frac{dx(t)}{dt} = Ax(t) + Bu(t)$$

Det minimala värdet av integralen är $x_0^T P x_0$ och $A - BL$ har alla egenvärden i det strikta vänstra halvplanet.

Bevis. Vi låter P vara en godtycklig symmetrisk matris och definierar

$$V(x) = x^T P x$$

Då gäller att

$$\frac{dV(x(t))}{dt} = \dot{x}(t)^T P x(t) + x(t)^T P \dot{x}(t) = \begin{bmatrix} x(t) \\ u(t) \end{bmatrix}^T \begin{bmatrix} A^T P + PA & PB \\ B^T P & 0 \end{bmatrix} \begin{bmatrix} x(t) \\ u(t) \end{bmatrix}$$

där vi utnyttjat att differentialekvationen kan skrivas

$$\frac{dx(t)}{dt} = \begin{bmatrix} A & B \end{bmatrix} \begin{bmatrix} x(t) \\ u(t) \end{bmatrix}$$

Vi adderar nu integranden på båda sidor och erhåller

$$\frac{dV(x(t))}{dt} + \begin{bmatrix} x(t) \\ u(t) \end{bmatrix}^T \begin{bmatrix} Q & S \\ S^T & R \end{bmatrix} \begin{bmatrix} x(t) \\ u(t) \end{bmatrix} = \begin{bmatrix} x(t) \\ u(t) \end{bmatrix}^T \begin{bmatrix} A^TP + PA + Q & PB + S \\ B^TP + S^T & R \end{bmatrix} \begin{bmatrix} x(t) \\ u(t) \end{bmatrix} \tag{8.4}$$

Därefter integrerar vi uttrycket ovan från 0 till ∞ och får

$$\lim_{t\to\infty} V(x(t)) - x_0^T P x_0 + J = \int_0^\infty \begin{bmatrix} x(t) \\ u(t) \end{bmatrix}^T \begin{bmatrix} A^TP + PA + Q & PB + S \\ B^TP + S^T & R \end{bmatrix} \begin{bmatrix} x(t) \\ u(t) \end{bmatrix} dt \tag{8.5}$$

där den första termen är noll om $u(t)$ är vald sådan att $\lim_{t\to\infty} x(t) = 0$. Vi kommer senare att visa att det optimala värdet har denna egenskap. Låt oss studera matrisen i mitten i integralen ovan. Det gäller med $\mathscr{A}(P) = A^TP + PA + Q - (PB+S)R^{-1}(PB+S)^T$ och $L = R^{-1}(PB+S)^T$ att

$$\begin{bmatrix} A^TP + PA + Q & PB + S \\ B^TP + S^T & R \end{bmatrix} = \begin{bmatrix} I & 0 \\ L & I \end{bmatrix}^T \begin{bmatrix} \mathscr{A}(P) & 0 \\ 0 & R \end{bmatrix} \begin{bmatrix} I & 0 \\ L & I \end{bmatrix}$$

vilket enkelt visas genom att multiplicera ihop matriserna på höger sida. Vi väljer nu P positivt definit så att $\mathscr{A}(P) = 0$. Det kan visas att det alltid finns en entydig positivt definit lösning P till ekvationen om (A, B) är styrbart och (A, C) observerbart, där C är definierat så att $Q = C^TC$. Vi substituerar dessa uttryck i (8.5) och erhåller

$$J = x_0^T P x_0 + \int_0^\infty (Lx(t) + u(t))^T R\, (Lx(t) + u(t))\, dt$$

Vi inser att J minimieras genom att välja $u(t) = -Lx(t)$. Med detta val följer att högerledet i (8.4) är noll. Detta betyder att

$$\frac{dV(x(t))}{dt} = -\begin{bmatrix} x(t) \\ u(t) \end{bmatrix}^T \begin{bmatrix} Q & S \\ S^T & R \end{bmatrix} \begin{bmatrix} x(t) \\ u(t) \end{bmatrix} \tag{8.6}$$

Låt oss integrera detta uttryck.

$$V(x(T)) - V(x_0) = -\int_0^t \begin{bmatrix} x(t) \\ u(t) \end{bmatrix}^T \begin{bmatrix} Q & S \\ S^T & R \end{bmatrix} \begin{bmatrix} x(t) \\ u(t) \end{bmatrix} dt$$

Detta medför att

$$\int_0^t \begin{bmatrix} x(s) \\ u(s) \end{bmatrix}^T \begin{bmatrix} Q & S \\ S^T & R \end{bmatrix} \begin{bmatrix} x(s) \\ u(s) \end{bmatrix} ds = V(x_0) - V(x(t)) \le V(x_0)$$

eftersom P är positivt definit. Eftersom högerledet är begränsat måste det gälla att integranden konvergerar mot noll då $t \to \infty$. Eftersom vi antagit att R är positivt definit måste det då också gälla att $u(t)$ konvergerar mot noll. Detta betyder att $x(t) \to \{x \mid x^T Qx = 0\} = \{x \mid Cx = 0\}$. Observerbarhet av (A,C) kan användas för att visa att $x(t)$ konvergerar mot noll. Man kan även visa att $A-BL$ har alla egenvärden i det strikta vänstra halvplanet. □

EXEMPEL 8.6

Vi studerar ett skalärt exempel med

$$\frac{dx(t)}{dt} = x(t) + u(t)$$

och

$$J = \int_0^\infty \left(Qx(t)^2 + u(t)^2\right) dt$$

Då blir den algebraiska Riccatiekvationen

$$2P + Q - P^2 = 0$$

som har positiv lösning $P = 1 + \sqrt{1+Q}$, vilket medför att $L = 1 + \sqrt{1+Q}$. Slutna systemet blir

$$A - BL = 1 - \left(1 + \sqrt{1+Q}\right) = -\sqrt{1+Q}$$

och vi inser att slutna systemet är asymptotiskt stabilt och blir snabbar ju större vi väljer Q.

Den linjärkvadratiska regulatorn vi studerat hanterar inte direkt referensvärden. Detta är en brist, och vi ska nu studera ett problem med ändlig tidshorisont där vi kan ta hand om tidsvariabla referensvärden. Vi definierar det kvadratiska kriteriet

$$\begin{aligned} J = &\int_0^T \left((r(t) - y(t))^T Q (r(t) - y(t)) + u(t)^T Ru(t)\right) dt \\ &+ (r(T) - Cx(T))^T Q_T (r(T) - Cx(T)) \end{aligned}$$

och antar att $y(t)$ och $u(t)$ är relaterade via (8.1), d.v.s.

$$\begin{aligned} \frac{dx(t)}{dt} &= Ax(t) + Bu(t) \\ y(t) &= Cx(t) \end{aligned}$$

Vi antar att Q och Q_T är positivt semidefinita matriser och att R är en positivt definit matris. Vi vill minimiera J. Om man låter $P(t)$, som är en symmetrisk matris, lösa *Riccatiekvationen*

$$-\frac{dP(t)}{dt} = A^T P(t) + P(t)A + C^T QC - P(t)BR^{-1}B^T P(t), \quad P(T) = C^T Q_T C$$

och vektorn $q(t)$ lösa

$$\frac{dq(t)}{dt} = -\left(A - BR^{-1}B^T P(t)\right)^T q(t) + C^T Q r(t), \quad q(T) = -C^T Q_T r(T)$$

så gäller att

$$u(t) = -R_2^{-1} B^T \left(P(t)x(t) + q(t)\right)$$

minimiera J. Vi kommer inte att visa detta resultat, men nämner att beviset liknar det vi gjort för Sats 8.1. Skillnaden är att man låter funktionen V även ha en affin term $2q^T x + p$ och att såväl P, p som q är tidsberoende. Den optimala regulatorn innehåller dels en återkoppling från tillståndet $x(t)$, dels en framkoppling från referensevärdet $r(t)$. Återkopplingen är tidsvariabel, ty $-R_2^{-1}BP(t)$ beror på tiden t. Framkopplingen beror via differentialekvationen för $q(t)$ av r, men den beror inte på r kausalt, utan tvärtom beror $q(t)$ endast på $r(\tau)$ för $\tau \geq t$, Skälet till detta är att vi har ett slutvärde för $q(T)$ specificerat och inte ett begynnelsevärde för $q(0)$. Vi måste alltså integrera differentialekvationen för q bakåt i tiden för att erhålla lösningen, och därför beror lösningen av framtida värden på r. Det finns flera relevanta tillämpningar där man känner till framtida värden på referensvärdet. Ett exempel är banan för en industrirobot. Ett annat exempel är den planerade rutten för ett fartyg.

Exempel 8.7

Vi studerar ett skalärt exempel med

$$\frac{dx(t)}{dt} = -x(t) + u(t)$$

och $y(t) = x(t)$, där vi vill minimera

$$J = \int_0^T \left(Q\,(r(t) - y(t))^2 + u(t)^2\right) dt$$

Vi antar att

$$r(t) = \begin{cases} 0, & 0 \leq t < T/2 \\ 1, & T/2 \leq t \leq T \end{cases}$$

Då blir Riccati-ekvationen

$$-\frac{dP(t)}{dt} = -2P(t) + Q - P(t)^2, \quad P(T) = 0$$

som är en separabel differentialekvation med den positiva lösningen

$$P(t) = \mu \frac{-\mu + 1 + (\mu + 1)\exp\left(2\mu(T - t)\right)}{\mu - 1 + (\mu + 1)\exp\left(2\mu(T - t)\right)} - 1$$

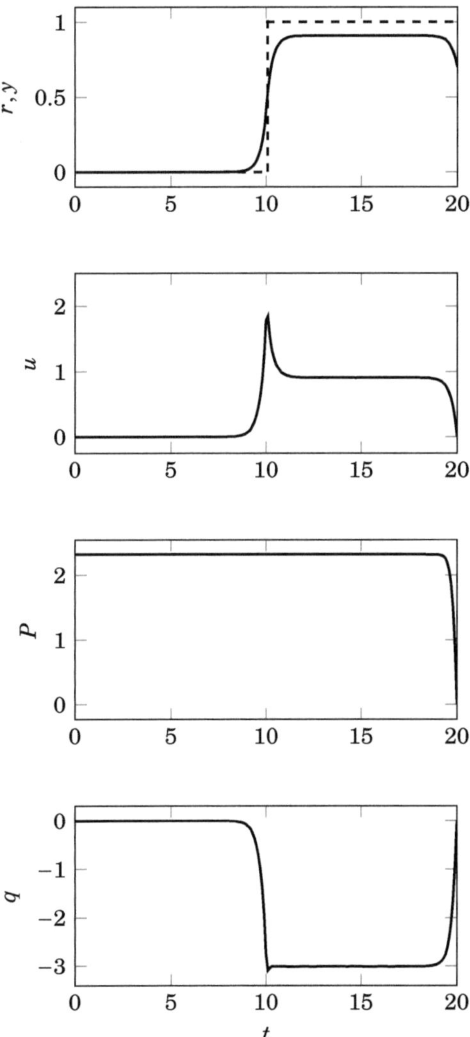

Figur 8.4: Figur som visar börvärde r (streckad), ärvärde x (heldragen), styrsignal u, lösningen P till Riccatiekvationen samt q.

där $\mu = \sqrt{1+Q}$. Differentialekvationen för q är

$$\frac{dq(t)}{dt} = (1 + P(t))q(t) + Qr(t)$$

som har lösningen

$$q(t) = -\int_t^T \exp\left(-\int_t^s (1 + P(\tau))d\tau\right) Qr(s)ds$$

Styrsignalen ges av

$$u(t) = -P(t)x(t) - q(t)$$

Vi noterar att framkopplingen q är skild från noll även för $t < T/2$ trots att $r(t) = 0$ för dessa värden på t. I Figur 8.4 syns den optimala lösningen för $Q = 10$ och $T = 20$. Vi ser att det faktum att regulatorn inte är kausal med avseende på referensvärdet gör att ärvärdet påverkas innan referensevärdet ändras, och på så sätt kan vi erhålla snabbare insvängning och mindre reglerfel.

8.5 Sammanfattning

I detta kapitel har vi sett hur man kan ta fram regulatorer som baseras på mätning av alla tillstånd för en tillståndsmodell av det system man vill reglera. Vi har sett hur detta är nära kopplat till kaskadreglering. Vi har diskuterat när man kan placera slutna systemets poler godtyckligt och sett att det är relaterat till styrbarhet. Vidare har vi diskuterat hur vi kan erhålla integralverkan, och slutligen hur vi kan erhålla tillståndsåterkoppling som lösningen till ett optimeringsproblem där vi samtidigt minimerar energin i en utsignal och i styrsignalen.

8.6 Repetitionsfrågor

1. Beskriv vad tillståndsåterkoppling är.
2. När kan man välja slutna systemets poler godtyckligt med hjälp av tillståndsåterkoppling?
3. Förklara begreppet stabiliserbarhet.
4. Hur inför man referensvärden tillsammans med tillståndsåterkoppling?
5. Hur kan man åstadkomma integralverkan för en tillståndsåterkoppling?
6. Förklara begreppet linjärkvadratisk reglering.
7. Hur används den algebraiska Riccatiekvationen för att lösa det linjärkvadratiska reglerproblemet?
8. Vad är förutsättningen för att man ska kunna använda en linjärkvadratisk regulator som inte är kausal med avseende på referensväret?

Kapitel 9

Rekonstruktion av tillstånd

REKONSTRUKTION av tillstånd används när man inte kan mäta alla signaler som behövs för reglering. Vi såg i Kapitel 6 att för att använda kaskadreglering behöver man kunna mäta flera signaler, och i exemplet med likströmsmotorn var det vinkeln och vinkelhastigheten man behövde kunna mäta. Ett primitivt sätt att gå tillväga om man inte kan mäta vinkelhastigheten men kan mäta vinkeln är att derivera mätningen av vinkeln med avseende på tiden och på så sätt erhålla en skattning av vinkelhastigheten. Detta kan fungera ibland, men om vinkelhastigheten är mätt med ett mätfel så kan skattningen bli dålig. Vi ska därför i det här kapitlet studera i mer detalj hur man kan beräkna bra skattningar av icke mätta signaler. Detta förfaringssätt är speciellt bra att använda tillsammans med tillståndsåterkoppling, där man då ersätter de icke mätbara tillstånden med de rekonstruerade tillstånden.

9.1 Observatör

Vi betraktar ett system på tillståndsform som i (7.2), men för enkelhetens skull har vi inte med någon direktterm, d.v.s. vi studerar

$$\begin{aligned} \frac{dx(t)}{dt} &= Ax(t) + Bu(t) \\ y(t) &= Cx(t) \end{aligned} \tag{9.1}$$

Vi är intresserade av att försöka beräkna vad $x(t)$ är trots att vi bara kan mäta $y(t)$. Vi har även kännedom om vad $u(t)$ är. Ett första naivt försök skulle kunna vara att använda en kopia av systemet, d.v.s. simulera

$$\begin{aligned}\frac{d\hat{x}(t)}{dt} &= A\hat{x}(t) + Bu(t) \\ \hat{y}(t) &= C\hat{x}(t)\end{aligned} \tag{9.2}$$

Om vi kan välja $\hat{x}(0) = x(0)$ så inser vi att $\hat{x}(t) = x(t)$ för alla $t \geq 0$. Detta är dock inte realistiskt, eftersom vi inte rimligen kan veta $x(0)$ när vi inte kan mäta tillståndet. Dock är det så att vi kommer att få en bättre och bättre *skattning* av tillståndet ju längre tiden går om systemet är asymptotiskt stabilt. Detta inses genom att studera *skattningsfelet* $\tilde{x}(t) = x(t) - \hat{x}(t)$. Det gäller att

$$\frac{d\tilde{x}(t)}{dt} = \frac{dx(t)}{dt} - \frac{d\hat{x}(t)}{dt} = Ax(t) + Bu(t) - A\hat{x}(t) - Bu(t) = A\tilde{x}(t)$$

och vi inser att $\tilde{x}(t)$ konvergerar mot noll när tiden går mot oändligheten. Hastigheten med vilken detta sker beror på det egenvärde till A som ligger närmast imaginära axeln, jfr. Avsnitt 7.7. Om systemet inte är asymptotiskt stabilt så divergerar skattningsfelet.

Det är möjligt att utnyttja det faktum att vi kan mäta $y(t)$ till att förbättra hastigheten med vilken man kan får skattningsfelet att gå mot noll. Vi ansätter därför en generell linjär differentialekvation, kallad *observatör* för skattningen, enligt

$$\frac{d\hat{x}(t)}{dt} = F\hat{x}(t) + Gu(t) + Ky(t)$$

där F, G och K är matriser vi ska välja på lämpligt sätt. Vi vill välja dessa så att om $\hat{x}(0) = x(0)$ så blir $\hat{x}(t) = x(t)$ för alla $t \geq 0$. Vi vill också att skattningsfelet $\tilde{x}(t)$ ska konvergera mot noll när tiden går mot oändligheten. Vi har följande differentialekvation för skattningsfelet:

$$\begin{aligned}\frac{d\tilde{x}(t)}{dt} = \frac{dx(t)}{dt} - \frac{d\hat{x}(t)}{dt} &= Ax(t) + Bu(t) - F\hat{x}(t) - Gu(t) - Ky(t) \\ &= (A - KC)x(t) - F\hat{x}(t) + (B - G)u(t)\end{aligned}$$

där vi utnyttjat att $y(t) = Cx(t)$. Vi inser att vi måste välja $F = A - KC$ och $B = G$ om vi vill uppfylla kravet att skattningsfelet ska vara noll när vi känner initialvärdet. Då erhåller vi att

$$\frac{d\tilde{x}(t)}{dt} = (A - KC)\tilde{x}(t)$$

och vi inser att vi måste välja K så att $A - KC$ har alla egenvärden strikt i vänster halvplan för att skattningsfelet ska konvergera mot noll när tiden går mot oändligheten. Låt oss studera ett exempel.

EXEMPEL 9.1

Vi minns från Avsnitt 7.1 att tillståndsformen för likströmsmotorn ges av systemmatriserna

$$A = \begin{bmatrix} 0 & 1 \\ 0 & -a \end{bmatrix}, \quad B = \begin{bmatrix} 0 \\ b \end{bmatrix}, \quad C = \begin{bmatrix} 1 & 0 \end{bmatrix}$$

Vi har med $K^T = \begin{bmatrix} k_1 & k_2 \end{bmatrix}$ att

$$\det(\lambda I - A + KC) = \begin{vmatrix} \lambda + k_1 & -1 \\ k_2 & \lambda + a \end{vmatrix} = (\lambda + k_1)(\lambda + a) + k_2$$

och om vi vill att det polynom ska vara identiskt lika med $\lambda^2 + 2\zeta\omega_0\lambda + \omega_0^2$ så ska vi välja k_1 och k_2 så att

$$\begin{aligned} k_1 + a &= 2\zeta\omega_0 \\ k_1 a + k_2 &= \omega_0^2 \end{aligned}$$

som har lösning $k_1 = 2\zeta\omega_0 - a$ och $k_2 = \omega_0^2 - (2\zeta\omega_0 - a)a$.

Frågan som omedelbart inställer sig är vilken frihet vi har att välja egenvärdena för ett generellt system. Vi noterar att egenvärdena för $A - KC$ är de samma som egenvärdena för $(A - KC)^T = A^T - C^T K^T$. Att välja K^T för givna värden på A^T och C^T är samma problem som vi studerade när vi diskuterade tillståndsåterkoppling, jfr. Resultat 8.1. Svaret är alltså att vi kan placera egenvärdena godtyckligt om (A^T, C^T) är styrbart, vilket är detsamma som att (A, C) är observerbart. Detta följer av att styrbarhetsmatrisen för (A^T, C^T) är transponatet av observerbarhetsmatrisen. Vi sammanfattar detta i följande resultat.

RESULTAT 9.1 *Rekonstruktion av tillstånd.* För systemet givet av (9.1) gäller för *observatören*

$$\frac{d\hat{x}(t)}{dt} = A\hat{x}(t) + Bu(t) + K(y(t) - C\hat{x}(t)) \tag{9.3}$$

att skattningsfelet $\tilde{x}(t) = x(t) - \hat{x}(t)$ satisfierar

$$\frac{\tilde{x}(t)}{dt} = (A - KC)\tilde{x}(t)$$

Om (A, C) är observerbart kan vi välja egenvärdena till $A - KC$ godtyckligt.

Vad händer om vi inte har observerbarhet?

EXEMPEL 9.2

Låt

$$A = \begin{bmatrix} -1 & 1 \\ 0 & 1 \end{bmatrix}, \quad C = \begin{bmatrix} 0 & 1 \end{bmatrix}$$

som inte är ett observerbart system. Då gäller med $K^T = \begin{bmatrix} k_1 & k_2 \end{bmatrix}$ att

$$A - KC = \begin{bmatrix} -1 & 1-k_1 \\ 0 & 1-k_2 \end{bmatrix}$$

och vi inser att egenvärdena är -1 och $1-k_2$. Vi kan alltså bara påverka ett av egenvärdena och detta kan göras negativt med lämpligt val av k_2. Det andra egenvärdet är -1 oavsett vad K är.

I exemplet ovan såg vi att vi trots att vi inte hade observerbarhet kunde välja K så att $A-KC$ hade alla egenvärden strikt i det vänstra halvplanet. Vi har följande definition.

Definition 9.1 Om det finns K så att $A-KC$ har alla egenvärden strikt i det vänstra halvplanet så säger vi att (A,C) är *detekterbart.*

Vi inser att observerbarhet medför detekterbarhet men att omvändingen inte gäller. Vi ska igen studera likströmsmotorn, men tänker oss nu att vi istället för att mäta vinkeln θ mäter vinkelhastigheten ω.

Exempel 9.3

Vi har då vinkelhastigheten mäts för likströmsmotorn att systemmatriserna ges av

$$A = \begin{bmatrix} 0 & 1 \\ 0 & -a \end{bmatrix}, \quad B = \begin{bmatrix} 0 \\ b \end{bmatrix}, \quad C = \begin{bmatrix} 0 & 1 \end{bmatrix}$$

Vi har med $K^T = \begin{bmatrix} k_1 & k_2 \end{bmatrix}$ att

$$A - KC = \begin{bmatrix} 0 & 1-k_1 \\ 0 & -a-k_2 \end{bmatrix}$$

och vi inser att det ena egenvärdet är noll och att det andra kan väljas godtyckligt med k_2. Det kommer alltså inte att gå bra att skatta positionen från mätning av vinkelhastigheten. Observatören kommer att integrera vinkelhastigheten, men om man inte känner initialvärdet för vinklen, så kommer felet i initialvärde att vara kvar för alla tider. Detta system är alltså vare sig observerbart eller detekterbart.

Man kan lätt tro att man får en bättre observatör ju längre in i vänster halvplan man placerar egenvärdena för $A-KC$, och detta stämmer om man har exakta mätningar, d.v.s. om det verkligen gäller att $y(t) = Cx(t)$. Vi ska nu se vad som händer om vi har störningar. Låt oss studera

$$\begin{aligned} \frac{dx(t)}{dt} &= Ax(t) + Bu(t) + v(t) \\ y(t) &= Cx(t) + w(t) \end{aligned} \tag{9.4}$$

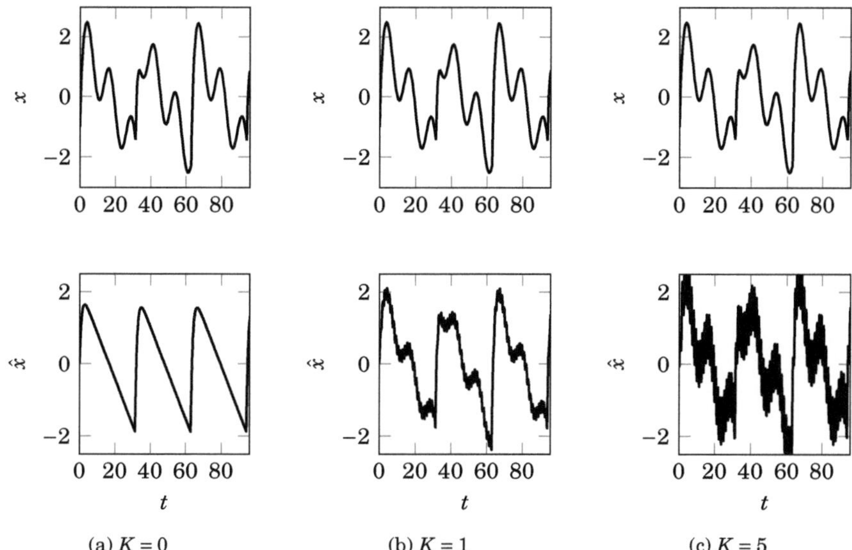

(a) $K = 0$ (b) $K = 1$ (c) $K = 5$

Figur 9.1: Figurer som visar det sanna tillståndet för ett system och det skattade tillståndet för en observatör för olika värden på observatörsförstärkningen K.

där $v(t)$ är en störning på tillståndsvektorn och $w(t)$ är en störning på utsignalen. Observatören ges som innan av av

$$\frac{d\hat{x}(t)}{dt} = A\hat{x}(t) + Bu(t) + K(y(t) - C\hat{x}(t))$$

men rekonstruktionsfelet satisfierar istället

$$\begin{aligned}\frac{d\tilde{x}(t)}{dt} &= Ax(t) + Bu(t) + v(t) - A\hat{x}(t) - Bu(t) - K(Cx(t) + w(t) - C\hat{x}(t)) \\ &= (A - KC)\tilde{x}(t) + v(t) - Kw(t)\end{aligned} \tag{9.5}$$

Skillnaden mot innan är att v och w blir insignaler till skattningsfelet. Vi ska studera ett enkelt skalärt exempel.

Exempel 9.4

För fallet $A = -1$ och $C = 1$ har vi att att $A - KC = -1 - K$ och vi ser att vi kan välja egenvärdet för systemet som beskriver rekonstruktionsfelet godtyckligt negativt genom att välja K godtyckligt stort. Samtidigt inser vi genom att $\mathscr{L}$-transformera (9.5) att

$$\tilde{X}(s) = \frac{1}{s+1+K}V(s) - \frac{K}{s+1+K}W(s)$$

där vi antagit att $\tilde{x}(0) = 0$. Vi kommer alltså aldrig att konvergera till ett skattningsfel som är noll, inte ens om vi startar med ett fel som är noll. Vi bör välja K stort för att den första termen ska bli liten, men vi bör välja K litet för att den andra termen ska bli liten. Oavsett hur vi väljer K kommer vi att ha inverkan av e och v i skattningsfelet. I Figur 9.1 ser vi grafer för $x(t)$ och $\hat{x}(t)$ då initialvärdena är $x(0) = -1$ och $\hat{x}(0) = 0$, $u(t)$ är en sågtandsformad signal, $v(t) = \sin 0.5t$, $w(t) = \sin 5t$ och K har värdena 0, 1 respektive 5. För $K = 0$ är observatören för långsam och kan inte följa de mer högfrekventa variationerna i x. För $K = 1$ går det bättre, men till priset av att det ännu mer högfrekventa mätfelet börjar synas i skattningen. För $K = 5$ klarar observatören av att följa de högfrekventa variatonerna i x väl men till priset av att mätfelet förstärks alldeles för mycket.

Man kan göra en optimal avvägning i valet av K för observatören då man har störningar v och w som i (9.4). Det minsta värdet på energin i $\tilde{x}(t)$ erhålles för

$$K = PC^T R_2^{-1}$$

där P är den entydigt positivt definita lösningen till den algebraiska Riccatiekvationen

$$AP + PA^T + R_1 - PC^T R_2^{-1} CP = 0$$

där vi förutsatt att (A, C) är observerbart. Här är R_1 och R_2 är de positivt definita så kallade kovariansmatriserna för $v(t)$ respektive $w(t)$. Diagonalelementen i kovariansmatriserna återspeglar hur mycket energi som finns i motsvarande komponent i vektorerna. Energin antas jämt fördelad över alla frekvenser. Observera att denna lösning inte är tillämpbart på fallet då v och w är sinussignaler, utan är tillämpligt då dessa signaler är realiseringar av stationära stokastiska processer. Med detta val av K kalls observatören för ett *Kalmanfilter*.

EXEMPEL 9.5

Antag att $R_1 = R_2 = 1$ i det förra exemplet. Då blir den algebraiska Riccatiekvationen

$$-2P + 1 - P^2 = 0$$

som har den positiva lösningen $P = 1 + \sqrt{2}$. Detta ger det optimala värdet $K = 1 + \sqrt{2}$. Vi ser att med detta värde på K så får vi

$$\tilde{X}(s) = \frac{1}{s + 2 + \sqrt{2}} V(s) + \frac{1 + \sqrt{2}}{s + 2 + \sqrt{2}} W(s)$$

9.2 Reducerad observatör*

Man inser att vi med en observatör rekonstruerar signaler som vi redan mäter. Detta kan vara bra om vi mäter dem med mätfel som vi precis diskuterat, men om vi inte har något mätfel eller ett väldigt litet mätfel, så kan detta vara onödigt. Det är möjligt att använda observatörer med ett reducerat antal tillstånd. Vi ska diskutera *Luenbergers obervatör*. För detta ändamål antar vi att vi har transformerat[1] oss så att systemet vi vill skatta tillstånd för ges av

$$\begin{aligned}\frac{d}{dt}\begin{bmatrix}x_a(t)\\x_b(t)\end{bmatrix} &= \begin{bmatrix}A_{11} & A_{12}\\A_{21} & A_{22}\end{bmatrix}\begin{bmatrix}x_a(t)\\x_b(t)\end{bmatrix} + \begin{bmatrix}B_1\\B_2\end{bmatrix}u(t)\\ y(t) &= \begin{bmatrix}I & 0\end{bmatrix}\begin{bmatrix}x_a(t)\\x_b(t)\end{bmatrix}\end{aligned} \tag{9.6}$$

Vi ser att vi mäter $x_a(t)$ exakt med $y(t)$, så det är bara $x_b(t)$ som behöver skattas. Vi ansätter följande observatör

$$\begin{aligned}\frac{dz(t)}{dt} &= Fz(t) + Gu(t) + Hy(t)\\ \hat{x}_b(t) &= z(t) + Ky(t)\end{aligned} \tag{9.7}$$

Vi studerar rekonstruktionsfelet $\tilde{x}_b(t) = x_b(t) - \hat{x}_b(t)$. Vi har följande differentialekvation:

$$\begin{aligned}\frac{d\tilde{x}_b(t)}{dt} &= A_{21}x_a(t) + A_{22}x_b(t) + B_2u(t) - Fz(t) - Gu(t) - Hy(t)\\ &\quad - K(A_{11}x_a(t) + A_{12}x_b(t) + B_1u(t))\\ &= (A_{22} - KA_{12})x_b(t) - F\hat{x}_b(t) + (A_{21} - KA_{11} - H + FK)y(t)\\ &\quad + (B_2 - G - KB_1)u(t)\end{aligned}$$

där vi utnyttjat att $y(t) = x_a(t)$ och $z(t) = x_b(t) - Ky(t)$. Om vi väljer

$$F = A_{22} - KA_{12}, \quad G = B_2 - KB_1, \quad H = FK + A_{21} - KA_{11}$$

så ges rekonstruktionsfelet av

$$\frac{d\tilde{x}_b(t)}{dt} = (A_{22} - KA_{12})\tilde{x}_b(t)$$

Vi kan nu välja rekonstruktionsfelets egenvärden med hjälp av K. Man kan visa att om (9.6) är observerbart så är (A_{22}, A_{12}) observerbart, och vi kan då välja egenvärdena godtyckligt. Vi sammanfattar detta i följande resultat.

---

[1] Om man har en generell C-matris så kan man transformera sig till denna form med hjälp av t.ex. en singulärvärdesuppdelning $C = U\Sigma V^T$, där U och V är inverterbara matriser och Σ är en diagonal matris.

RESULTAT 9.2 *Reducerad observatör.* För systemet givet av (9.6) gäller för den reducerade observatören i (9.7) med

$$F = A_{22} - KA_{12}, \quad G = B_2 - KB_1, \quad H = FK + A_{21} - KA_{11}$$

att skattningsfelet $\tilde{x}_b(t) = x_b(t) - \hat{x}_B(t)$ satisfierar

$$\frac{d\tilde{x}_b(t)}{dt} = (A_{22} - KA_{12})\tilde{x}_b(t)$$

Om (9.6) är observerbart så kan vi välja egenvärdena till $A_{22} - KA_{12}$ godtyckligt.

Vi ska nu ta fram en reducerad observatör för likströmsmotorn som kommer att skatta enbart vinkelhastigheten från mätning av vinkeln.

EXEMPEL 9.6

För likströmsmotorn har vi redan att systemet är på formen (9.6), ty

$$A = \begin{bmatrix} 0 & 1 \\ 0 & -a \end{bmatrix}, \quad B = \begin{bmatrix} 0 \\ b \end{bmatrix}, \quad C = \begin{bmatrix} 1 & 0 \end{bmatrix}$$

Vi har $A_{22} - KA_{12} = -a - K$, som är rekonstruktionsfelets enda egenvärde. Så länge $K > -a$ har vi asymptotisk stabilitet. Vi har att

$$F = -a - K, \quad G = b, \quad H = -(a + K)K$$

Observatören blir alltså

$$\begin{aligned} \frac{dz(t)}{dt} &= -(a + K)z(t) + bu(t) - (a + K)Ky(t) \\ \hat{x}_b(t) &= z(t) + Ky(t) \end{aligned}$$

Vi Laplacetransformerar och erhåller efter lite räkningar då $\hat{x}_b(0) = 0$ att

$$\hat{X}_b(s) = \frac{b}{s + a + K}U(s) + \frac{Ks}{s + a + K}Y(s)$$

Vi inser att om vi låter K gå mot oändligheten så blir $\hat{X}_b(s) = sY(s)$, d.v.s. skattningen är en derivering av utsignalen. För ändliga värden på K kommer vi också att filtrera deriveringen.

9.3 Skattning av konstant insignalstörning*

Vi har tidigare i bl.a. Kapitel 6 sett att vi ofta har insignalstörningar som det är viktigt att ta hand om. En möjlig väg att undertycka dem går via att först skatta dem. Vi ska studera

$$\frac{dx(t)}{dt} = Ax(t) + B(u(t) + v(t))$$
$$y(t) = Cx(t)$$

där vi antar att $v(t) = v_0$, d.v.s. vi antar att insignalstörningen är konstant oberoende av tiden. Detta kan genom att derivera ekvationen skrivas som att

$$\frac{dv(t)}{dt} = 0, \quad v(0) = v_0$$

Vi kan därför beskriva systemet som

$$\begin{aligned} \frac{d}{dt}\begin{bmatrix} x(t) \\ v(t) \end{bmatrix} &= \begin{bmatrix} A & B \\ 0 & 0 \end{bmatrix} \begin{bmatrix} x(t) \\ v(t) \end{bmatrix} + \begin{bmatrix} B \\ 0 \end{bmatrix} u(t) \\ y(t) &= \begin{bmatrix} C & 0 \end{bmatrix} \begin{bmatrix} x(t) \\ v(t) \end{bmatrix} \end{aligned} \tag{9.8}$$

En observatör ges av

$$\frac{d}{dt}\begin{bmatrix} \hat{x}(t) \\ \hat{v}(t) \end{bmatrix} = \begin{bmatrix} A & B \\ 0 & 0 \end{bmatrix} \begin{bmatrix} \hat{x}(t) \\ \hat{v}(t) \end{bmatrix} + \begin{bmatrix} B \\ 0 \end{bmatrix} u(t) + \begin{bmatrix} K_x \\ K_v \end{bmatrix} \left(y(t) - \begin{bmatrix} C & 0 \end{bmatrix} \begin{bmatrix} \hat{x}(t) \\ \hat{v}(t) \end{bmatrix} \right) \tag{9.9}$$

Skattningsfelets dynamik blir

$$\frac{d}{dt}\begin{bmatrix} \tilde{x}(t) \\ \tilde{v}(t) \end{bmatrix} = \begin{bmatrix} A - K_x C & B \\ -K_v C & 0 \end{bmatrix} \begin{bmatrix} \tilde{x}(t) \\ \tilde{v}(t) \end{bmatrix}$$

Man kan visa att egenvärdena för detta system kan väljas godtyckligt om (A, C) är observerbart och (A, B, C) inte har några nollställen i origo.

EXEMPEL 9.7

För likströmsmotorn ges systemmatriserna av

$$A = \begin{bmatrix} 0 & 1 \\ 0 & -a \end{bmatrix}, \quad B = \begin{bmatrix} 0 \\ b \end{bmatrix}, \quad C = \begin{bmatrix} 1 & 0 \end{bmatrix}$$

Vi har med $K_x^T = \begin{bmatrix} k_1 & k_2 \end{bmatrix}$ att

$$\begin{aligned} \begin{vmatrix} \lambda I - A + K_x C & -B \\ K_v C & \lambda I \end{vmatrix} &= \begin{vmatrix} \lambda + k_1 & -1 & 0 \\ k_2 & \lambda + a & -b \\ -K_v & 0 & \lambda \end{vmatrix} = b \begin{vmatrix} \lambda + k_1 & -1 \\ -K_v & 0 \end{vmatrix} \\ &+ \lambda \begin{vmatrix} \lambda + k_1 & -1 \\ k_2 & \lambda + a \end{vmatrix} \\ &= \lambda^3 + (k_1 + a)\lambda^2 + (k_1 a + k_2)\lambda - K_v b \end{aligned}$$

där vi utvecklat determinanten efter den sista kolonnen. Om vi vill att detta polynom ska vara identiskt lika med $(\lambda + \alpha\omega_0)(\lambda^2 + 2\zeta\omega_0\lambda + \omega_0^2)$ så ska vi välja k_1, k_2 och K_v så att

$$\begin{aligned} k_1 + a &= (2\zeta + \alpha)\omega_0 \\ k_1 a + k_2 &= (1 + 2\zeta\alpha)\omega_0^2 \\ K_v b &= \alpha\omega_0^3 \end{aligned}$$

som har lösning $k_1 = (2\zeta + \alpha)\omega_0 - a$, $k_2 = (1 + 2\zeta\alpha)\omega_0^2 - a(2\zeta + \alpha)\omega_0 + a^2$ och $K_v = \alpha\omega_0^3/b$.

Om vi kan mäta tillståndet $x(t)$ så skulle vi kunna ta fram en reducerad ordningens observatör för att skatta enbart $v(t)$. Detta betyder att vi istället har systemet

$$\begin{aligned} \frac{d}{dt}\begin{bmatrix} x(t) \\ v(t) \end{bmatrix} &= \begin{bmatrix} A & B \\ 0 & 0 \end{bmatrix}\begin{bmatrix} x(t) \\ v(t) \end{bmatrix} + \begin{bmatrix} B \\ 0 \end{bmatrix} u(t) \\ y(t) &= \begin{bmatrix} I & 0 \end{bmatrix}\begin{bmatrix} x(t) \\ v(t) \end{bmatrix} \end{aligned}$$

som kan visas vara observerbart om B har full rang. Observatören blir nu enligt Resultat 9.2

$$\begin{aligned} \frac{dz(t)}{dt} &= Fz(t) + Gu(t) + Hy(t) \\ \hat{v}(t) &= z(t) + Ky(t) \end{aligned} \tag{9.10}$$

där $F = -KB$, $G = -KB$ och $H = FK - KA$. Observera att $y(t) = x(t)$. Rekonstruktionsfelet blir enligt samma resultat

$$\frac{d\tilde{v}(t)}{dt} = -KB\tilde{v}(t)$$

Här kan KB väljas godtyckligt om B har full rang. För specialfallet att B bara har en kolonn är villkoret att $B \neq 0$.

9.4 Återkoppling från rekonstruerade tillstånd

I Kapitel 8 behandlade vi tillståndsåterkoppling. Det är en regulator som förutsätter att man kan mäta alla tillstånd. Så är oftast inte fallet i praktiken. En möjlig väg runt detta problem är att ersätta de riktiga tillstånden i tillståndsåterkopplingen med rekonstruerade tillstånd. Vi konkretiserar detta genom att för systemet i (9.1) rekonstruera tillstånden med observatören i (9.3) och reglera

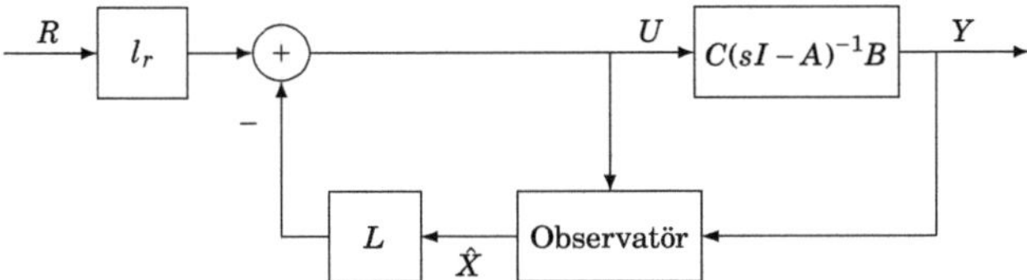

Figur 9.2: Återkoppling från rekonstruerade tillstånd.

med $u(t) = l_r r(t) - L\hat{x}(t)$. Figur 9.2 visar ett blockschema för regulatorn. Vi kan sammanfatta alla ekvationer för det slutna systemet med

$$\begin{aligned}\frac{dx(t)}{dt} &= Ax(t) + Bu(t)\\ y(t) &= Cx(t)\\ \frac{d\hat{x}(t)}{dt} &= A\hat{x}(t) + Bu(t) + K(y(t) - C\hat{x}(t))\\ u(t) &= l_r r(t) - L\hat{x}(t)\end{aligned}$$

Detta medför att vi kan skriva

$$\frac{d}{dt}\begin{bmatrix} x(t) \\ \hat{x}(t) \end{bmatrix} = \begin{bmatrix} A & -BL \\ KC & A - BL - KC \end{bmatrix}\begin{bmatrix} x(t) \\ \hat{x}(t) \end{bmatrix} + \begin{bmatrix} Bl_r \\ Bl_r \end{bmatrix} r(t) \tag{9.11}$$

där vi utnyttjat den andra och fjärde ekvationen ovan för att eliminerar $u(t)$ och $y(t)$. Det är inte så lätt att se vad egenvärdena är för matrisen som beskriver det slutna systemets dynamik. Följande tillståndstransformation kommer att ge mer insikt:

$$\begin{bmatrix} x(t) \\ \tilde{x}(t) \end{bmatrix} = \begin{bmatrix} I & 0 \\ I & -I \end{bmatrix}\begin{bmatrix} x(t) \\ \hat{x}(t) \end{bmatrix}$$

Vi erhåller

$$\frac{d}{dt}\begin{bmatrix} x(t) \\ \tilde{x}(t) \end{bmatrix} = \begin{bmatrix} A - BL & BL \\ 0 & A - KC \end{bmatrix}\begin{bmatrix} x(t) \\ \tilde{x}(t) \end{bmatrix} + \begin{bmatrix} Bl_r \\ 0 \end{bmatrix} r(t) \tag{9.12}$$

och vi ser att det slutna systemets egenvärden är egenvärdena för $A - BL$ och $A - KC$. Vi inser nu från Sats 7.7 att endast $x(t)$ är styrbart från $r(t)$. Detta betyder att överföringsfunktionen från $R(s)$ till $Y(s)$ ges av

$$G_c(s) = C(sI - A + BL)^{-1}Bl_r$$

vilket är samma överföringsfunktion som i (8.3) när vi kunde mäta alla tillstånd. Detta innebär att vi kan separera valet av L och K när vi designar vår regulator. Det är endast L som påverkar $G_c(s)$, och K kommer endast att påverka hur

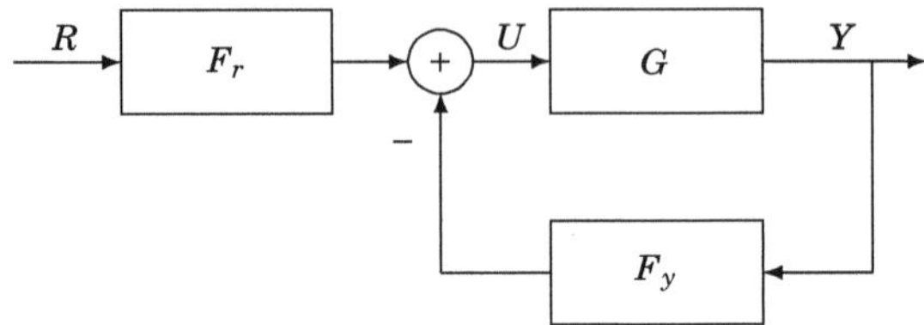

Figur 9.3: Återkoppling från rekonstruerade tillstånd som regulator med två frihetsgrader.

snabbt rekonstruktionsfelet $\tilde{x}(t)$ konvergerar mot noll. Inverkan av $\tilde{x}(t)$ kommer att synas i utsignalen $y(t)$. Det betyder att transient kommer den här regulatorn att uppföra sig annorlunda än regulatorn som återkopplar från mätta tillstånd. För att minimiera denna skillnad brukar man välja egenvärdena för $A - KC$ längre in i vänster halvplan än de för $A - BL$.

Från andra ekvationen i (9.11) får vi efter Laplacetransformering att

$$\hat{X}(s) = (sI - A + BL + KC)^{-1}(KCX(s) + Bl_r R(s))$$

om initialvärdena är noll. Detta gör att styrsignalens blir

$$U(s) = \left(I - L(sI - A + BL + KC)^{-1}B\right) l_r R(s) - L(sI - A + BL + KC)^{-1}KY(s)$$

där vi utnyttjat ekvationerna för u och y ovan. Med

$$\begin{aligned} F_y(s) &= L(sI - A + BL + KC)^{-1} \\ F_r(s) &= \left(I - L(sI - A + BL + KC)^{-1}B\right) l_r \end{aligned}$$

kan denna regulator beskrivas som en regulator med *två frihetsgrader*, se Figur 9.3, där $G(s) = C(sI - A)^{-1}B$. Regulatorn kan också beskrivas som i Figur 6.16 genom att välja

$$\begin{aligned} F(s) &= F_y(s) \\ F_f(s) &= F_r(s) - F_y(s) \end{aligned}$$

Diskussionen ovan gäller under förutsättning att det inte finns några störningar. Vi ska nu diskutera vad som händer då vi har en insignalstörning och en utsignalstörning. Vi har alltså följande ekvationer

$$\begin{aligned} \frac{dx(t)}{dt} &= Ax(t) + B(u(t) + v(t)) \\ y(t) &= Cx(t) + w(t) \\ \frac{d\hat{x}(t)}{dt} &= A\hat{x}(t) + Bu(y) + K(y(t) - C\hat{x}(t)) \\ u(t) &= l_r r(t) - L\hat{x}(t) \end{aligned}$$

Detta medför att vi kan skriva

$$\frac{d}{dt}\begin{bmatrix} x(t) \\ \hat{x}(t) \end{bmatrix} = \begin{bmatrix} A & -BL \\ KC & A-BL-KC \end{bmatrix}\begin{bmatrix} x(t) \\ \hat{x}(t) \end{bmatrix} + \begin{bmatrix} Bl_r \\ Bl_r \end{bmatrix} r(t) + \begin{bmatrix} B \\ 0 \end{bmatrix} v(t) + \begin{bmatrix} 0 \\ K \end{bmatrix} w(t) \quad (9.13)$$

där vi utnyttjat den andra och fjärde ekvationen ovan för att eliminerar $u(t)$ och $y(t)$. Som innan byter vi tillstånd och erhåller

$$\frac{d}{dt}\begin{bmatrix} x(t) \\ \tilde{x}(t) \end{bmatrix} = \begin{bmatrix} A-BL & BL \\ 0 & A-KC \end{bmatrix}\begin{bmatrix} x(t) \\ \tilde{x}(t) \end{bmatrix} + \begin{bmatrix} Bl_r \\ 0 \end{bmatrix} r(t) + \begin{bmatrix} B \\ B \end{bmatrix} v(t) + \begin{bmatrix} 0 \\ -K \end{bmatrix} w(t) \quad (9.14)$$

Genom att Laplacetransformera erhåller vi då initialvärdena är noll att

$$X(s) = (sI - A_c)^{-1}B\left(L\tilde{X}(s) + l_r R(s) + V(s)\right)$$
$$\tilde{X}(s) = (sI - A_o)^{-1}(BV(s) - KW(s))$$

där $A_c = A - BL$ och $A_o = A - KC$. Lite räkningar ger nu att

$$Y(s) = CX(s) + W(s) = G_c(s)R(s) + C(s - A_c)^{-1}B\left(L(sI - A_o)^{-1}B + I\right)V(s)$$
$$+ \left(I - C(sI - A_c)^{-1})BL(sI - A_o)^{-1}K\right)W(s)$$

Vi inser att även om det bara är egenvärdena för A_c som ses i överföringsfunktionen från $R(s)$ till $Y(s)$ så är egenvärdena för A_o synliga i överföringsfunktionerna från $V(s)$ och $W(s)$ till $Y(s)$. Därför är valet av de senare egenvärdena inte bara viktiga för hur snabbt inverkan av det initiala skattningsfelet $\tilde{x}(0)$ klingar av utan även för undertryckningen av störningar. Precis som i Avsnitt 5.4 är överföringsfunktionen från utsignalstörning till utsignal känslighetsfunktionen, och den ges här av

$$S(s) = I - C(sI - A_c)^{-1})BL(sI - A_o)^{-1}K \quad (9.15)$$

Eftersom det alltid gäller att $T(s) + S(s) = I$, där $T(s)$ är den komplementära känslighetsfunktionen[2], gäller att

$$T(s) = C(sI - A_c)^{-1})BL(sI - A_o)^{-1}K \quad (9.16)$$

Det kan visas att detta är överföringsfuktionen från insignalstörning till styrsignal.

Exempel 9.8

Vi vill ta fram en regulator baserad på återkoppling från rekonstruerade tillstånd för likströmsmotorn i Exempel 8.1, där vi gjorde tillståndsåterkoppling

[2]Detta har vi endast visat för det skalära fallet i Avsnitt 5.4, men det gäller allmänt.

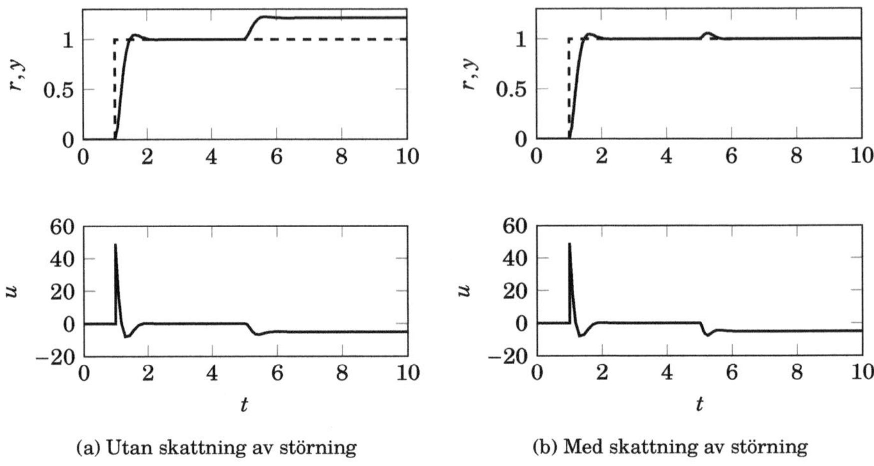

(a) Utan skattning av störning

(b) Med skattning av störning

Figur 9.4: Tillståndsåterkoppling från skattade tillstånd för likströmsmotor där y är heldragen och r streckad.

från mätta tillstånd. Vi kan då kombinera vad vi gjorde där med den observatör vi tog fram i Exempel 9.1. Vi låter alltså

$$L = \begin{bmatrix} l_1 & l_2 \end{bmatrix} = \begin{bmatrix} \omega_{0,l}^2/b & (2\zeta_l\omega_{0,l} - a)/b \end{bmatrix}$$
$$K^T = \begin{bmatrix} k_1 & k_2 \end{bmatrix} = \begin{bmatrix} 2\zeta_k\omega_{0,k} - a & \omega_{0,k}^2 - (2\zeta_k\omega_{0,k} - a)a \end{bmatrix}$$

där $(\omega_{0,l}, \zeta_l)$ specificerar egenvärdena för $A - BL$ och där $(\omega_{0,k}, \zeta_k)$ specificerar egenvärdena för $A - KC$. Vidare låter vi $l_r = l_1$. Precis som i Exempel 8.1 låter vi $\omega_{0,l} = 7$ och $\zeta_l = 0.7$. Vi låter $\omega_{0,k} = 14$ och $\zeta_k = 0.7$. I Figur 9.4a ses en simulering av det slutna systemet för $a = 1$ och $b = 1$ då referensvärdet är ett enhetssteg vid tidpunkten ett och insignalstörningen är ett steg med amplitud fem vid tidpunkten fem. Vi ser att i jämförelse med resultaten i Figur 8.2, som visar samma regulator men då man återkopplar från mätta tillstånd, så har vi samma inverkan av referensvärdet, men inverkan av insignalstörningen är något större när vi återkopplar från rekonstruerade tillstånd.

9.5 Återkoppling från skattad insignalstörning*

Vi ska nu studera vad som händer om vi gör tillståndsåterkoppling från rekonsturerade tillstånd när vi även skattar en insignalstörning som i Avsnitt 9.3.

Vi har då att det öppna systemet ges av (9.8), att observatören ges av (9.9) samt att

$$u(t) = l_r r(t) - L\hat{x}(t) - L_v \hat{v}(t)$$

Liknande räkningar som i Avsnitt 9.4 ger att

$$\frac{d}{dt}\begin{bmatrix} x(t) \\ v(t) \\ \tilde{x}(t) \\ \tilde{v}(t) \end{bmatrix} = \begin{bmatrix} A-BL & B(I-L_v) & BL & BL_v \\ 0 & 0 & 0 & 0 \\ 0 & 0 & A-K_xC & B \\ 0 & 0 & K_vC & 0 \end{bmatrix}\begin{bmatrix} x(t) \\ v(t) \\ \tilde{x}(t) \\ \tilde{v}(t) \end{bmatrix} + \begin{bmatrix} Bl_r \\ 0 \\ 0 \\ 0 \end{bmatrix} r(t)$$

Vi inser att om vi väljer $L_v = I$ så eliminerar vi den direkta inverkan av v, och det är endast via skattningsfelet $\tilde{v}(t)$ som $v(t)$ kommer att påverka de övriga tillstånden. Om vi nu väljer K_x och K_v så att skattningsfelen konvergerar mot noll, så följer att vi kan eliminera inverkan av konstanta v då tiden går mot oändligheten.

EXEMPEL 9.9

Vi ska nu modifiera regulatorn i Exempel 9.8 till att även återkoppla från en skattning av insignalstörningen för likströmsmotorn. Vi baserar detta på den observatör vi tog fram i Exempel 9.7 Vi låter alltså

$$L = \begin{bmatrix} l_1 & l_2 \end{bmatrix} = \begin{bmatrix} \omega_{0,l}^2/b & (2\zeta_l\omega_{0,l} - a)/b \end{bmatrix}$$

$$K^T = \begin{bmatrix} k_1 & k_2 \end{bmatrix} = \begin{bmatrix} (2\zeta_k + \alpha)\omega_{0,k} - a & (1+2\zeta_k\alpha)\omega_{0,k}^2 - a(2\zeta_k + \alpha)\omega_{0,k} + a^2 \end{bmatrix}$$

$$K_v = \alpha\omega_{0,k}^3/b$$

där $(\omega_{0,l}, \zeta_l)$ specificerar egenvärdena för $A - BL$ och där $(\omega_{0,k}, \zeta_k, \alpha)$ specificerar egenvärdena för rekonstruktionsfelet. Vidare låter vi $l_r = l_1$. Vi använder samma värden på dessa parametrar som i Exempel 9.8. Vidare väljer vi $\alpha = 5$ så att de tidigare egenvärdena blir dominerande. I Figur 9.4b ses en simulering av det slutna systemet för $a = 1$ och $b = 1$ då referensvärdet är ett enhetssteg vid tidpunkten ett och insignalstörningen är ett steg med amplitud fem vid tidpunkten fem. Vi ser att i jämförelse med resultaten i Figur 9.4a, som visar samma regulator men då man inte återkopplar från skattad störning, så har vi samma inverkan av referensvärdet, men inverkan av insignalstörningen elimineras väldigt snabbt.

Vi ska nu studera vad som händer om vi gör tillståndsåterkoppling med en reducerad ordningens observatör för en insignalstörning. Vi låter det öppna systemet ges av

$$\frac{dx(t)}{dt} = Ax(t) + B\left(u(t + v(t))\right)$$

Den reducerade ordningens observatören ges av (9.10) med $F = -KB$, $G = -KB$ och $H = FK - KA$. Vi låter regulatorn ges av

$$u(t) = l_r r(t) - Lx(t) - L_v \hat{v}(t)$$

Från dessa ekvationer och (9.10) kan man vi visa att

$$\frac{d}{dt}\begin{bmatrix} x(t) \\ \tilde{v}(t) \end{bmatrix} = \begin{bmatrix} A - BL & BL_v \\ 0 & -KB \end{bmatrix}\begin{bmatrix} x(t) \\ \tilde{v}(t) \end{bmatrix} + \begin{bmatrix} B(I - L_v) \\ 0 \end{bmatrix} v(t)$$

Vi inser omedelbart att valet $L_v = I$ eliminerar en konstant störnings inverkan då tiden går mot oändligheten. Lite räkningar ger att regulatorns dynamik ges av

$$\frac{dz(t)}{dt} = -K\left((A - BL)x(t) + Bl_r r(t)\right)$$

där $z(t)$ är definierat som i (9.10). Eftersom tillståndet $z(t)$ inte finns i högerledet är dynamiken en integrering av högerledet. Vi inser nu att denna regulator, precis som regulatorn i Avsnitt 8.3, genom integralverkan eliminerar konstanta insignalstörningar i stationaritet. Man kan göra en ytterligare analys som visar att högerledet i ekvationen ovan utgör en mätning av skattningsfelet $\tilde{v}(t)$. Det gäller att

$$(A - BL)x(t) + Bl_r r(t) = \frac{dx(t)}{dt} - B\tilde{v}(t)$$

och därför är

$$z(t) = KB\int_0^t \tilde{v}(s)ds - Kx(t)$$

Eftersom $\hat{v}(t) = z(t) + Kx(t)$ följer att

$$\hat{v}(t) = KB\int_0^t \tilde{v}(s)ds$$

Vi inser nu explicit att regulatorn genom att skatta $v(t)$ eliminerar dess inverkan i stationaritet, vilket vi egentligen redan visste.

9.6 Alla stabiliserande regulatorer*

Vi ska nu studera en generalisering av tillståndsåterkoppling från rekonstruerade tillstånd som inkluderar reglering med intern modell, jfr. Avsnitt 6.2, som ett specialfall. Vi låter som innan det öppna systemet ges av

$$\begin{aligned} \frac{dx(t)}{dt} &= Ax(t) + B\left(u(t) + v(t)\right) \\ y(t) &= Cx(t) + w(t) \end{aligned} \tag{9.17}$$

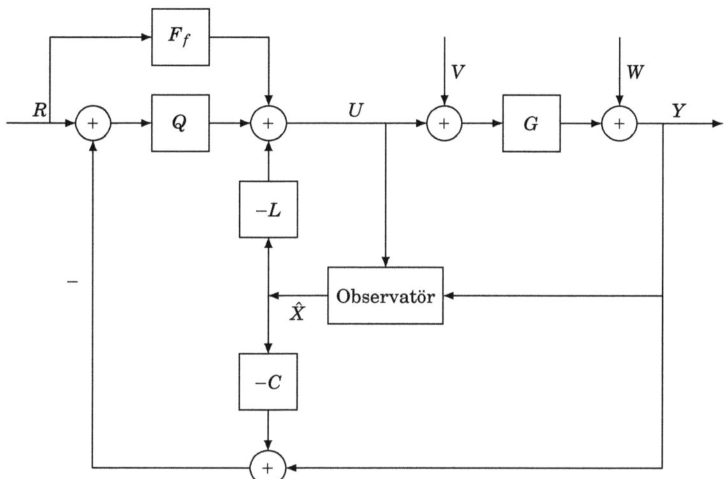

Figur 9.5: Alla stabiliserande regulatorer.

och vi använder en regulator baserad på en observatör

$$
\begin{aligned}
\frac{d\hat{x}(t)}{dt} &= A\hat{x}(t) + Bu(t) + Ke(t) \\
u(t) &= \tilde{r}(t) - L\hat{x}(t) \\
e(t) &= y(t) - C\hat{x}(t)
\end{aligned}
\tag{9.18}
$$

Det innovativa är att vi låter

$$
\tilde{R}(s) = F_f(s)R(s) + Q(s)(R(s) - E(s))
$$

där är $Q(s)$ är en proper överföringsfunktion med alla poler strikt i det vänstra halvplanet. Även $F_f(s)$ har alla poler strikt i det vänstra halvplanet. Regulatorn kan ses i Figur 9.5. Då $Q(s) = 0$ och $F_f(s) = l_r$ erhåller vi återkoppling från rekonstruerade tillstånd som i Avsnitt 9.4. Då vi låter $L = 0$, $K = 0$, $F_f(s) = 0$ så har vi reglering med intern modell som i Avsnitt 6.2.

Det gäller att vi kan skriva

$$
\begin{aligned}
\frac{\hat{x}(t}{dt} &= (A - BL - KC)\hat{x}(t) + Ky(t) + B\tilde{r}(t) \\
u(t) &= -L\hat{x}(t) + \tilde{r}(t) \\
e(t) &= -C\hat{x}(t) + y(t)
\end{aligned}
\tag{9.19}
$$

Med $\tilde{x}(t) = x(t) - \hat{x}(t)$ följer efter en del räkningar att

$$
\begin{aligned}
\frac{d}{dt}\begin{bmatrix} x(t) \\ \tilde{x}(t) \end{bmatrix} &= \begin{bmatrix} A - BL & BL \\ 0 & A - KC \end{bmatrix}\begin{bmatrix} x(t) \\ \tilde{x}(t) \end{bmatrix} + \begin{bmatrix} B \\ 0 \end{bmatrix}\tilde{r}(t) + \begin{bmatrix} B \\ B \end{bmatrix} v(t) + \begin{bmatrix} 0 \\ -K \end{bmatrix} w(t) \\
\begin{bmatrix} y(t) \\ e(t) \end{bmatrix} &= \begin{bmatrix} C & 0 \\ 0 & C \end{bmatrix}\begin{bmatrix} x(t) \\ \tilde{x}(t) \end{bmatrix} + \begin{bmatrix} w(t) \\ w(t) \end{bmatrix}
\end{aligned}
\tag{9.20}
$$

Genom att Laplacetransformera och anta att alla intitialvärden är noll följer efter ytterligare räkningar att

$$
\begin{aligned}
Y(s) &= C(sI - A_c)^{-1}B\left(F_f(s) + Q(s)\right)R(s) \\
&\quad + C(sI - A_c)^{-1}B\left(L(sI - A_o)^{-1}B + I - Q(s)C(sI - A_o)^{-1}B\right)V(s) \\
&\quad - C(sI - A_c)^{-1}B\left(L(sI - A_o)^{-1}K - Q(s)C(sI - A_o)^{-1}K\right)W(s)
\end{aligned}
$$

där $A_c = A - BL$ och $A_o = A - KC$. Vi ser att samtliga överföringsfunktioner är affina i $Q(s)$. Det är inte svårt att se att även överföringsfunktionerna från $R(s)$, $V(s)$ och $W(s)$ till $U(s)$ beror på $Q(s)$ affint, och att alla övriga överföringsfunktioner som är involverade i överföringsfunktionerna har poler som är egenvärden till A_c och A_o. Slutna systemet är alltså internt stabilt.

Vi inser nu att om vi väljer $F_f(s) = 0$ och

$$
Q(s) = \left(C(sI - A_c)^{-1}B\right)^{-1}\frac{1}{(\lambda s + 1)^n}
$$

med n så att $Q(s)$ är proper, så ges överföringsfunktionen från $R(s)$ till $Y(s)$ av $1/(\lambda s + 1)^n$. Detta förutsätter att $C(sI - A_c)^{-1}B$ inte har några nollställen i höger halvplan så att $Q(s)$ har alla poler strikt i vänster halvplan. De problem vi tidigare hade i Avsnitt 6.1.3 när vi ville snabba upp det slutna systemet men λ-inställning finns inte längre med denna regulator, eftersom vi kan modifiera dynamiken med L innan vi inverterar. Likaså har vi frihet att påverka dynamiken från störningarna med K.

Vi ska nu visa att vilken som helst stabiliserande regulator för $R(s) = 0$ kan beskrivas av regulatorn som ges av (9.19) och $\tilde{R}(s) = -Q(s)E(s)$ där $Q(s)$ är proper och har alla poler strikt i vänster halvplan. Låt en godtycklig stabiliserande regulator för (9.17) ges av

$$
\begin{aligned}
\frac{\bar{x}(t}{dt} &= \bar{A}\bar{x}(t) + \bar{B}y(t) \\
u(t) &= \bar{C}\bar{x}(t) + \bar{D}y(t)
\end{aligned}
\tag{9.21}
$$

Då ges det slutna systemets dynamik av

$$
\frac{d}{dt}\begin{bmatrix} x(t) \\ \bar{x}(t) \end{bmatrix} = \begin{bmatrix} A + B\bar{D}C & B\bar{C} \\ \bar{B}C & \bar{A} \end{bmatrix}\begin{bmatrix} x(t) \\ \bar{x}(t) \end{bmatrix} + \begin{bmatrix} I \\ 0 \end{bmatrix} v(t) + \begin{bmatrix} B\bar{D} \\ \bar{B} \end{bmatrix} w(t)
$$

Alltså måste matrisen

$$\begin{bmatrix} A+B\bar{D}C & B\bar{C} \\ \bar{B}C & \bar{A} \end{bmatrix}$$

ha alla sina egenvärden strikt i det vänstra halvplanet. Om så inte är fallet är nämligen regulatorn ovan inte stabiliserande.

Den nominella regulatorn i (9.18) kan skrivas om som

$$\begin{aligned} \frac{\hat{x}(t)}{dt} &= A\hat{x}(t) + Bu(t) + Ke(t) \\ y(t) &= C\hat{x}(t) + e(t) \\ \tilde{r}(t) &= L\hat{x}(t) + u(t) \end{aligned}$$

Vi kombinerar nu denna nominella regulator med den stabiliserande regulatorn i (9.21) och erhåller efter lite räkningar

$$\begin{aligned} \frac{d}{dt}\begin{bmatrix} \hat{x}(t) \\ \bar{x}(t) \end{bmatrix} &= \begin{bmatrix} A+B\bar{D}C & B\bar{C} \\ \bar{B}C & \bar{A} \end{bmatrix}\begin{bmatrix} \hat{x}(t) \\ \bar{x}(t) \end{bmatrix} + \begin{bmatrix} K+B\bar{D} \\ \bar{B} \end{bmatrix} e(t) \\ \tilde{r}(t) &= \begin{bmatrix} L+\bar{D}C & \bar{C} \end{bmatrix}\begin{bmatrix} \hat{x}(t) \\ \bar{x}(t) \end{bmatrix} + \bar{D}e(t) \end{aligned}$$

Vi vet att detta är ett asymptotiskt stabilt system enligt vad vi visade ovan. Detta systems överföringsfunktion måste vara $-Q(s)$, eftersom $\tilde{R}(s) = -Q(s)E(s)$. Vidare ser vi att $Q(s)$ definierat som ovan är proper och har alla poler strikt i det vänstra halvplanet. Vi kommer i Avsnitt 13.5 att diskutera hur resultaten i detta avsnitt kan användas för att syntetisera en regulator som uppfyller specifikation på stigstid och underslång när det finns ett nollställe i höger halvplan.

9.7 Sammanfattning

Vi har i detta kapitel sett hur vi med hjälp av en observatör kan skatta värden på tillstånd som vi inte kan mäta. Detta kan även generaliseras till att skatta konstanta störningar. Observatören bygger på en modifierad kopia av det dynamiska system som beskriver vad vi ska reglera. Vi har också sett hur vi kan kombinera dessa skattningar med tillståndsåterkoppling. Slutligen har vi tagit fram en parameterisering av alla stabiliserande regulatorer.

9.8 Repetitionsfrågor

1. Hur ser ekvationerna för en observatör ut?
2. När kan man välja skattningsfelets dynamik godtycklig?
3. Vad innebär begreppet detekterbarhet?
4. Hur påverkar observatörsförstärkningen inverkan av störningar och mätfel på skattningsfelet?
5. Vad är en reducerad observatör?
6. Hur skattar man konstanta insignalstörningar?
7. Hur kombinerar man tillståndsåterkoppling med en observatör?
8. Relatera alla stabiliserande regulatorer till en regulator med intern modell.

Kapitel 10

Förstärkningsinlärning

FÖRSTÄRKNINGSINLÄRNING handlar om att bestämma en tillståndståterkoppling utan att man känner till tillståndsformen för det dynamiska system som man vill reglera. Man har alltså bara en mätning av tillståndet till sitt förfogande. Man har också möjlighet att styra systemet och observera hur det går för någon ad hoc vald tillståndsåterkoppling. Baserat på hur det går modifierar man tillståndsåterkopplingen, och om man gör det på rätt sätt så kan man erhålla förbättrad prestanda. Detta förfarande upprepas sedan tills dess att man är nöjd. Vi ska se att man kan kvantifiera nöjdhet i termer av konvergens till optimalitet.

10.1 Bellmanekvationen

Vi ska återigen studera det linjärkvadratiska reglerproblemet i Avsnitt 8.4. Där minimerade vi det kvadratiska kriteriet

$$J = \int_0^\infty \begin{bmatrix} x(t) \\ u(t) \end{bmatrix}^T \begin{bmatrix} Q & S \\ S^T & R \end{bmatrix} \begin{bmatrix} x(t) \\ u(t) \end{bmatrix} dt$$

för $x(t)$ lösning till den linjära differentialekvationen

$$\frac{dx(t)}{dt} = Ax(t) + Bu(t)$$

med initialvärde $x(0) = x_0$ Vi såg att den optimala lösningen gavs av tillståndsåterkopplingen $u(t) = -Lx(t)$, där L kunde beräknas genom att lösa en algebraisk Riccatiekvation i en variabel P, jfr. Sats 8.1. Dessutom visade vi att det optimala värdet på J var $V(x_0)$, där $V(x) = x^T Px$. Det gäller att

$$\frac{dV(x(t))}{dt} + \begin{bmatrix} x(t) \\ u(t) \end{bmatrix}^T \begin{bmatrix} Q & S \\ S^T & R \end{bmatrix} \begin{bmatrix} x(t) \\ u(t) \end{bmatrix} \geq 0$$

för alla u som är stabiliserande och med likhet om $u(t) = -Lx(t)$. Detta följer från (8.4) och (8.6). Vi ska nu använda Eulers metod för approximation av derivator, jfr. Avsnitt 4.2. Vi approximerar först differentialekvationen för x som

$$\frac{x(t_k + T) - x(t_k)}{T} \approx Ax(t_k) + Bu(t_k)$$

där $T = t_{k+1} - t_k$ för alla k. Med $x_k = x(t_k)$, $u_k = u(t_k)$, $\bar{A} = I + TA$ och $\bar{B} = TB$ gäller approximativt

$$x_{k+1} = \bar{A}x_k + \bar{B}u_k \tag{10.1}$$

På samma sätt kan vi approximera differentialolikheten för V med

$$V(x_k) \leq \begin{bmatrix} x_k \\ u_k \end{bmatrix}^T \begin{bmatrix} \bar{Q} & \bar{S} \\ \bar{S}^T & \bar{R} \end{bmatrix} \begin{bmatrix} x_k \\ u_k \end{bmatrix} + V(x_{k+1})$$

där

$$\begin{bmatrix} \bar{Q} & \bar{S} \\ \bar{S}^T & \bar{R} \end{bmatrix} = T \begin{bmatrix} Q & S \\ S^T & R \end{bmatrix}$$

Även denna olikhet gäller med likhet för optimalt u_k, och alltså har vi att V, som vi kallar *värdefunktionen*, satisfierar den så kallade *Bellmanekvationen*

$$V(x) = \min_u \{f(x,u) + V(F(x,u))\}$$

där

$$F(x,u) = \bar{A}x + \bar{B}u, \qquad f(x,u) = \begin{bmatrix} x_k \\ u_k \end{bmatrix}^T \begin{bmatrix} \bar{Q} & \bar{S} \\ \bar{S}^T & \bar{R} \end{bmatrix} \begin{bmatrix} x_k \\ u_k \end{bmatrix}$$

Vi har nu visat att det optimala värdet på u_k är det u som minimerar högerledet i Bellmanekvationen för $x = x_k$. Det kriterium som minimieras av optimalt u_k är

$$\sum_{k=0}^{\infty} \begin{bmatrix} x_k \\ u_k \end{bmatrix}^T \begin{bmatrix} \bar{Q} & \bar{S} \\ \bar{S}^T & \bar{R} \end{bmatrix} \begin{bmatrix} x_k \\ u_k \end{bmatrix} \tag{10.2}$$

Ovan har vi gjort en approximation, men man kan helt rigoröst visa att lösningen till Bellmanekvationen resulterar i ett u_k som minimerar kriteriet ovan för det tidsdiskreta systemet i (10.1). Detta bygger på liknande räkningar som i Avsnitt 8.4 men i diskret tid. Resultatet kan också generaliseras till mer allmänna f och F.

RESULTAT 10.1 För kriteriet

$$J = \sum_{k=0}^{\infty} \gamma^k f(x_k, u_k)$$

med $0 < \gamma \leq 1$, där

$$x_{k+1} = F(x_k, u_k)$$

med x_0 given, där $f(0,0) = 0$, $F(0,0) = 0$ och f strikt positiv definit,[a] gäller att att om det finns en strikt positiv definit och kvadratiskt begränsad[b] värdefunktion V som löser

$$V(x) = \min_u \{f(x,u) + \gamma V(F(x,u))\} \tag{10.3}$$

så är det optimala värdet på J lika med $V(x_0)$, och den optimala tillståndsåterkopplingen ges av $u_k = \mu(x_k)$, där

$$\mu(x) = \operatorname*{argmin}_u \{f(x,u) + V(F(x,u))\} \tag{10.4}$$

Vidare är det slutna systemet asymptotiskt stabilt om γ är tillräckligt nära ett.

[a] En funktion f säges vara strikt positivt definit om det existerar $\epsilon > 0$ så att $f(x) \geq \epsilon \|x\|_2^2$ för alla x.

[b] En funktion f säges vara kvadratiskt begränsad om det existerar $c > 0$ så att $f(x) \leq c\|x\|_2^2$ för alla x.

Vi är intresserade av att numeriskt lösa Bellmanekvationen, och för detta ändamål introducerar vi *Bellmans policyoperator*

$$T_\mu(V)(x) = f(x, \mu(x)) + \gamma V(F(x, \mu(x)))$$

för en tillståndsåterkoppling μ även kallad kallad *policy*. Med hjälp av denna operator definierar vi en iterativ algoritm där vi startar med en stabiliserande policy μ_0, d.v.s. sådan att $x_{k+1} = F(x_k, \mu_0(x_k))$ konvergerar mot noll när k går mot oändligheten. Därefter itererar vi enligt

1. *Policyutvärderingssteget* Lös med avseende på V_k:

$$V_k(x) = T_{\mu_k}(V_k)(x) \tag{10.5}$$

2. *Policyförbättringssteget* Beräkna:

$$\mu_{k+1}(x) = \operatorname*{argmin}_u \{f(x,u) + \gamma V_k(F(x,u))\} \tag{10.6}$$

Konvergens av denna procedur till ett V som satisfierar Bellmanekvationen i (10.3) visas i Appendix C.

10.2 $\mathcal{Q}$-funktionen

Vi inser att man måste känna till $F(x,u)$ för att kunna lösa Bellmanekvationen i (10.3) oaktat vilken metod vi använder för detta, d.v.s. om det är policyiterering eller någon annan metod. Vi ska nu se att det finns ett sätt att komma runt detta. Vi låter

$$\mathcal{Q}(x,u) = f(x,u) + \gamma V(F(x,u))$$

som vi kallar för *$\mathcal{Q}$-funktionen*. Med denna definition kan vi skriva Bellmanekvationen i (10.3) som

$$V(x) = \min_u \mathcal{Q}(x,u)$$

Från detta följer att

$$\gamma V(F(x,\bar{u})) = \min_u \gamma \mathcal{Q}(F(x,\bar{u}),u)$$

Addera nu $f(x,\bar{u})$ till bägge sidor för att erhålla

$$\mathcal{Q}(x,\bar{u}) = f(x,\bar{u}) + \min_u \gamma \mathcal{Q}(F(x,\bar{u}),u)$$

Eftersom vi inte minimerar över $\bar{u}$ så räcker det att vi kan utvärdera $F(x,\bar{u})$ för att vi ska veta värdet på $\mathcal{Q}(F(x,\bar{u}),u)$. En sådan utvärdering kan göras genom experiment på systemet vi vill reglera. Detta kommer dock till priset av att vi nu har en ekvation i $\mathcal{Q}$ för alla värden på $(x,\bar{u})$ och inte som för Bellmanekvationen endast en ekvation i V för alla värden på x. Vi ska snart diskutera hur man kan lösa ekvationen. Innan dess konstaterar vi bara att när man väl lyckats bestämma $\mathcal{Q}$ så ges den optimala styrsignalen u_k av $u_k = \mu(x_k)$ där

$$\mu(x) = \operatorname*{argmin}_u \mathcal{Q}(x,u)$$

Detta följer från (10.4).

Vi är nu intresserade av att försöka uttrycka policyiterationerna i termer av $\mathcal{Q}$-funktionen. Från (10.5) följer att

$$V_k(F(x,u)) = \mathcal{Q}_k\left(F(x,u), \mu_k(F(x,u))\right).$$

där

$$\mathcal{Q}_k(x,u) = f(x,u) + \gamma V_k(F(x,u))$$

Multiplicera med γ och addera $f(x,u)$ och låt $\mathcal{Q}_k$ vara lösningen till

$$\mathcal{Q}_k(x,u) = f(x,u) + \gamma \mathcal{Q}_k\left(F(x,u), \mu_k(F(x,u))\right). \tag{10.7}$$

Detta är policyutvärdering för $\mathcal{Q}$-funktionen. Som innan får vi en ny policy enligt

$$\mu_{k+1}(x) = \operatorname*{argmin}_u \mathcal{Q}_k(x,u), \tag{10.8}$$

vilket är policyförbättringssteget uttryckt i $\mathcal{Q}$-funktionen. Dessa iterationer resulterar i samma lösning som (10.5–10.6). Policyiterering är inte enkelt att utföra i praktiken, eftersom det kräver att man klarar av att lösa en ekvation med avseende på en variabel som är en funktion. Ekvationen är visserligen linjär, men antalet möjliga värden på (x,u) är oftast oändligt. Därför ska vi i nästa avsnitt se hur vi kan hitta approximativa lösningar genom att sampla.

10.3 Skattning från experiment

Från (10.7) följer att

$$\begin{aligned}
\mathcal{Q}_k(x_0,u_0) &= f(x_0,u_0) + \gamma \mathcal{Q}_k\left(F(x_0,u_0),\mu_k(F(x_0,u_0))\right) \\
&= f(x_0,u_0) + \gamma \mathcal{Q}_k\left(x_1,\mu_k(x_1)\right) \\
&= f(x_0,u_0) + \gamma f\left(x_1,\mu_k(x_1)\right) + \gamma^2 \mathcal{Q}_k\left(x_2,\mu_k(x_2)\right) \\
&\;\vdots \\
&= f(x_0,u_0) + \sum_{i=1}^{N-1} \gamma^i f\left(x_i,\mu_k(x_i)\right) + \gamma^N \mathcal{Q}_k\left(x_N,\mu_k(x_N)\right),
\end{aligned}$$

där $x_{i+1} = F(x_i,\mu_k(x_i))$ för $1 \le i \le N-1$, och $x_1 = F(x_0,u_0)$. Om N är stort och μ_k är stabiliserande så gäller att x_N är nära noll och därför är också $\mathcal{Q}_k\left(x_N,\mu_k(x_N)\right)$ nära noll. Inför för olika initialvärden (x^s,u^s), $1 \le s \le r$

$$\beta_k^s = f(x^s,u^s) + \sum_{i=1}^{N-1} \gamma^i f\left(x_i,\mu_k(x_i)\right),$$

där $x_{i+1} = F(x_i,\mu_k(x_i))$, $1 \le i \le N-1$, och $x_1 = F(x^s,u^s)$. Vi beräknar approximationer av $\mathcal{Q}_k$ genom att minimiera

$$\sum_{s=1}^{r} \left(\tilde{\mathcal{Q}}(x^s,u^s,a_k) - \beta_k^s\right)^2$$

med variabel a_k, där $\tilde{\mathcal{Q}}_k$ är en linjärregression eller mer generellt ett artificiellt neuralt nätverk parameteriserat med a_k. Detta optimeringsproblem är ett minstakvadratproblem, och lösningen ger en approximativ lösning till policyutvärderingssteget.

10.4 Linjärkvadratisk reglering

Vi ska nu specialisera oss till linjärkvadratisk reglering. Vi vill alltså minimiera kriteriet i (10.2) för det dynamiska systemet givet av (10.1). Vi antar att x har dimensionen två och att u har dimensionen ett. Låt

$$\varphi(x,u) = (x_1^2, x_2^2, u^2, 2x_1x_2, 2x_1u, 2x_2u)$$

och låt

$$\tilde{Q}(x,u,a) = a^T\varphi(x,u),$$

Med

$$\begin{bmatrix} \tilde{P} & \tilde{r} \\ \tilde{r}^T & \tilde{q} \end{bmatrix} = \begin{bmatrix} a_1 & a_4 & a_5 \\ a_4 & a_2 & a_6 \\ a_5 & a_6 & a_3 \end{bmatrix}$$

gäller att

$$\tilde{Q}_k(x,u,a) = \begin{bmatrix} x \\ u \end{bmatrix}^T \begin{bmatrix} \tilde{P} & \tilde{r} \\ \tilde{r}^T & \tilde{q} \end{bmatrix} \begin{bmatrix} x \\ u \end{bmatrix}$$

Ovan är subindex inte iterationsindex utan komponentindex. Vi återgår nu till att låta subindex vara iterationsindex igen. Då är a_k lösningen till det linjära minstakvadratproblemet där vi minimerar

$$\sum_{s=1}^{r} \left(\varphi^T(x^s,u^s)a - \beta_k^s\right)^2$$

med variabel a. Lösningen a_k satisfierar de s.k. *normalekvationerna*

$$\Phi_k^T\Phi_k a_k = \Phi_k^T\beta_k,$$

där

$$\Phi_k = \begin{bmatrix} \varphi^T(x^1,u^1) \\ \vdots \\ \varphi^T(x^r,u^r) \end{bmatrix}, \qquad \beta_k = \begin{bmatrix} \beta_k^1 \\ \vdots \\ \beta_k^r \end{bmatrix}$$

med

$$\beta_k^s = (x^s)^T Sx^s + (u^s)^T Ru^s + \sum_{i=1}^{N-1} \left(x_i^T Sx_i + \mu_k(x_i)^T R\mu_k(x_i)\right),$$

där $x_1 = \bar{A}x^s + \bar{B}u^s$ och $x_{i+1} = \bar{A}x_i + \bar{B}\mu_k(x_i)$ for $1 \le i \le N-2$ med initialvärde x^s, $1 \le s \le r$. Det är viktigt att välja (x^s,u^s) så att $\Phi_k^T\Phi_k$ är inverterbar. För detta krävs att $r \ge 6$.

Lösningen till (10.8) ges av

$$\mu_{k+1}(x) = \operatorname*{argmin}_u \tilde{Q}_k(x,u,a_k) = -\tilde{q}_k^{-1}\tilde{r}_k^T x$$

förutsatt att $\tilde{q}$ is positiv. Här är $\tilde{q}_k$ and $\tilde{r}_k$ definierade från a_k. Vi kan alltså skriva

$$\mu_{k+1}(x) = -L_{k+1}x,$$

där $L_{k+1} = \tilde{q}_k^{-1}\tilde{r}_k^T$.

EXEMPEL 10.1

Vi studerar nu ett exempel där

$$\bar{A} = \begin{bmatrix} 0.9 & 1 \\ 0 & 0.9 \end{bmatrix}, \quad \bar{B} = \begin{bmatrix} 0 \\ 1 \end{bmatrix}, \quad \bar{Q} = I, \quad \bar{R} = 1$$

och $\gamma = 1$. Vi låter $r = 6$ och $N = 10$, och initierar med $L_0 = \begin{bmatrix} 0 & 0 \end{bmatrix}$. Vi låter x^s och u^s vara dragna från en standardiserad normalfördelning. Vi får följande värden på L_k

$$L_1 = \begin{bmatrix} 0.1575 & 1.0632 \end{bmatrix}, L_2 = \begin{bmatrix} 0.3589 & 1.1295 \end{bmatrix},$$
$$L_3 = \begin{bmatrix} 0.3303 & 1.0882 \end{bmatrix}, L_4 = \begin{bmatrix} 0.3297 & 1.0872 \end{bmatrix}$$

där L_4 konvergerat till fyra decimalers noggrannhet. Nedan ges en Matlabkod för exemplet

```
A = [0.9 1; 0 0.9]; B = [0; 1]; R = 1; S = eye(2);
gamma = 1; r = 6; N = 10;
Xs = randn(r,2); Us = randn(r,1);
Phi = [Xs(:,1).^2 Xs(:,2).^2 Us.^2 2*Xs(:,1).*Xs(:,2)...
      2*Xs(:,1).*Us 2*Xs(:,2).*Us];
Lold = zeros(1,2);
converged = 0; epsilon = 1e-6; k = 0;
while ~converged,
   sys = ss(A-B*Lold,B,eye(2),zeros(2,1),1);
   Q = S+Lold'*R*Lold;
   beta = diag(Xs*S*Xs') + diag(Us*R*Us');
   for i = 1:r,
      x1 = Xs(i,:)*A' + Us(i)*B';
      x = initial(sys,x1',N-1);
      for j = 1:N-1,
         beta(i)= beta(i) + gamma^j*x(j,:)*Q*x(j,:)';
      end
   end
   a = Phi\beta;
   tildeP = [a(1) a(4);a(4) a(2)];
   tildeq = a(3);
   tilder = [a(5); a(6)];
   L = tilder'/tildeq;
   if norm(L-Lold) < epsilon
      converged = 1;
   end
```

```
  Lold = L;
  k = k+1;
end
```

Vi har här valt att beskriva den approximativa $\mathcal{Q}$-funktionen som en linjär regression. Det gäller för linjärkvadratiskt reglering att $\mathcal{Q}$-funktionen exakt är på formen ovan. För andra problem, där den inkrementella kostnaden inte är kvadratisk och/eller tillståndsformen inte är linjär, är så inte fallet, och då kan det vara lönt att använda mer komplicerade approximationer. Man kan t.ex. fortfarande använda en linjär regression men inkludera högre potenser av komponenterna i x och u. Ännu mer generellt kan man välja en regressionsmodell som inte är linjär. Populära sådana modeller är t.ex. artificiella neurala nätverk.

10.5 Sammanfattning

Vi har sett hur man kan beräkna tillståndsåterkopplingar som är optimala utan att känna till en dynamisk modell för det system man vill reglera. Detta bygger på Bellmanekvationen för den s.k. $\mathcal{Q}$-funktionen. Det faktum att man inte känner till en dynamisk modell gör att man istället måste göra experiment med det dynamiska systemet för olika initialvärden. Resultatet från dessa experiment innehåller en tillräcklig beskrivning av det dynamiska systemet för att klara av att beräkna en regulator. Nackdelar med förstärkningsinläning är att man kan behöva göra många experiment och att det inte är möjligt att utnyttja någon modell för systemet om en sådan är tillgänglig.

10.6 Repetitionsfrågor

1. Hur är det möjligt att med förstärkningsinlärning undvika att behöva ha en dynamisk modell av det system man vill reglera?
2. Vad är $\mathcal{Q}$-funktionen och hur används den för att lösa Bellmanekvationen?
3. Beskriv policyutvärderingssteget och policyförbättringssteget.

Kapitel 11

Analys i frekvensplanet

ANALYS i frekvensplanet handlar om att undersöka stabilitet för ett slutet system genom att rita upp grafer för kretsförstärkningens Fouriertransform, den s.k. *frekvensfunktionen*. Detta är ett kraftfullt verktyg som fungerar inte bara för ändligtdimensionella dynamiska system som beskrivs av ordinära linjära differetialekvationer med även för oändligtdimensionella system, som t.ex. system med tidsfördröjningar. Vi ska också undersöka hur långt vi är från stabilitet genom att definiera så kallade stabilitetsmarginaler.

11.1 Nyquistkriteriet

Vi ska nu ta fram ett kriterium där vi kan relatera antalet poler i höger halvplan för kretsförstärkningen till antalet poler i höger halvplan för den komplementära känslighetsfunktionen. Detta resultat bygger på följande sats kallad argumentvariationsprincipen, som bevisas i Appendix C.

SATS 11.1 *Argumentvariationsprincipen:* Låt f vara en funktion som är analytisk i ett slutet område D av det komplexa talplanet och på områdets rand ∂D förutom i ett ändligt antal poler och nollställen i det inre av D. Då gäller att

$$N - P = \frac{1}{2\pi} \mathrm{var}_{\partial D} \arg f(s)$$

där N och P är antalet nollställen och poler som f har i D.

KOMMENTAR 11.1 Ovan betyder $\mathrm{var}_{\partial D} \arg$ variationen av argumentet när ∂D genomlöps i matematiskt positivt led, d.v.s moturs. Om man ritar upp kurvan som $f(s)$ genomlöper när s genomlöper ∂D så betyder högerledet antalet varv som denna kurva går runt origo.

Vi ska nu tillämpa satsen ovan med $f(s) = 1 + G_o(s)$, där $G_o(s)$ är kretsförstärkningen, och med D höger halvplan. Eftersom känslighetsfunktionen är

$$S(s) = \frac{1}{1 + G_o(s)} = \frac{1}{f(s)}$$

gäller att polerna till $S(s)$ ges av nollställena till $f(s)$. Alltså är N i satsen ovan antalet poler till $S(s)$ och P är antalet poler till $f(s)$ eller ekvivalent till $G_o(s)$. Eftersom den komplementära känslighetsfunktionen $T(s) = G_o(s)/(1 + G_o(s))$ satisfierar $T(s) + S(s) = 1$ gäller vad vi sagt ovan även med $S(s)$ utbytt till $T(s)$. Vi har nu följande resultat.

Resultat 11.1 *Nyquistkriteriet:* Låt P_S vara antalet poler till känslighetsfunktionen $S(s)$ eller komplementära känslighetsfunktionen $T(s)$ i höger halvplan, och låt P_0 vara antalet poler till kretsförstärkningen $G_o(s)$ i höger halvplan. Låt vidare ∂D vara randen till höger halvplan. Då gäller att

$$P_S - P_0 = \frac{1}{2\pi} \text{var}\, \arg_{\partial D}(1 + G_o(s))$$

Kommentar 11.2 Istället för att rita bildkurvan för $1 + G_o(s)$ kan man lika väl rita bildkurvan för $G_o(s)$ och istället räkna antalet varv runt punkten -1.

Kommentar 11.3 I resultatet ovan har vi antagit att P_S och P_0 är ändliga. Detta gäller för rationella F och G, men det gäller också enligt [2] för F och G som uppfyller antagandena i Kommentar 5.9, och då följer att $P_S = 0$ medför att $S(s)$ och $T(s)$ är analytiska i höger halvplan samt att motsvarande impulssvar är absolut integrerbara.

Låt oss studera ett exempel.

Exempel 11.1

Vi ska studera det öppna systemet i (3.3) givet av

$$\dot{y}(t) + y(t) = \alpha(-\dot{u}(t) + u(t))$$

som har överföringsfunktionen

$$G(s) = \alpha \frac{-s + 1}{s + 1}$$

Vi väljer att studera stabilitet för en P-regulator, vilket innebär att kretsförstärkningen ges av

$$G_o(s) = K_P \alpha \frac{-s + 1}{s + 1}$$

Vi väljer nu att beskriva randen till höger halvplan ∂D som i Figur 11.1a, där vi kommer att låta $R \to \infty$. Vi kan parameterisera randen med $s = i\omega$ där ω går

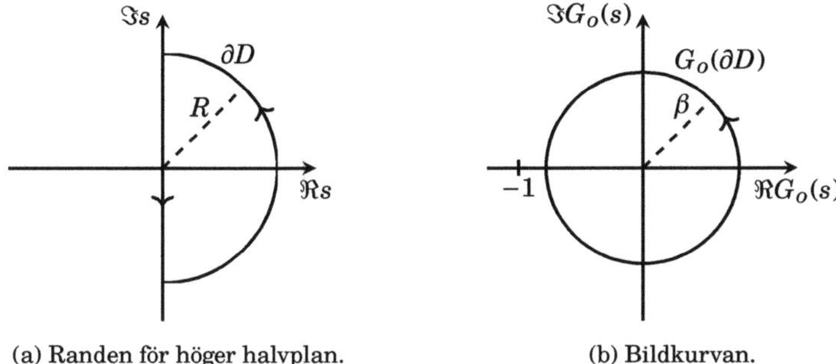

(a) Randen för höger halvplan.

(b) Bildkurvan.

Figur 11.1: Randen för höger halvplan och dess bild när $R \to \infty$.

från R till $-R$ samt $s = Re^{i\theta}$ där θ varierar från $-\pi/2$ till $\pi/2$. Det gäller med $\beta = K_P\alpha$ att $G_o(0) = \beta$ samt att

$$\lim_{R\to\infty} G_o(Re^{i\theta}) = -\beta$$

Alltså avbildas hela den stora halvcirkeln i Figur 11.1a på en enda punkt när radien gått mot oändligheten. Vidare har vi att

$$G(i\omega) = \beta\frac{-i\omega+1}{i\omega+1} = \beta\frac{(-i\omega+1)^2}{(i\omega+1)(-i\omega+1)} = \beta\frac{1-\omega^2-i2\omega}{1+\omega^2}$$

Det är enkelt att visa att kvadraten på imaginärdelen plus kvadraten på realdelen är lika med β^2. Alltså är bildkurvan en cirkel med centrum i origo och radie β, se Figur 11.1b. Cirkeln genomlöps i positivt matematiskt led. Vi inser att bildkurvan går runt punkten -1 om och endast om $\beta \geq 1$. Eftersom öppna systemet inte har några poler i höger halvplan gäller att $P_0 = 0$, och därför har vi från Nyquistkriteriet att att komplementära känslighetsfunktionen har en pol i det högra halvplanet om och endast om $\beta \geq 1$. Detta är ekvivalent med att $K_P \geq 1/\alpha$. Alltså har den komplementära känslighetsfunktionen alla sina poler strikt i det vänstra halvplanet om och endast om $K < 1/\alpha$, vilket var samma resultat som vi kom fram till i Avsnitt 3.3, d.v.s att slutna systemet var insignalutsignalstabilt från referensvärde till utsignal.

Exempel 11.2

Vi ska nu undersöka stabiliteten för samma öppna system som i det förra exemplet , men då vi istället reglerar det med en PI-regulator

$$u(t) = K_P e(t) + K_I \int_0^t e(\tau)d\tau$$

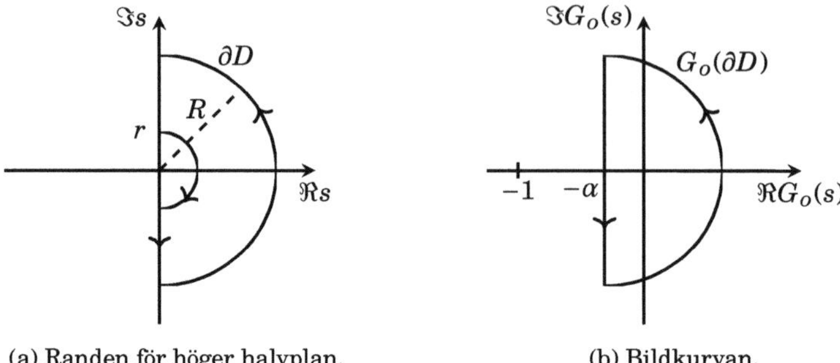

(a) Randen för höger halvplan.

(b) Bildkurvan.

Figur 11.2: Randen för höger halvplan och dess bild när $r \to 0$ och $R \to \infty$.

Från Resultat 5.2 och Resultat 5.8 följer att Laplacetransformen av PI-regulatorn ges av

$$U(s) = \left(K_P + \frac{K_I}{s}\right)E(s)$$

Detta medför att kretsförstärkningen är

$$G_o(s) = \left(K_P + \frac{K_I}{s}\right)\alpha\frac{-s+1}{s+1}$$

Vi ska nu studera fallet att $K_P = K_I = 1$, och då inser vi att $s+1$ förkortas bort. Vi erhåller

$$G_o(s) = \alpha\frac{-s+1}{s}$$

som har en pol i origo. Enligt Nyqvistkriteriet får vi inte ha poler på ∂D, och därför gör vi en liten cirkel runt polen i Figur 11.2a. Vi kan parameterisera randen med $s = i\omega$ där ω går från R till r och från $-r$ till $-R$, med $s = Re^{i\theta}$ där θ varierar från $-\pi/2$ till $\pi/2$, samt med $s = re^{i\theta}$ där θ varierar från $\pi/2$ till $-\pi/2$, Det gäller att

$$\lim_{R\to\infty} G_o(Re^{i\theta}) = -\alpha$$

Alltså avbildas hela den stora halvcirkeln i Figur 11.2a på en enda punkt när radien gått mot oändligheten. Vidare har vi att

$$G(i\omega) = \alpha\left(-1 - \frac{i}{\omega}\right)$$

Detta är en rät linje i det komplexa talplanet. För den lilla cirkeln gäller att

$$G_o(re^{i\theta}) = \alpha\left(-1 + \frac{e^{-i\theta}}{r}\right)$$

som för små r är en stor halvcirkel med radie α/r och centrum i $-\alpha$. Eftersom θ varierar från $\pi/2$ till $-\pi/2$ kommer halvcirkeln att ligga till höger om bildkurvan för $s = i\omega$, se Figur 11.2b. Eftersom öppna systemet inte har några poler i höger halvplan gäller att $P_0 = 0$, och därför har vi från Nyquistkriteriet att den komplementära känslighetsfunktionen har en pol i det högra halvplanet om och endast om $\alpha \geq 1$. Alltså har den komplementära känslighetsfunktionen alla sina poler strikt i det vänstra halvplanet om och endast om $\alpha < 1$.

Observera att vi lika väl skulle ha kunnat låta den lilla halvcirkeln gå in i det vänstra halvplanet. Då hade vi haft $P_0 = 1$ och bildkurvan hade istället varit en stor halvcirkel i det vänstra halvplanet. Bildkurvan hade då omslutit -1 i negativt led för $\alpha < 1$, och således hade vi fått $P_S - 1 = -1$, och $P_S = 0$, d.v.s. precis samma resultat som ovan. Skälet till att låta den lilla halvcirkeln vara i höger halvplan är att vi för alla de fall då vi inte har poler i det inre av det högra halvplanet får $P_0 = 0$ och enklare räkningar.

Vi inser att den del av ∂D som parameteriseras med $s = i\omega$ är speciellt relevant och vi gör följande definition.

Definition 11.1 För en överföringsfunktion G kallar vi den graf i det komplexa talplanet som beskrivs av *frekvensfunktionen*[a] $G(i\omega)$ där $0 \leq \omega \leq \infty$ för *Nyquistkurvan* för G.

[a] Frekvensfunktionen är Fouriertransformen av viktsfunktionen g.

Vi inser från exemplen ovan följande resultat.

Resultat 11.2 *Förenklade Nyquistkriteriet:* Antag att kretsförstärkningen $G_o(s)$ inte har några poler i höger halvplan förutom maximalt en pol i origo. Då gäller att känslighetsfunktionen $S(s)$ och den komplementära känslighetsfunktionen $T(s)$ har alla sina poler strikt i det vänstra halvplanet om och endast om Nyqvistkurvan för G_o ej omcirklar punkten -1 i det komplexa talplanet.

Exempel 11.3

Låt kretsförstärkningen ges av

$$G_o(s) = \frac{K_P}{s(s+1)^2}$$

Förutsättningarna för det förenklade Nyquistkriteriet är uppfyllda. Det gäller att

$$G_o(i\omega) = \frac{K_P}{i\omega(i\omega+1)^2} = \frac{-i(1-i\omega)^2}{\omega(1+\omega^2)^2}K_P = -\frac{2\omega + i(1-\omega^2)}{\omega(1+\omega^2)^2}K_P$$

Vi inser att realdelen av Nyquistkurvan är ickenegativ för positiva värden på

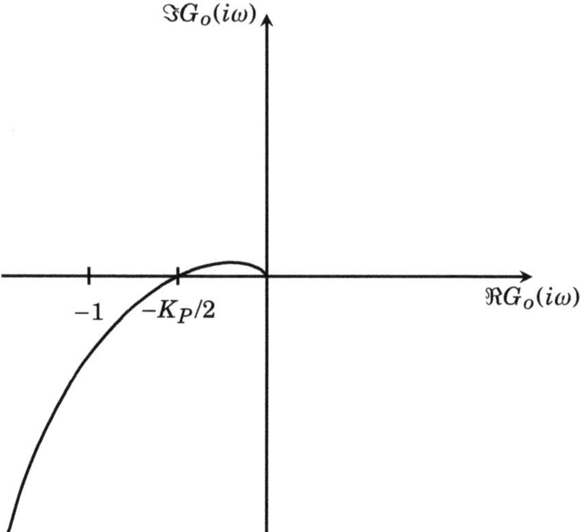

Figur 11.3: Nyquistkurvan för kretsförstärkningen i Exempel 11.3 ritad för $K_P = 1$.

K_P. Imaginärdelen av Nyquistkurvan är negativ för $\omega < 1$ och positiv för $\omega > 1$. Då imaginärdelen är noll, vilket sker för $\omega = 1$, har realdelen värdet $-K_P/2$. För små värden på ω har vi att

$$G_o(i\omega) \approx -\left(2 + i\frac{1}{\omega}\right)K_P$$

Alltså går Nyquistkurvan mot minus oändligheten för små värden på ω, och den närmar sig oändligheten längs en asymptot som har realvärdet $-2K_P$. För stora värden på ω har vi att

$$G_o(i\omega) \approx -\left(\frac{2}{\omega^4} - i\frac{1}{\omega^3}\right)K_P$$

Alltså närmar sig Nyquistkurvan origo för stora värden på ω, och den närmar sig längs den positiva imaginära axeln. Grafen för Nyqvistkurvan ses i Figur 11.3. Det förenklade Nyqvistkriteriet ger nu att alla poler för det slutna systemet ligger strikt i vänster halvplan om $-K_P/2$ ligger till höger om -1 i det komplexa talplanet, vilket är detsamma som att $K_P < 2$. Vi har också intern stabilitet, ty det slutna systemet har en proper rationell överföringsfunktion och det sker inga förkortningar i kretsförstärkningen.

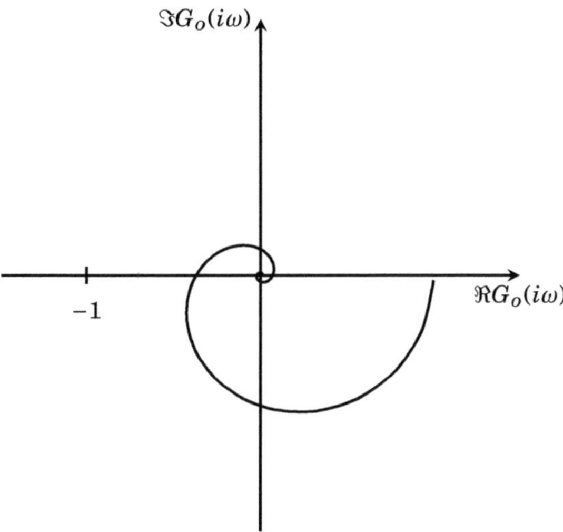

Figur 11.4: Nyquistkurvan för kretsförstärkningen i Exempel 11.4 ritad för $K_P = 1$.

EXEMPEL 11.4

Låt

$$F(s) = K_P, \quad G(s) = \frac{e^{-s}}{(s+1)^2}$$

Det gäller att

$$G'(s) = \frac{-(s+3)e^{-s}}{(s+1)^3}, \quad G''(s) = \frac{(s+4)e^{-s}}{(s+1)^6}$$

och det är inte svårt att inse att villkoren i Kommentar 5.9 på G är uppfyllda. Därför är enligt Kommentar 11.3 Nyquistkriteriet tillämpbart. Förutsättningarna för det förenklade Nyqvuistkriteriet är också uppfyllda eftersom kretsförstärkningen har alla poler i det strikta vänstra halvplanet. Det gäller att

$$G_o(i\omega) = K_P \frac{(1-\omega^2)\cos\omega - 2\omega\sin\omega - i\left((1-\omega^2)\sin\omega + 2\omega\cos\omega\right)}{\left(\omega^2+1\right)^2}$$

Grafen för Nyquistkurvan för $K_P = 1$ ses i Figur 11.4. Det förenklade Nyquistkriteriet ger nu att T och S är analytiska i höger halvplan då $K_P = 1$. Observera att $F(s)$ inte är strikt proper, och därför kan vi inte uttala oss om intern stabilitet, jfr. Kommentar 5.9.

Det är inte helt enkelt att räkna ut polerna till T som ges av lösningen till ekvationen

$$(s+1)^2 + K_P e^{-s} = 0$$

eller ekvivalent med $s = \sigma + i\omega$ som lösningen till ekvationerna

$$(\sigma+1)^2 - \omega^2 + K_P e^{-\sigma} \cos\omega = 0$$
$$2(\sigma+1)\omega - K_P e^{-\sigma} \sin\omega = 0$$

Nyquistkriteriet ger oss alltså ett mycket enklare verktyg att använda för att undersöka ett slutet systems stabilitet.

11.2 Stabilitetsmarginaler

Vi inser från Exempel 11.3 att det ofta finns en övre gräns för hur stor förstärkning K_P man kan låta en P-regulator ha innan det slutna systemet blir instabilt. Vi har följande definition.

DEFINITION 11.2 För en kretsförstärkning G_o är *amplitudmarginalen* A_m den ytterligare förstärkning i kretsen som gör att Nyquistkurvan går genom punkten -1.

Mer matematiskt kan man beskriva detta genom att låta ω_0 vara sådan att $\Im G_o(i\omega_0) = 0$. Då ges A_m som lösningen till $A_m G_o(i\omega_0) = -1$. Man inser att vi här implicit antagit att det endast finns ett ω_0 som gör att imaginärdelen blir noll. Vi illustrerar amplitudmarginalen i Figur 11.5.

EXEMPEL 11.5

Vi låter P-regulatorn i Exempel 11.3 ges av $K_P = 0.5$. Då följer att Nyquistkurvan skär negativa reella axeln i punkten -0.25. Därför är amplitudmarginalen $A_m = 1/0.25 = 4$. Man kan alltså höja förstärkningen i regulatorn med en faktor 4 innan man når gränsen för instabilitet.

En annat intressant stablitetsmarginal, kallad *fasmarginalen*, är relaterad till hur mycket mer tidsfördröjning man kan tolerera i kretsförstärkningen innan man når gränsen för instabilitet.

DEFINITION 11.3 För en kretsförstärkning G_o är *fasmarginalen* φ_m den ytterligare fasförskjutning i kretsen som gör att Nyquistkurvan går genom punkten -1.

DEFINITION 11.4 För en kretsförstärkning G_o är *skärfrekvensen* den vinkelfrekvens ω_c sådan att $|G_o(i\omega_c)| = 1$.

Eftersom skärfrekvensen är den punkt på Nyquistkurvan som skär enhetscirkeln i Figur 11.5, så ges φ_m av lösningen till $G_o(i\omega_c)e^{-i\varphi_m} = -1$. Fasmarginalen illustreras i Figur 11.5. Vi har implicit antagit att det endast finns ett ω_c som

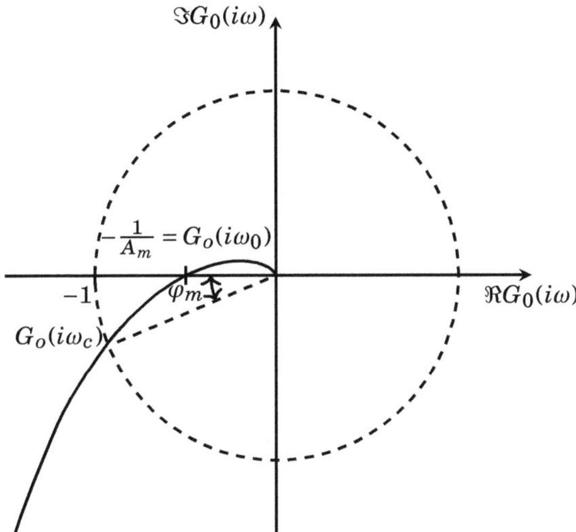

Figur 11.5: Definition av fas- och amplitudmarginal.

gör att absolutbeloppet blir ett. Vi ska nu avsluta med att relatera fasmarginalen till den ytterligare tidsfördröjning vi kan tolerera innan vi når instabilitet. Överföringsfunktionen för en tidsfördröjning τ ges enligt Resultat 5.4 av $e^{-\tau s}$. Detta medför att om man introducerar en ytterligare tidsfördröjning τ i kretsförstärkningen så modifieras kretsförstärkningen till $G_o(s)e^{-s\tau}$. Detta medför att vi har att $-1 = G_o(i\omega_c)e^{-i\varphi_m} = G_o(i\omega_c)e^{-i\omega_c\tau}$ då vi nått stabilitetsgränsen, och alltså ges den maximala tidsfördröjningen av $\tau = \varphi_m/\omega_c$.

Exempel 11.6

Vi låter P-regulatorn i Exempel 11.3 ges av $K_P = 1$. Då följer med $x = \omega_o^2$ att

$$|G_o(i\omega_0)|^2 = \frac{4x + (1-x)^2)}{x(1+x)^4} = \frac{1}{x(1+x)^2} = 1$$

då funktionerna $1/x$ och $(1+x)^2$ har samma värde. En approximativ lösning ges av $x = 0.465$ vilket motsvaras av $\omega_0 = 0.68$. Vi har då att fasmarginalen är

$$\varphi_m = \arctan\left(\frac{1-\omega_0^2}{2\omega_0}\right) = \arctan\left(\frac{1-0.465}{2\times 0.68}\right) = 0.37$$

Detta innebär att den ytterligare tidsfördröjning vi kan tolerera i kretsförstärkningen ges av $\tau = \varphi_m/\omega_0 = 0.37/0.68 = 0.55$ sekunder.

11.3 Frekvensfunktionen

Vi ska nu visa att om insignalen till ett insignalutsignalstabilt dynamiskt system är en sinusfunktion så kommer utsignalen också att vara en sinusfunktion då transienter klingat av. Vi har redan sett att detta är sant för LC-kretsen i Exempel 5.4.

Vi betraktar ett system med impulssvaret g och motsvarande överföringsfunktion

$$G(s) = \int_0^\infty e^{-s\tau} g(\tau) d\tau$$

Vi låter insignalen vara

$$u(t) = \sin \omega t = \Im e^{i\omega t}$$

och antar att den legat på sedan $t = -\infty$. Utsingalen blir då enligt (3.2)

$$\begin{aligned} y(t) &= \int_0^\infty g(\tau) u(t-\tau) d\tau = \Im\left(\int_0^\infty g(\tau) e^{i\omega(t-\tau)} d\tau\right) = \Im\left(\int_0^\infty g(\tau) e^{-i\omega\tau} d\tau e^{i\omega t}\right) \\ &= \Im\left(G(i\omega) e^{i\omega t}\right) = \Im\left(|G(i\omega)| e^{i(\omega t + \phi(\omega))}\right) = |G(i\omega)| \sin\left(\omega t + \phi(\omega)\right) \end{aligned} \tag{11.1}$$

där $\phi(\omega) = \arg G(i\omega)$. I den fjärde likheten har vi utnyttjat definitionen av överföringsfunktionen. Den femte likheten följer från den polära framställningen av ett komplext tal:

$$z = |z| e^{i \arg z}$$

Vi inser att utsignalen också blir en sinussignal med samma vinkelfrekvens ω som insignalen. Dock är den *fasförskjuten* med $\phi(\omega)$ och den har en annan *amplitud* som ges av $|G(i\omega)|$. Vi noterar att såväl amplituden som fasförskjutningen är beroende av vinkelfrekvensen. Från den polära framställningen

$$G(i\omega) = |G(i\omega)| e^{i\phi(\omega)}$$

inser vi att frekvensfunktionen $G(i\omega)$ entydigt bestämmer amplituden och fasförskjutningen för alla värden på ω. Dessa kan också läsas av ur Nyquistkurvan för G, se Figur 11.6.

Vi inser från (11.1) att man kan skatta en godtycklig punkt på Nyquistkurvan för en överföringsfunktion genom att utföra ett experiment där man låter insignalen till systemet som beskrivs av överföringsfunktionen vara en sinussignal $u(t) = u_0 \sin \omega t$. Därefter väntar man tills alla transienter dött ut och läser av utsignalen $y(t) = y_0 \sin(\omega t + \varphi)$ för systemet. Det måste nu gälla att en skattning av $|G(i\omega)|$ är y_0/u_0, vilket följer av linjäriteten för systemet. Vidare är $\varphi = -2\pi\Delta T/T$ en skattning av $\phi(\omega)$, jfr. Figur11.7. Nyquistkurvan kan alltså erhållas experimentellt genom att upprepa experimentet ovan för olika värden på ω.

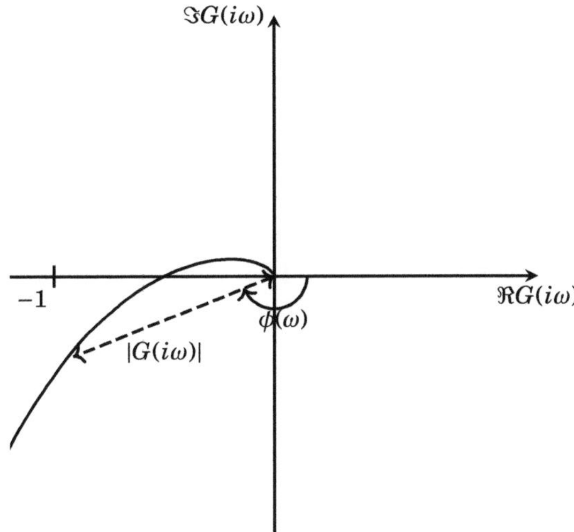

Figur 11.6: Polär framställning av frekvensfunktionen $G(i\omega)$.

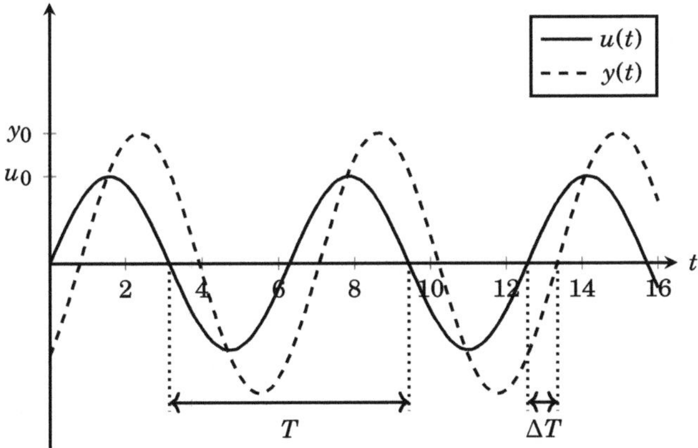

Figur 11.7: Utsignalen $y(t)$ och insignalen $u(t)$ för ett linjärt system när insignalen är en sinus.

Allt som sagts ovan gäller självklart även för en insignal som är en cosinus. Från Sats 3.1 följer att om $u(t) = u_1 \cos\omega_1 t + u_2 \cos\omega_2 t$ så gäller att

$$y(t) = |G(i\omega_1)| u_1 \cos\big(\omega_1 t + \phi(\omega_1)\big) + |G(i\omega_2)| u_2 \cos\big(\omega_2 t + \phi(\omega_2)\big)$$

Antag mer generellt att u uttrycks som i (5.1) med $\sigma = 0$, d.v.s.

$$u(t) = \frac{1}{\pi}\int_0^\infty \cos\big(\omega t + \beta_u(\omega)\big)\, |U(i\omega)| d\omega$$

där U är Laplacetransformen för u, och U är sådan att alla poler ligger strikt i vänster halvplan. Nu gäller för $Y(s) = G(s)U(s)$ att

$$\begin{aligned} y(t) &= \frac{1}{\pi}\int_0^\infty |Y(i\omega)| \cos\big(\omega t + \beta_y(\omega)\big)\, d\omega \\ &= \frac{1}{\pi}\int_0^\infty |G(i\omega)||U(i\omega)| \cos\big(\omega t + \beta_u(\omega) + \phi(\omega)\big)\, d\omega \end{aligned}$$

där $\phi(\omega) = \arg G(i\omega)$, $\beta_u(\omega) = \arg U(i\omega)$ och $\beta_y(\omega) = \arg Y(i\omega)$. Vi inser att absolutbeloppet och argumentet för överföringsfunktionen G påverkar absolutbelopp och argument för integranden i uttrycket ovan frekvens för frekvens. Detta gör att frekvensfunktionen för överföringsfunktionen berättar för oss hur varje frekvens var för sig i en insignal u till ett linjärt system påverkas både vad gäller belopp och fas.

11.4 Bodediagram

Vi har i det förra avsnittet sett att vi kan visualisera frekvensfunktionen $G(i\omega)$ genom att rita upp Nyquistkurvan. Varje punkt på denna kurva motsvarar ett värde på vinklefrekvensen ω. Om man vill se mera explicit hur frekvensfunktionen beror av vinkelfrekvensen kan man rita vad som kallas *Bodediagrammet*. I detta ritar man upp en graf för amplitudfunktionen $|G(i\omega)|$ som funktion av ω och en graf for fasförskjutningen $\phi(\omega) = \arg G(i\omega)$ som funktion av ω. Den första grafen kallas för *amplitud-* eller *beloppskurvan* och ritas ofta i loglogskala. Den andra grafen kallas för *faskurva* och ritas ofta i loglinskala. Skälet till dessa skalor är att räkningar för seriekoppling av två överföringsfunktioner underlättas så tillvida att man kan addera Bodediagrammen för de båda faktorerna för att erhålla Bodediagrammet för produkten. Detta inses ur följande formler för $G(s) = G_1(s)G_2(s)$:

$$\log|G(i\omega)| = \log|G_1(i\omega)| + \log|G_2(i\omega)|, \quad \arg G(i\omega) = \arg G_1(i\omega) + \arg G_2(i\omega) \tag{11.2}$$

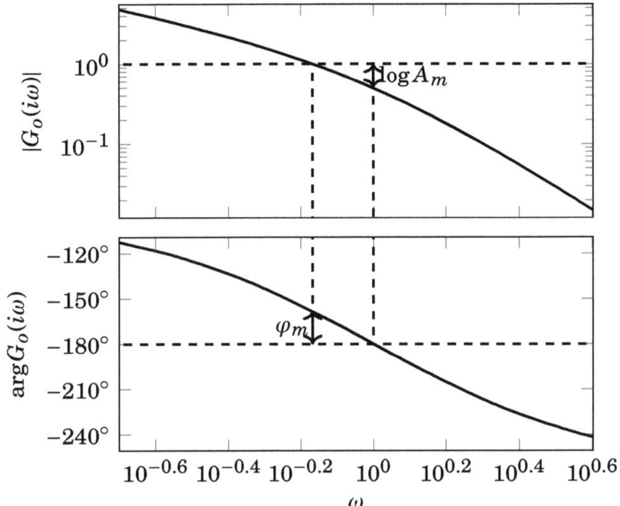

Figur 11.8: Bodediagram för frekvensfunktionen i Exempel 11.7.

Skälet till den logaritmiska skalan för vinkelfrekvensen är att potenser av s blir räta linjer. Vi har för $G(s) = s^p$ att $\log|G(i\omega)| = \log|i\omega|^p = p\log\omega$, som är en linjär funktion av $\log\omega$ med lutningskoefficient p. För fasförskjutningen gäller att $\arg G(i\omega) = \arg(i\omega)^p = p\pi/2$, som är en konstant oberoende av $\log\omega$.

Exempel 11.7

Bodediagrammet för kretsförstärkningen

$$G_o(i\omega) = \frac{K_P}{s(s+1)^2}$$

i Exempel 11.3 för $K_P = 1$ ses i Figur 11.8. Om man vill rita Bodediagrammet för ett annat värde på K_P så inser vi från reglerna ovan att faskurvan kommer att bli oförändrad och att amplitudkurvan kommer att translateras uppåt eller nedåt beroende på om K_P är större eller mindre än ett, vilket beror på att $\log K_P$ är positivt då $K_P > 1$ och negativt då $K_P < 1$. Vi kan också avläsa amplitud- och fasmarginal i Bodediagrammet.

Vi ska nu diskutera hur man kan skissa ett Bodediagram för en allmän rationell överföringsfunktion. Såväl nämnaren som täljaren kan då alltid skrivas som produkten av faktorer av formen

$$K, \quad s, \quad 1+\frac{s}{a}, \quad 1+2\zeta\frac{s}{\omega_0}+\left(\frac{s}{\omega_0}\right)^2$$

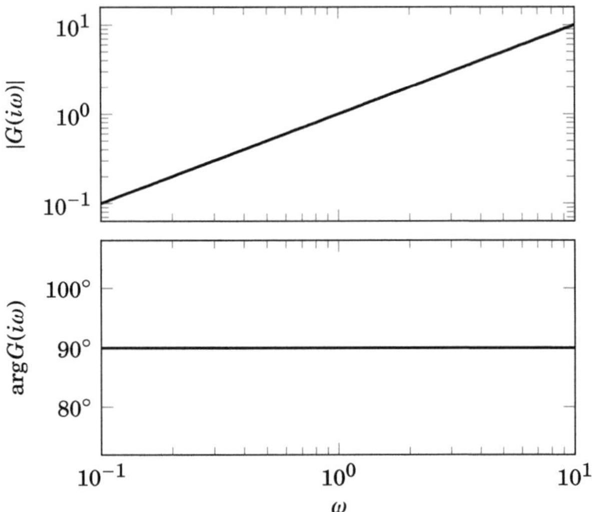

Figur 11.9: Bodediagram för överföringsfunktionen $G(s) = s$.

Vi ska nu ta fram Bodediagrammen för dessa faktorer. Därefter kan Bodediagrammet för en generell överföringsfunktion erhållas genom att addera och/eller subtrahera Bodediagrammen för faktorerna. De faktorer som finns i täljaren adderas, medan de faktorer som finns i nämnaren subtraheras. Det förra följer av (11.2), medan det senare följer av att för $G(i\omega) = G_1(i\omega)/G_2(i\omega)$ gäller att

$$\log|G(i\omega)| = \log|G_1(i\omega)| - \log|G_2(i\omega)|, \quad \arg G(i\omega) = \arg G_1(i\omega) - \arg G_2(i\omega) \tag{11.3}$$

För $G(s) = K$ gäller att

$$\log|G(i\omega)| = \log|K|, \quad \arg G(i\omega) = 0$$

som har ett trivialt Bodediagram som vi lämnar till läsaren att rita som en övning.

Vi har för $G(s) = s$ att

$$\log|G(i\omega)| = \log\omega, \quad \arg G(i\omega) = \pi/2 = 90°$$

från vilket vi inser att amplitudkurvan blir en rät linje med lutning plus ett i ett loglog-diagram, och att faskurvan är konstant. Bodediagrammet ses i Figur 11.9.

För $G(s) = 1 + \frac{s}{a}$ gäller att

$$|G(i\omega)| = \sqrt{1 + \left(\frac{\omega}{a}\right)^2}, \quad \arg G(i\omega) = \arctan\frac{\omega}{a}$$

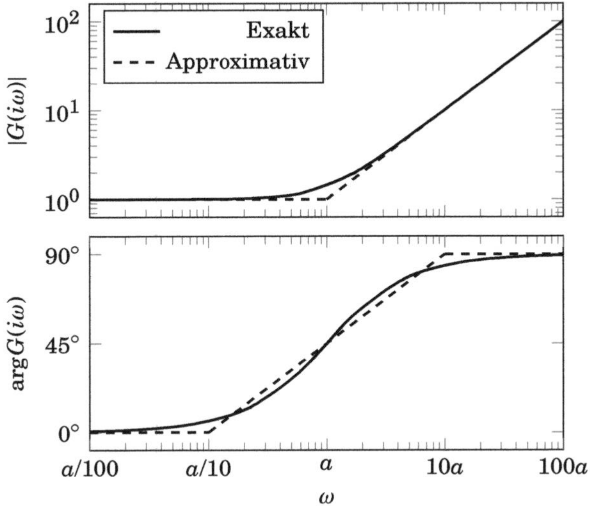

Figur 11.10: Bodediagram för överföringsfunktionen $G(s) = 1 + \frac{s}{a}$.

och från detta följer att

$$\log|G(i\omega)| = \frac{1}{2}\log\left(\omega^2 + a^2\right) - \log a$$

Vi kan approximera detta med räta linjer enligt

$$\log|G(i\omega)| \approx \begin{cases} 0, & \omega < a \\ \log\omega - \log a, & \omega \geq a \end{cases}$$

$$\arg G(i\omega) \approx \begin{cases} 0, & \omega < a/10 \\ 45° + 45°\,(\log\omega - \log a), & a/10 \leq \omega < 10a \\ 90°, & \omega \geq 10a \end{cases}$$

För absolutbeloppet gäller att felet för approximationen vid $\omega = a$ är $\sqrt{2}$ eller $20\log\left(\sqrt{2}\right)\,\text{dB} \approx 3\text{dB}$. Bodediagrammet tillsammans med asymptoterna ses i Figur 11.10. Vi inser att för beloppskurvan gäller att de två asymptoterna skär varandra för $\omega = a$ samt att för detta värde på ω så har faskurvan beloppet 45°. Denna vinkelfrekvens kallas *brytfrekevensen.* Lutningen för beloppsasymptoten är noll för $\omega < a$ och lutningen är ett för $\omega > a$.

För

$$G(s) = 1 + 2\zeta\frac{s}{\omega_0} + \left(\frac{s}{\omega_0}\right)^2$$

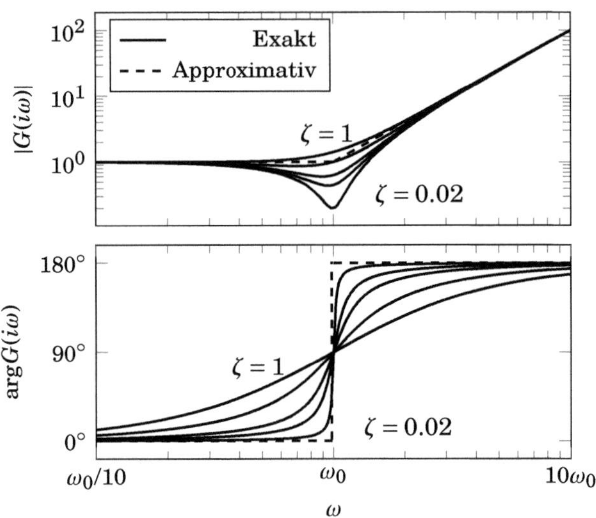

Figur 11.11: Bodediagram för överföringsfunktionen $G(s) = 1 + 2\zeta\frac{s}{\omega_0} + \left(\frac{s}{\omega_0}\right)^2$ för $\zeta \in \{0.02, 0.1, 0.2, 0.5, 1\}$.

gäller att

$$\log|G(i\omega)| = \frac{1}{2}\log\left(\omega^4 + 2\omega_0^2\omega^2(2\zeta^2 - 1) + \omega_0^4\right) - 2\log\omega_0$$

$$\arg G(i\omega) = \begin{cases} \arctan\frac{2\zeta\omega_0\omega}{\omega_0^2 - \omega^2}, & \omega < \omega_0 \\ 90°, & \omega = \omega_0 \\ 180° - \arctan\frac{2\zeta\omega_0\omega}{\omega^2 - \omega_0^2}, & \omega > \omega_0 \end{cases}$$

Vi kan approximera detta med räta linjer enligt

$$\log|G(i\omega)| \approx \begin{cases} 0, & \omega \ll \omega_0 \\ 2\log\omega - 2\log\omega_0, & \omega \gg \omega_0 \end{cases}$$

$$\arg G(i\omega) \approx \begin{cases} 0°, & \omega \ll \omega_0 \\ 180°, & \omega \gg \omega_0 \end{cases}$$

Bodediagrammet tillsammans med asympoteterna ses Figur 11.11. Vi inser att för beloppskurvan gäller att de två asymptoterna skär varandra för $\omega = \omega_0$ samt att för detta värde på ω så har faskurvan beloppet 90°. Brytfrekvensen är alltså ω_0. Lutningen för beloppsasymptoten är noll för $\omega < \omega_0$ och lutningen är två för $\omega > \omega_0$. För $\omega = \omega_0$ gäller för små värden på ζ att beloppskurvan är väldigt liten. För $H(i\omega) = 1/G(i\omega)$, vars Bodediagram erhålles genom att spegla Bodediagrammet för $G(i\omega)$ i ω-axeln, säger man att det finns en *resonanstopp* nära ω_0, ty insingaler med frekvenser nära ω_0 kommer att förstärkas mycket. Detta följer från (11.1) som säger att

$$y(t) = |H(i\omega)| \sin\big(\omega t + \phi_H(\omega)\big) = \frac{1}{|G(i\omega)|} \sin\big(\omega t - \phi(\omega)\big)$$

där ϕ_H är fasförskjutningen för H och ϕ är fasförskjutningen för G.

Exempel 11.8

Vi ska nu se hur vi kan skissa styckvis linjära approximationer för amplitud- och faskurvan för överföringsfunktionen

$$G(s)\frac{s+1}{s(s+10)}$$

med hjälp av vad vi lärt oss ovan. Vi kan skriva överföringsfunktionen som

$$G(s) = \frac{G_1(s)G_2(s)}{G_3(s)G_4(s)}$$

där

$$G_1(s) = 0.1, \quad G_2(s) = 1 + s, \quad G_3(s) = s, \quad G_4(s) = 1 + \frac{s}{10}$$

Vi har ovan härlett approximativa eller exakta styckvis linjära uttryck för samtliga faktorer i täljare och nämnare. Vi minns från (11.2) att faktorer i täljaren ska adderas och från (11.3) att faktorer i nämnaren ska subtraheras. För G_2 och G_4 gäller att asymptoterna för såväl beloppskurvan som faskurvan är noll till vänster om respektive brytfrekvens. Dessa vinkelfrekvenser är 1 respektive 10. Detta betyder att det endast är G_1 och G_3 som har någon inverkan på asymptoter för låga frekvenser. Vi kallar därför $G_1(s)/G_3(s)$ för *lågfrekvensasymptoten* och det gäller att

$$G(i\omega) \approx \frac{G_1(i\omega)}{G_3(i\omega)} = \frac{0.1}{i\omega}$$

för $\omega \ll 1$, där 1 är den lägsta brytfrekvensen. Vi har alltså att

$$\begin{aligned}
\log|G(i\omega) &\approx \log|G_1(i\omega)| - \log|G_3(i\omega)| = \log 0.1 - \log\omega \\
\arg G(i\omega) &\approx \arg G_1(i\omega) - \arg G_3(i\omega) = 0 - 90^\circ = -90^\circ
\end{aligned}$$

för $\omega \ll 1$. Bodediagrammet för lågfrekvensasymptoten är alltså en spegling i ω-axeln samt för beloppskurvan också en translation i den andra axelns riktning av Bodediagrammet i Figur 11.9. När vi närmar oss bryfrekvensen 1 så kommer

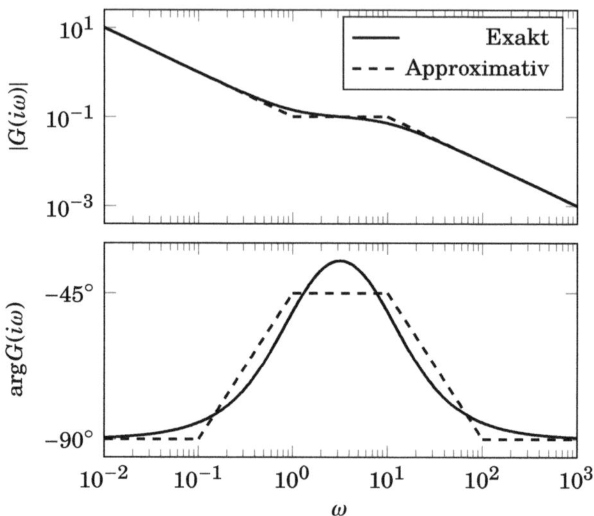

Figur 11.12: Bodediagram för överföringsfunktionen i Exempel 11.8

G_2 att börja påverka kurvorna. För beloppskurvan så kommer det att adderas en rät linje med lutning plus ett vid $\omega = 1$. Den totala lutningen blir därför noll, eftersom den innan var minus ett. Fasen har vid denna vinkelfrekvens ökat med 45° från −90° till −45° och för vinkelfrekvenser som är mycket större kommer faskurvan att närma sig 0°. När vi närmar oss bryfrekvensen 10 så kommer G_4 att börja påverka kurvorna. För beloppskurvan så kommer det att adderas en rät linje med lutning minus ett vid $\omega = 10$. Den totala lutningen blir därför minus ett, eftersom den innan var noll. Fasen har vid denna vinkelfrekvens minskat med 45° från nära 0° till −45° och för vinkelfrekvenser som är mycket större kommer faskurvan att närma sig −90°. Vi ser i Figur 11.12 Bodediagrammet för $G(i\omega)$ tillsammans med de approximativa asymptoterna. Vi ser att G_2s och G_4s brytpunkter ligger så nära varandra att fasen egentligen aldrig kommer speciellt nära 0°.

11.5 Sammanfattning

Vi har i detta kapitel sett hur man med hjälp av Nyquistkriteriet kan undersöka ett slutet systems stabilitet genom att rita upp frekvensfunktionen antingen i ett Nyquistdiagram eller i ett Bodediagram. Vi har i detalj lärt oss hur vi ska rita upp Bodediagram och speciellt skissa dess asymptoter. Vi har också definierat amplitudmarginalen och fasmarginalen som är mått på hur mycket ytterligare förstärkning respektive hur mycket ytterligare tidsfördröjning man kan tillåta sig i kretsförstärkningen innan man når stabilitetsgränsen. Vi ska i nästa kapitel använda dessa resultat för att syntetisera regulatorer i frekvensplanet.

11.6 Repetitionsfrågor

1. Vad är frekvensfunktionen?
2. Beskriv Nyquistkriteriet.
3. Vad är skillnaden mellan Nyquistkriteriet och det förenklade Nyquistkriteriet?
4. Hur är fas- och amplitudmarginalerna definierade?
5. Vad är skärfrekvensen?
6. Vad ritar man upp i ett Nyquistdiagram och vad visar de olika axlarna?
7. Vad ritar man upp i ett Bodediagram och vad visar de olika axlarna?
8. Hur kan man experimentellt ta fram ett Bodediagram?

Kapitel 12

Syntes i frekvensplanet

SYNTES i frekvensplanet är baserat på det faktum att känslighetsfunktionen och den komplementära känslighetsfunktionen är funktioner av enbart kretsförstärkningen samt att kretsförstärkningen är produkten av överföringsfunktionerna för systemet vi vill reglera och regulatorn. Önskade egenskaper på det slutna systemet kan förhållandevis enkelt uttryckas i termer av specifikationer på kretsförstärkningen. Önskade specifikationer på denna kan erhållas genom att modifiera systemets överföringfunktion med regulatorns, vilket i termer av ett Bodediagram för kretsförstärkningen motsvaras av att addera regulatorns Bodediagram till systemets. Det är alltså rätt enkelt att se vad man behöver för typ av regulator när man väl ritat upp Bodediagrammet för det öppna systemets överföringsfunktion och man vet hur det ska modifieras för att uppfylla givna specifikationer på kretsförstärkningen.

12.1 Specifikationer i frekevensplanet

För det slutna systemet i Figur 12.1 gäller enligt (5.4–5.5) att

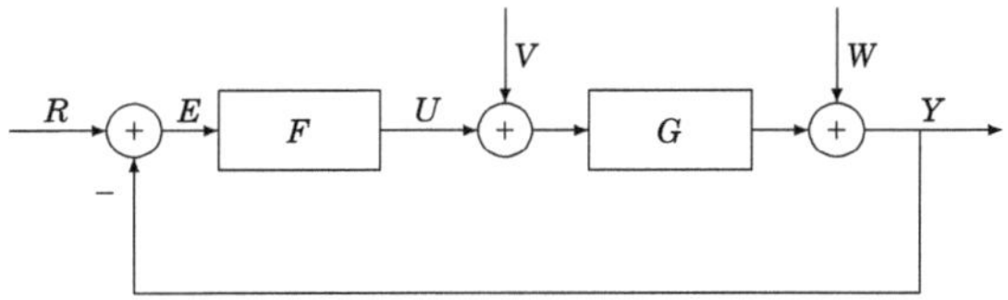

Figur 12.1: Blockschema för återkopplat system.

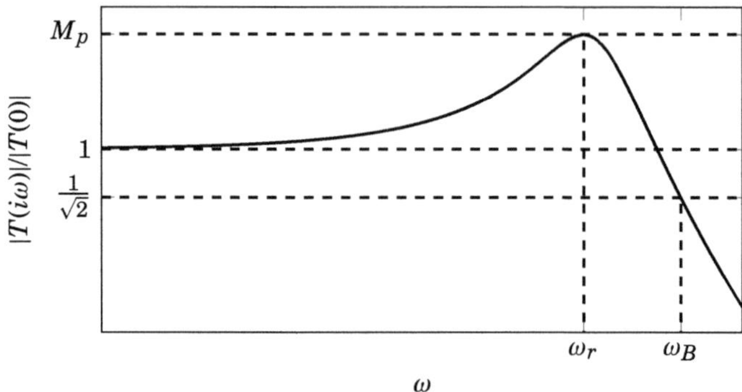

Figur 12.2: Amplitudkurva för en komplementär känslighetsfuntion $T(s)$.

$$
\begin{aligned}
Y(s) &= T(s)R(s) + G(s)S(s)V(s) + S(s)W(s) \\
U(s) &= F(s)S(s)R(s) - T(s)V(s) - F(s)S(s)W(s)
\end{aligned}
$$

där $S(s)$ är känslighetsfunktionen och $T(s)$ är den komplementära känslighetsfunktionen. Det gäller enligt definitionerna 5.9–5.10 att

$$
S(s) = \frac{1}{1 + G_o(s)}, \quad T(s) = \frac{G_o(s)}{1 + G_o(s)}
$$

där kretsförstärkningen $G_o(s)$ enligt Definition 5.8 ges av

$$
G_o(s) = F(s)G(s)
$$

Idealt vill vi att $Y(s) = R(s)$. Detta är uppfyllt om $T(s) = 1$ och $S(s) = 0$. Dock inser vi snabbt att det kräver att $G_o(s) = \infty$, vilket inte är fysikaliskt möjligt att realisera. Approximativt kan vi åstadkomma det genom att välja $G_o(s)$ stor. Om inte $G(s)$ själv är stor så behöver $F(s)$ vara stor. Detta kommer att resultera i stora styrsignaler eftersom $U(s)$ enligt ovan beror på $F(s)S(s)$ och

$$
F(s)S(s) = \frac{F(s)}{1 + F(s)G(s)} = \frac{1}{\frac{1}{F(s)} + G(s)} \approx \frac{1}{G(s)}
$$

om $F(s)$ är stor. Detta uttryck blir stort när $G(s)$ är liten, vilket den oftast är för stora värden på s av fysikaliska skäl. Alltså inser vi att $F(s)$ inte får vara alltför stor för stora värden på s om vi vill undvika att högfrekventa $R(s)$ och $W(s)$ har stor inverkan på $U(s)$. Därför kan vi endast förvänta oss att $T(s)$ är nära ett och $S(s)$ är nära noll för begränsade värden på s. Amplitudkurva för ett typiskt $T(s)$ ses i Figur 12.2. Vi har i figuren ritat in *bandbredden* ω_B, som definieras som det största ω_B sådant att $|T(i\omega)|/|T(0)| \geq 1/\sqrt{2}$ för alla $\omega \in [0, \omega_B]$.

Ofta har den komplementära känslighetsfunktionen ett maxvärde som inte erhålles för vinkelfrekvensen noll. Då säger man att man har en resonanstopp, och den vinkelfrekven ω_r som satisfierar $\max_\omega |T(i\omega)| = |T(i\omega_r)|$ kallas för *resonansfrekvensen*. Vidare kallas $M_p = |T(i\omega_r)|/|T(0)|$ för *resonanstoppen*. Vi noterar att om den nollte felkoefficienten är noll, jfr Avsnitt 5.8, vilket medför att $G_o(0) = \infty$, så gäller att $|T(0)| = 1$. Utseendet för amplitudkurvan för ett typiskt $S(s)$ inses lätt från det faktum att $S(s) + T(s) = 1$.

Exempel 12.1

Vi låter den komplementära känslighetsfunktionen ges av det andra ordningens system som definieras av differentialekvationen i (3.9), d.v.s.

$$T(s) = \frac{\omega_0^2}{s^2 + 2\zeta\omega_0 s + \omega_0^2}$$

Då gäller att

$$|T(i\omega)|^2 = \frac{\omega_0^4}{\left(\omega^2 - \omega_0^2\right)^2 + 4\zeta^2\omega_0^2\omega^2}$$

Bandbredden definieras som lösningen till

$$|T(i\omega_B)|^2 = \frac{1}{2} \Longleftrightarrow \left(\frac{\omega_B^2}{\omega_0^2} - 1\right)^2 + 4\zeta^2\frac{\omega_B^2}{\omega_0^2} = 2$$

som har lösningen

$$\omega_B = \omega_0\sqrt{1 - 2\zeta^2 + \sqrt{1 + \left(1 - 2\zeta^2\right)^2}}$$

Nämnaren för $|T(i\omega)|^2$ ges av

$$g(\omega) = \left(\omega^2 - \omega_0^2\right)^2 + 4\zeta^2\omega_0^2\omega^2$$

och minimeras för ω som satisfierar

$$g'(\omega) = 4\omega\left(\omega^2 - \omega_0^2\right) + 8\zeta^2\omega_0^2\omega = 0$$

från vilket vi erhåller

$$\omega_r = \begin{cases} \sqrt{1 - 2\zeta^2}\,\omega_0, & 0 < \zeta < \frac{1}{\sqrt{2}} \\ 0, & \zeta > \frac{1}{\sqrt{2}} \end{cases}$$

Detta ger motsvarande resonanstopp

$$M_p = \begin{cases} \frac{1}{2\zeta\sqrt{1-\zeta^2}}, & 0 < \zeta < \frac{1}{\sqrt{2}} \\ 1, & \zeta > \frac{1}{\sqrt{2}} \end{cases}$$

Vi noterar att resonanstoppens storlek endast beror på den relativa dämpningen ζ. Lägre ζ ger större resonanstopp. Bandbredden ω_B är lika med ω_0 för $\zeta = 1/\sqrt{2}$. För andra värden på ζ är ω_B inte långt från ω_0. Bandbredden är alltså ungefär lika med polernas avstånd till origo, jfr Figur 3.5.

Vi är nu intresserade av att relatera specifikationerna på den komplementära känslighetsfunktionen till specifikationer på kretsförstärkningen. För detta ändamål är det intressant att studera den komplexvärda funktionen

$$f(z) = \frac{z}{1+z}$$

av den komplexa variablen z. Skälet är att $f(G_o(i\omega)) = T(i\omega)$. Ett sätt att visualisera denna funktion är att rita nivåkurvor för $|f(z)|$ och $\arg f(z)$ i det komplexa talplanet. Detta kallas för ett *Halldiagram*. Härledningen av att dessa nivåkurvor är cirklar, kallade M- och N-cirklar, görs i Appendix C. Vi ser ett Halldiagram i Figur 12.3, och vi noterar att N-cirklarna sammanfaller med varandra för 180° ytterligare fasförskjutning. I Figur 12.3 är Nyquistkurvan för kretsförstärkningen

$$G_o(s) = \frac{10}{s(s+1)(s+2)}$$

också inritad. Vi kan nu visuellt relatera denna till den komplementära känslighetsfunktionen. Vi ser att att den störst förstärkningen för den komplementära känslighetsfunktionen är 1.5, eftersom M-cirkeln för $M = 1.5$ är den M-cirkeln med störst värde som Nyquistkurvan för kretsförstärkningen tangerar. Bandbredden ligger någonstans mellan 0.7 och 1, eftersom Nyquistkurvan skär M-cirkeln med värdet 0.7 mellan dessa vinkelfrekvenser. Vid vinkelfrekvensen för bandbredden är fasförskjutningen c:a $-135°$.

Med moderna datorhjälpmedel är det enkelt att rita upp Bodediagrammet för den komplementära känslighetsfunktionen för en given kretsförstärkning. På så sätt kan man enkelt undersöka om man erhållit lämplig bandbredd och en inte alltför stor resonanstopp efter man syntetiserat en regulator. Dock vill vi gärna relatera bandbredd och resonanstopp till specifikationer på kretsförstärkningen, eftersom det kommer att underlätta för oss att syntetisera en regulator. Från det faktum att $G_o(i\omega)$ oftast går mot noll när ω går mot oändligheten följer att $T(\omega) \approx G_o(i\omega)$ för stora värden på ω. Detta gör att skärfrekvensen ω_c, jfr Definition 11.4, är ungefär lika stor som bandbredden ω_B. Detta kan vi också se för vårt tidigare exempel i Figur 12.3, där punkten för vilken kretsförstärkningens absolutvärde är ett inte ligger långt bort från den punkt där kretsförstärkningen skär M-cirkeln med värde 0.7.

Vad gäller resonanstoppen M_p så kan man relatera denna till fasmarginalen φ_m, genom att undersöka kretsförstärkningen vid skärfrekvensen ω_c. Från

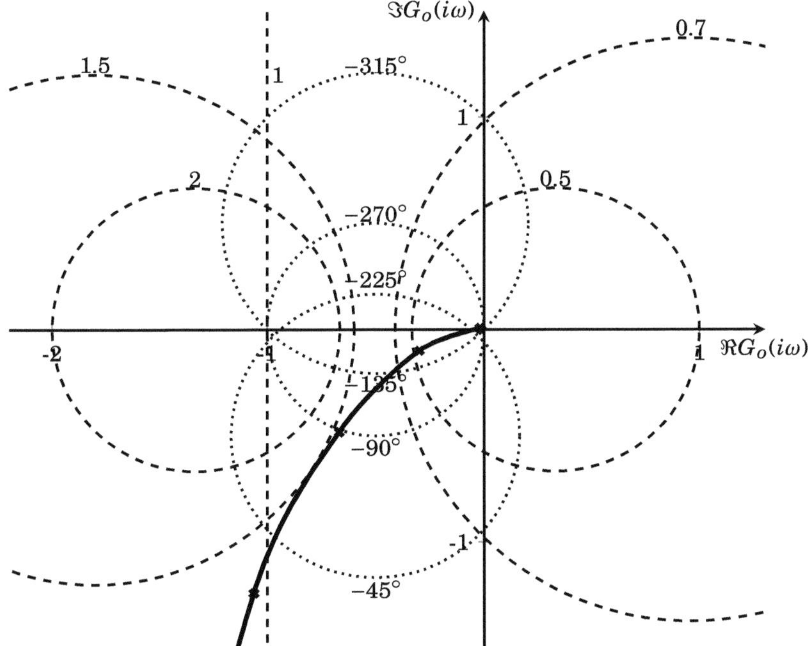

Figur 12.3: Halldiagram där M-cirklarna är streckade och N-cirklarna är prickade. I diagrammet är också en Nyquistkurva inritad som en heldragen kurva, där kryssen motsvarar $\omega = 0.5, 0.7, 1, 2$.

definitionerna 11.3–11.4 följer att

$$|G_o(i\omega_c)| = 1, \quad \arg G_o(i\omega_c) = -\pi + \varphi_m$$

Detta gör att vi kan skriva $G_o(i\omega_c) = -\cos\varphi_m - i\sin\varphi_m$. Från detta erhåller vi

$$|1+G_o(i\omega_c)|^2 = \left(1-\cos\varphi_m\right)^2 + \left(\sin\varphi_m\right)^2 = 4\left(\sin\frac{\varphi_m}{2}\right)^2$$

Härav följer att

$$|T(i\omega_c)| = \frac{|G_o(i\omega_c)|}{|1+G_o(i\omega_c)|} = \frac{1}{2\sin\frac{\varphi_m}{2}}$$

Detta ger oss olikheten

$$M_P \geq \frac{1}{2\sin\frac{\varphi_m}{2}}$$

eftersom M_P är maxvärdet av $|T(i\omega)|$. Från detta följer att vi måste kräva en tillräckligt stor fasmarginal för att inte riskera att få en för stor resonanstopp.

Exempel 12.2

Låt kretsförstärkningen ges av

$$G_o(s) = \frac{\omega_0^2}{s(s+2\zeta\omega_0)}$$

Då gäller att den komplementära känslighetsfunktionen ges av

$$T(s) = \frac{G_o(s)}{1+G_o(s)} = \frac{\omega_0^2}{s^2+2\zeta\omega_0 s+\omega_0^2}$$

liksom i Exempel 12.1. Skärfrekvensen ω_c ges av lösningen till ekvationen

$$|G_o(i\omega_c)|^2 = \frac{\omega_0^4}{\omega_c^2\left(\omega_c^2+4\zeta^2\omega_0^2\right)} = 1$$

som är

$$\omega_c = \omega_0\sqrt{\sqrt{1+4\zeta^4}-2\zeta^2}$$

Vidare ges fasmarginalen av

$$\varphi_m = \arg G_o(i\omega_c) + \pi = \frac{\pi}{2} - \arctan\frac{\omega_c}{2\zeta\omega_0} = \arctan\frac{2\zeta}{\sqrt{\sqrt{1+4\zeta^4}-2\zeta^2}}$$

Vi plottar nu fasmarginalen φ_m, resonanstoppen M_p och överslängen M, jfr. Avsnitt 3.5, för stegsvaret som funktion av ζ i Figur 12.4. Vi ser att översläng och

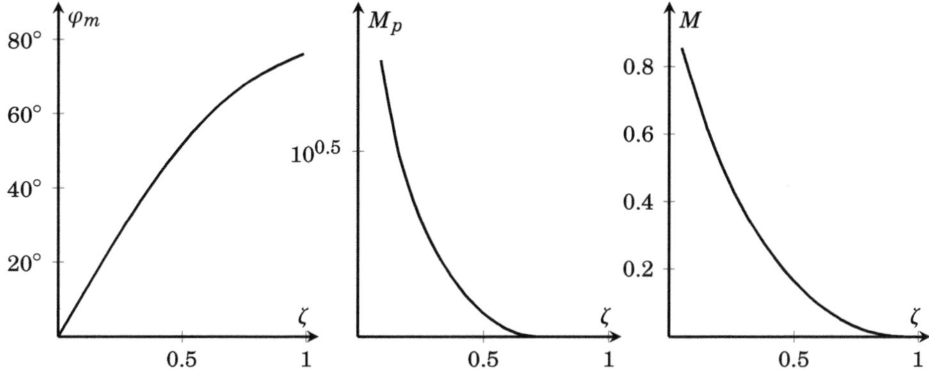

Figur 12.4: Fasmarginal, resonanstopp och översläng som funktion av den relativa dämpningen ζ för kretsförstärkningen i Exempel 12.2.

resonanstopp är starkt korrelerade, om än med olika skalor på y-axeln. Vidare ser vi att resonanstopp och översläng är ungefär omvänt proportionella mot fasmarginalen. Vi plottar också

$$\omega_c/\omega_B = \sqrt{\frac{\sqrt{1+4\zeta^4}-2\zeta^2}{1-2\zeta^2+\sqrt{1+(1-2\zeta^2)^2}}}$$

samt

$$\omega_c T_r = \sqrt{\sqrt{1+4\zeta^4}-2\zeta^2}\exp\left(\frac{\zeta\arccos\zeta}{\sqrt{1-\zeta^2}}\right)$$

i Figur 12.5, där det approximativa uttrycket för stigtiden T_r från Avsnitt 3.5 används. Vi ser att $\omega_B \approx \omega_c$ och att $\omega_c \approx 1/T_r$.

Vi kan också härleda samband mellan kretsförstärkningen G_o och felkoefficienter. Vi har från Avsnitt 5.8 att om nollte felkoefficienten är noll så gäller att

$$G_o(s) = \frac{1}{s}H_1(s)$$

för någon överföringsfunktion $H_1(s)$ som är sådan att $H_1(0) \neq 0$. Vidare minns vi att den första felkoefficienten ges av $e_1 = 1/H_1(0)$. Detta betyder att lågfrekvensasymptoten kan skrivas

$$G_o(s) \approx \frac{1}{s}H_1(0) = \frac{1}{e_1 s}$$

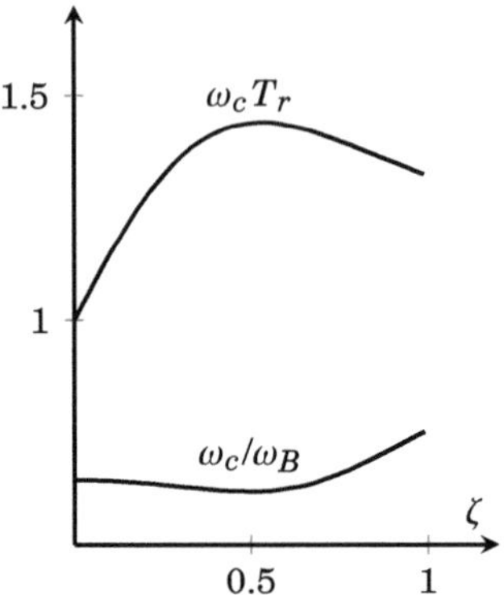

Figur 12.5: Storheterna ω_c/ω_B samt $\omega_c T_r$ som funktion av den relativa dämpningen ζ för kretsförstärkningen i Exempel 12.2

	Snabbhet	Dämpning	Statisk noggrannhet
Stegsvar	Stigtid T_r	Översläng M Lösningstid T_s	Normaliserade slutfelet e_0
$\lvert T(i\omega)\rvert$	Bandbredd $\omega_B \sim 1/T_r$ Resonansfrekvens ω_r	Resonanstopp M_P	Felkoefficienten $e_0 = 1 - T(0)$
$G_o(i\omega)$	Skärfrekvens ω_c	Fasmarginal ϕ_m Amplitudmarginal A_m	Lågrekvens-asymptotens lutning och skärning
Poler	Avstånd till origo ω_0	Relativ dämpning ζ	

Tabell 12.1: Tabell som relaterar specifikationer på stegsvar, poler, komplementär känslighetsfunktion och kretsförstärkning.

om $e_1 \neq 0$, och då har beloppskurvan för lågrekvensasymptoten lutningen -1. Vidare gäller att

$$\left| \frac{1}{i\omega} H_1(0) \right| = 1$$

för $\omega = 1/e_1$, vilket är den vinkelfrekvens där lågfrekvensasympoten skär ω-axeln i ett loglogdiagram. Vi sammanfattar de relationer vi har mellan specifikationer på stegsvar, poler, komplementär känslighetsfunktion och kretsförstärking i Tabell 12.1 Från denna tabell och våra tidigare diskussioner ser vi att vi kan ge specifikationer på kretsförstärkningen G_o i termer av skärfrekvens, fasmarginal, amplitudmarginal och lågfrekvensasymptotens lutning och skärning och därigenom indirekt uppfylla specifikationer på såväl stegsvar som frekvensfunktion och poler för det slutna systemet.

12.2 Fasretarderande och fasavancerande länkar

Vi ska i resten av detta kapitel studera hur vi kan modifiera ett öppet system med överföringsfunktion G så att dess kretsförstärkning $G_o(s) = F(s)G(s)$ uppfyller önskade specifikationer, och detta ska vi göra för en speciell form av överföringsfunktion för regulatorn given av

$$F(s) = K\left(\frac{\tau_I s + 1}{\tau_I s + \gamma}\right)\left(\frac{\tau_D s + 1}{\beta\tau_D s + 1}\right) \tag{12.1}$$

Då $\gamma = 0$ är detta samma regulator som PID-regulatorn på serieform med filtrering i (6.1). Vi antar att alla parametrar är positiv samt att $0 \le \gamma < 1$. Vi ska nu rita upp regulatorns Bodediagram. Eftersom regulatorn är produkten av tre faktorer så kan dess Bodediagram enkelt erhållas som summan av faktorernas Bodediagram. Vi minns att den första faktorns Bodediagram har en faskurva som är noll och en amplitudkurva som är $\log K$. Detta betyder att då vi ritat Bodediagrammet för de övriga faktorerna så kommer den första faktorn endast att modifiera amplitudkurvan med en vertikal translation. Faskurvan kommer inte att påverkas.

12.2.1 Fasretarderande länk

Den andra faktorn

$$F_r(s) = \frac{\tau_I s + 1}{\tau_I s + \gamma}$$

är kvoten mellan två förstagradspolynom. Alltså blir det resulterande Bodediagrammet skillnaden mellan Bodediagrammen för $\tau_I s + 1$ och $\gamma\left(\tau_I/\gamma s + 1\right)$. Bodediagram för ett förstagradspolynom har vi också ritat upp i Avsnitt 11.4. Amplitudkurvan kommer därför att ha en lågfrekvensasymptot med lutning noll som är $1/\gamma$. Brytfrekvenserna är $1/\tau_I$ respektive γ/τ_I. Eftersom $\gamma < 1$ följer att brytfrekvensen för nämnarpolynomet är lägre än brytfrekvensen för täljarpolynomet. Alltså kommer vi att bryta ner och få en asymptot med lutning -1 vid vinkelfrekvensen γ/τ_I, och därefter kommer vi att bryta upp och åter få en asymptot med lutning noll vid vinkelfrekvensen $1/\tau_I$. På samma sätt inser vi att faskurvan kommer att vara sådan att vi i början får negativ fas eftersom nämnaren har lägst brytfrekvens och att vi därefter får ett positivt tillskott från täljaren. Asymptotiskt är fasen noll för vinkelfrekvensen noll och för mycket stora värden på vinkelfrekvensen. Vi har alltid en negativ fas, och därför kallas den andra faktorn F_r i regulatorns överföringsfunktion för en *fasretarderande länk*. Dess Bodediagram syns i Figur 12.6 Vi ser att parametern γ bestämmer hur stor förstärkningen är för $\omega = 0$. Den fasretarderande länken ger för för denna frekvens

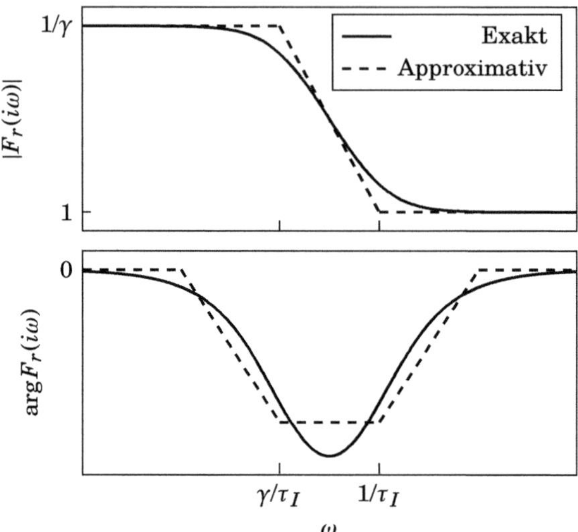

Figur 12.6: Bodediagram för fasretarderande länk.

en förstärkning om $1/\gamma$. För $\gamma = 0$ får man en ren integrering, och den fasretarderande länken är då en PI-regulator. Den oändliga förstärkningen som en PI-regulator har för $\omega = 0$ kan ibland vara problematisk, jfr. Avsnitt 4, och därför kan en fasretarderande länk ibland vara att föredra. Parametern τ_I bestämmer hur långt upp i frekvens förstärkningen är c:a $1/\gamma$. Den påverkar också hur snabb insvängningen mot stationärt reglerfel är, ju mindre τ_I, desto snabbare insvängning. Detta inser vi från att skärfrekvensen ω_c för kretsförstärkningen ökar med minskat τ_I. Dock innebär litet τ_I också en försämrad fasmarginal. Vi ska nu analysera i mer detalj hur stor denna försämring är. Det gäller för skärfrekvensen att

$$\begin{aligned}\arg F_r(i\omega_c) &= \arg \frac{\tau_I i\omega_c + 1}{\tau_I i\omega_c + \gamma} = \arctan(\tau_I \omega_c) - \arctan\left(\tau_I \omega_c/\gamma\right)\\ &= -\arctan \frac{(1-\gamma)\tau_I \omega_c}{\gamma + \tau_I^2 \omega_c^2}\end{aligned}$$

och speciellt för $\gamma = 0$ erhåller vi $-\arctan \frac{1}{\tau_I \omega_c}$. En tumregel för val av τ_I är därför $\tau_I = 10/\omega_c$, vilket ger en fasförlust från den fasretarderande länken om 5.7°. Vi ska se att vi med den tredje faktorn i regulatorn kan kompensera för denna fasförlust som ger en försämring av fasmarginalen. Vi noterar också att den fasretarderande länken ger försumbart bidrag till förstärkningen vid ω_c då vi

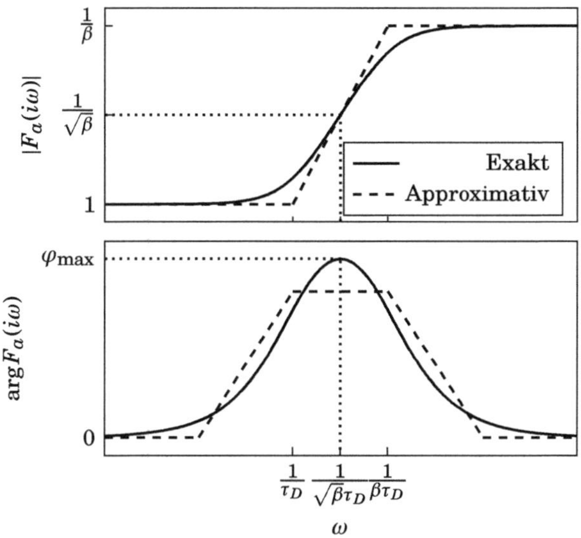

Figur 12.7: Bodediagram för fasavancerande länk.

använder tumregeln, ty

$$|F_r(i\omega_c)| = \sqrt{\frac{\tau_I^2\omega_c^2 + 1}{\tau_I^2\omega_c^2 + \gamma^2}} = \sqrt{\frac{100+1}{100+\gamma^2}} \approx 1$$

för $0 \le \gamma < 1$.

12.2.2 Fasavancerande länk

Den tredje faktorn i regulatorn ges av

$$F_a(s) = \frac{\tau_D s + 1}{\beta \tau_D s + 1}$$

och är också kvoten mellan två förstagradspolynom. Alltså blir också nu det resulterande Bodediagrammet skillnaden mellan Bodediagrammen för två förstagradspolynom som i detta fallet är $\tau_D s + 1$ och $\beta \tau_D s + 1$. Amplitudkurvan kommer därför att ha en lågfrekvensasymptot med lutning noll som är till värdet ett. Brytfrekvenserna är $1/\tau_D$ och $1/(\beta\tau_D)$. Eftersom $\beta < 1$ ser vi att brytfrekvensen för täljarpolynomet är lägre än för nämnarpolynomet. Alltså kommer vi att bryta upp och få en asymptot med lutning $+1$ vid vinkelfrekvensen $1/\tau_D$,

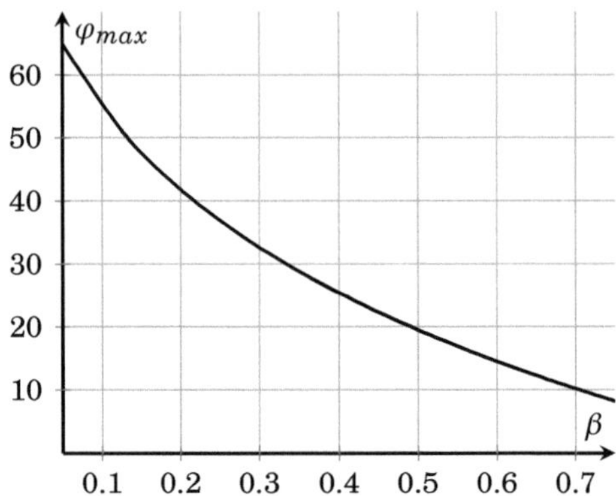

Figur 12.8: Maximal fasavancering för en fasavancerande länk som funktion av β.

och därefter kommer vi att bryta ner och åter får en asymptot med lutning noll vid vinkelfrekvensen $1/(\beta\tau_D)$. På samma sätt inser vi att faskurvan kommer att vara sådan att vi i början får positiv fas eftersom nämnaren har lägre brytfrekvens än täljaren, och att vi därefter får ett negativt tillskott från nämnaren. Asymptotiskt är fasen noll för vinkelfrekvensen noll och för mycket stora värden på vinkelfrekvensen. Vi har alltid en positiv fas, och därför kallas den tredje faktorn F_a i regulatorns överföringsfunktion för en *fasavancerande länk*. Dess Bodediagram syns i Figur 12.7. Vi är nu intresserade av att undersöka i mer detalj hur mycket vi kan avancera fasen med en fasavancerande länk. Det gäller att

$$\begin{aligned}\arg F_a(i\omega) &= \arg\frac{\tau_D i\omega+1}{\beta\tau_D i\omega+1} = \arctan(\tau_D\omega) - \arctan\left(\beta\tau_D\omega\right)\\ &= \arctan\frac{(1-\beta)\tau_D\omega}{1+\beta\tau_D^2\omega^2}\end{aligned}$$

Denna funktion har ett största värde

$$\varphi_{\max} = \arctan\frac{1-\beta}{2\sqrt{\beta}}$$

som erhålles för

$$\omega = \frac{1}{\sqrt{\beta}\tau_D} \tag{12.2}$$

För detta värde på ω har vi att

$$\left|F_a\left(\frac{i}{\sqrt{\beta}\tau_D}\right)\right| = \frac{1}{\sqrt{\beta}} \tag{12.3}$$

Dessa värden är angivna i Figur 12.7. Grafen för hur $\varphi_{\max}$ varierar som funktion av β syns i Figur 12.8.

12.3 Kompensering i frekvensplanet

Vi ska nu studera hur vi kan använda vad vi lärt oss för att syntetisera regulatorer via kompensering i frekvensplanet i ett antal exempel.

EXEMPEL 12.3

Vi vill ta fram en regulator för likströmsmotorn i Exempel 6.10. Vi antar att parametrarna är $a = b = 1$, vilket medför att vinkeln $y = \theta$ har Laplacetransformen

$$Y(s) = \frac{1}{s(s+1)}(U(s) + V(s))$$

där U och V är Laplacetransformerna av spänningen u respektive insignalstörningen v. Målet är att reglera vinkeln med hjälp av spänningen. Specifikationerna är att skärfrekvensen ska vara $\omega_c = 10$ rad/s, att nollte felkoefficienten ska vara noll samt att fasmarginalen ska vara 45°. Bodediagrammet för det öppna systemets överföringsfunktion

$$G(s) = \frac{1}{s(s+1)}$$

syns i Figur12.9. Det öppna systemets överföringsfunktion innehåller en integrering, och därför är redan den nollte felkoefficienten noll. Alltså behöver vi inte inkludera ytterligare integrering i regulatorn. Vi kan nöja oss med en regulator på formen

$$F(s) = KF_a(s)$$

där F_a är en fasavancerande länk. Vi ser att det öppna systemet har förstärkning ett för vinklefrekvensen 0.8. För att skärfrekvensen ska bli 10 måste vi alltså låta $KF_a(s)$ vara sådan att

$$|G_o(10i)| = |KF_a(10i)G(10i)| = 1 \tag{12.4}$$

Vi ser att fasmarginalen är c:a 5° för det öppna systemet. Vi måste alltså låta den fasavancerande länken ge ett positivt fastillskott om 40° för att erhålla önskad fasmarginal. Från Figur 12.8 inser vi att detta kan uppnås med $\beta = 0.22$. För att detta fastillskott ska erhållas vid önskad skärfrekvens måste enligt (12.2)

$$10 = \frac{1}{\sqrt{0.22}\tau_D}$$

vilket medför att $\tau_D = 0.21$. Kvar är nu bara att bestämma K så att (12.4) är uppfylld. Vi ser i Figur 12.9 att $|G(10i)| = 0.01$. Det gäller enligt (12.3) att

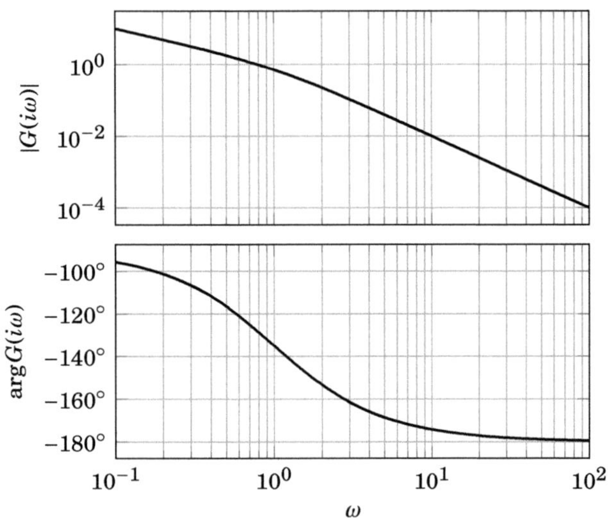

Figur 12.9: Bodediagram för det öppna systemets överföringsfunktion för likströmsmotorn.

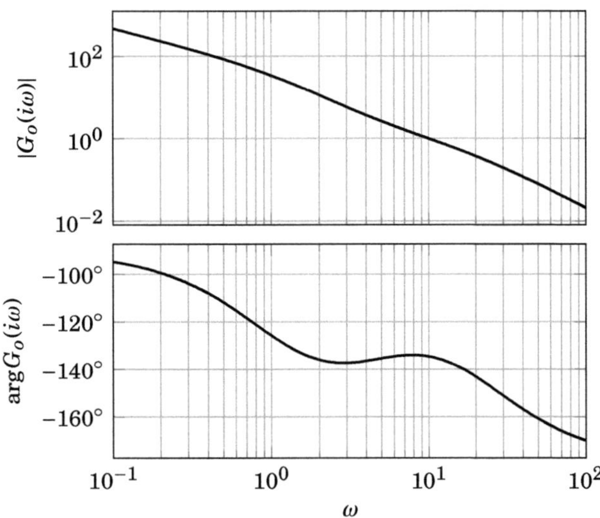

Figur 12.10: Bodediagram för den kompenserade kretsförstärkningen för likströmsmotorn.

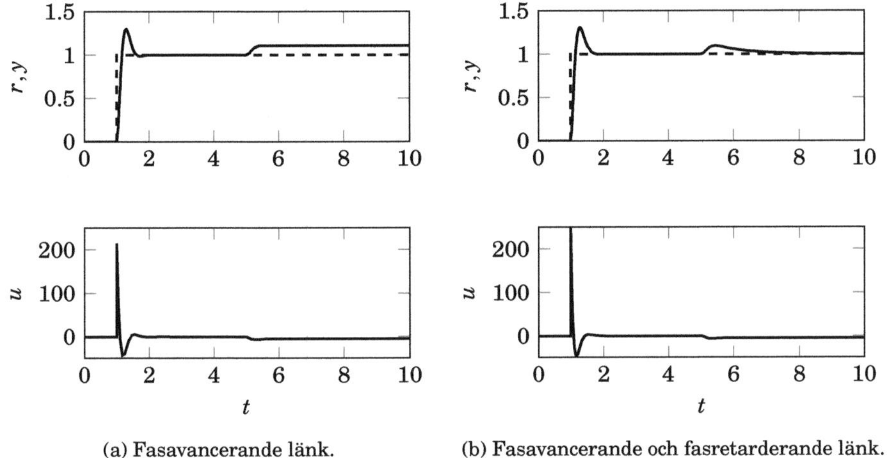

(a) Fasavancerande länk.

(b) Fasavancerande och fasretarderande länk.

Figur 12.11: Reglering av likströmsmotor där y är heldragen och r streckad.

$|F_a(10i)| = 1/\sqrt{\beta} = 2.13$. Alltså ska vi välja $K = 1/(2.13 \times 0.01) = 47$. Bodediagrammet för kretsförstärkningen $G_o(s) = KF_a(s)G(s)$ ses i Figur 12.10. Vi ser att vi erhållit önskad skärfrekvens och fasmarginal. Det är inte svårt att räkna ut att polerna för

$$T(s) = \frac{G_o(s)}{1 + G_o(s)}$$

är -9.1 och $-6.8 \pm 8.1i$. Detta betyder att den relativa dämpningen för de komplexkonjugerade polerna är $\zeta = 6.8/\sqrt{6.8^2 + 8.1^2} = 0.64$. Det finns också ett nollställe i -4.8. I Figur 12.11a ses en simulering av slutna systemet då referensvärdet är ett enhetssteg vid tidpunkten ett och insignalstörningen är ett steg med amplitud fem vid tidpunkten fem. Jämfört med tillståndsåterkopplingen från rekonsturerade tillstånd i Figur 9.4a ser vi att vi har en något större översläng beroende på att den fasmarginal vi specificerat ger en mindre relativ dämpning en den vi specificerad för tillståndsåterkopplingen.

Exempel 12.4

Vi noterar att regulatorn i det förra exemplet inte klarar av att undertrycka insignalstörningen. Som vi minns från Avsnitt 5.8 är det styvhetskoefficienterna som är relevanta om man vill undertrycka en konstant insignalstörning när tiden går mot oändligheten. För detta måste den nollte styvhetskoefficienten vara noll. Detta innebär att vi för likströmsmotorn måste ha en integrator i regulatorn. Vi gör därför om regulatorsyntesen då regulatorn ges av (12.1) med $\gamma = 0$, vilket ger oss en integrator i regulatorn. Specifikationerna är i övrigt de

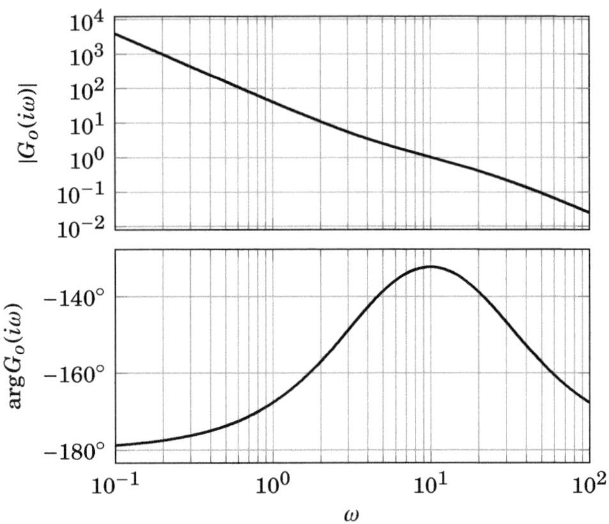

Figur 12.12: Bodediagram för den kompenserade kretsförstärkningen för likströmsmotorn.

samma som i det förra exemplet. Vi använder tumregeln att $\tau_I = 10/\omega_c = 1$.

För att erhållas fasmarginalen 45° måste vi nu låta den fasavancerande länken ge ett positivt fastillskott om $40° + 5.7° = 50.7°$ för att erhålla önskad fasmarginal. Kom ihåg att det var 5.7° som den fasretarderande länken förlorade i fas vid skärfrekvensen om man använde tumregeln. Från Figur 12.8 inser vi att detta kan uppnås med $\beta = 0.15$. För att detta fastillskott ska erhållas vid önskad skärfrekvens måste enligt (12.2)

$$10 = \frac{1}{\sqrt{0.15}\tau_D}$$

vilket medför att $\tau_D = 0.26$. Kvar är nu bara att bestämma K så att

$$|G_o(10i)| = |KF_r(10i)F_a(10i)G(10i)| = 1$$

Vi minns från Avsnitt 12.2.1 att $F_r(10i) \approx 1$, och från det förra exemplet att $|G(10i)| = 0.01$. Det gäller enligt (12.3) att $|F_a(10i)| = 1/\sqrt{\beta} = 2.58$. Alltså ska vi välja $K = 1/(2.58 \times 0.01) = 39$. Bodediagrammet för kretsförstärkningen $G_o(s) = KF_r(s)F_a(s)G(s)$ ses i Figur 12.12. Vi ser att vi erhållit önskad skärfrekvens och fasmarginal. Det gäller att polerna för

$$T(s) = \frac{G_o(s)}{1 + G_o(s)}$$

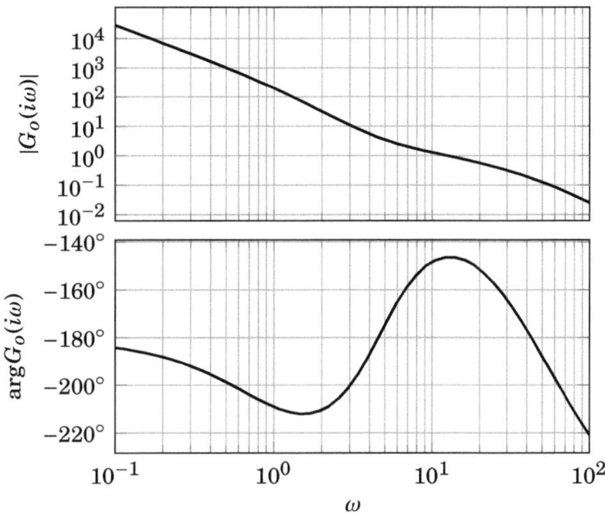

Figur 12.13: Bodediagram för den kompenserade kretsförstärkningen för likströmsmotorn reglerad med tillståndsåterkoppling från skattade tillstånd och skattad insignalstörning.

är -9.2 och $-8.2 \pm 6.4i$. Detta betyder att den relativa dämpningen för de komplexkonjugerade polerna är $\zeta = 8.2/\sqrt{8.2^2 + 6.4^2} = 0.78$. Det finns också ett nollställe i -3.8. Jämför med det förra exemplet är de komplexkonjugerade polerna mer dämpade, men nollstället ligger närmare imaginära axeln. I Figur 12.11b ses en simulering av slutna systemet då referensvärdet är ett enhetssteg vid tidpunkten ett och insignalstörningen är ett steg med amplitud fem vid tidpunkten fem. Om man jämför med stegsvaret för refererensvärdet för endast fasavancerande länk i det förra exemplet så är de väldigt lika. Jämfört med tillståndsåterkoppling från skattade tillstånd och skattad insignalstörning i Figur 9.4b ser vi att det tar mycket längre tid att eliminera insignalstörningen. Detta beror på att tumregeln för val av τ_I ger för låg förstärkning vid låga frekvenser. Man bör alltså välja ett annat τ_I och göra om räkningarna. Det är typiskt för kompensering i frekvensplanet att man kan behöva upprepa syntesen av regulatorn några gånger innan man blir nöjd.

Vi ska nu analysera den regulator vi tog fram i Avsnitt 9.9, d.v.s. regulatorn för likströmsmotorn baserad på tillståndsåterkoppling från skattade tillstånd och skattad störning. Liksom regulatorn i det förra exemplet har den också integralverkan. I Figur 12.13 syns Bodediagrammet för dess kretsförstärkning.

Vi ser att skärfrekvensen är ungeför densamma liksom fasmarginalen för denna regulator jämför med regulatorn i Figur 12.12. Dock är amplitudmarginalen bättre för regulatorn i förra exemplet, medan lågfrekvensförstärkningen är högre för regulatorn i Figur 12.13, c:a 10 ggr högre för $\omega = 1$. Det är det som gör att undertryckningen av insignalstörningen är snabbare i Figur 9.4b jämfört med i Figur 12.11b.

I den händelse att man använder antivikningsfilter, jfr. Avsnitt 4.1, så bör man inkludera detta filter i kretsförstärkningen när man utför kompensering i frekvensplanet, om det är så att önskad skärfrekvens ligger nära bandbredden för antivikningsfiltret. Man kan även behöva ta höjd för det faktum att en digitalt implementerad regulator orsakar en tidsfördröjning i kretsförstärkningen. Det betyder att man bör välja en något högre fasmarginal än om regulatorn skulle implementerats analogt.

12.4 Sammanfattning

I det här kapitlet har vi sett att vi kan syntetisera regulatorer i frekvensplanet genom att modifiera kretsförstärkningen med fasretarderande och fasavancerande länkar som tillsammans kan betraktas som en PID-regulator på serieform. Denna syntes är baserad på att specifikationer på det slutna systemet kan översättas till specifikationer på kretsöverföringen i enlighet med Tabell 12.1. Syntesmetoden är iterativ till sin natur, eftersom tabellen endast anger approximativa relationer mellan de olika specifikationerna.

12.5 Repetitionsfrågor

1. Vad är relationen mellan ett stegsvars stigtid och bandbredden för slutna systemet samt skärfrekvensen för kretsförstärkningen?
2. Vad är relationen mellan ett stegsvars översläng och resonanstoppen för slutna systemet samt fasmarginalen för kretsförstärkningen?
3. Hur är lågrekvensasymptotens lutning och skärning för kretsförstärkningen relaterad till felkoefficienter?
4. Vad är en fasavancerande länk?
5. Vad är en fasretarderande länk?
6. Beskriv metoden för kompensering i frekvensplanet.

Kapitel 13

Fundamentala begränsningar

Vi har i tidigare kapitel till viss del berört de begränsningar som gäller för vilka specifikationer som är rimliga att ställa på ett slutet system. Vi diskuterade i Avsnitt 5.4 det återkopplade systemet och kom fram till vissa begränsningar på vad som kan åstadkommas med begränsad energiåtgång. Vi har också sett i Kapitel 6 hur nollställen i höger halvplan och tidsfördröjningar medför begränsningar på vad vi kan åstadkomma. Vi ska i detta kapitel diskutera dessa och andra begränsningar mer ingående.

13.1 Begränsad styrsignal och mätfel

Vi betraktar det återkopplade systemet i Figur 13.1 Det följer från (5.4–5.5) att

$$Y(s) = T(s)R(s) + G(s)S(s)V(s) + S(s)W(s) \tag{13.1}$$

$$Z(s) = T(s)R(s) + G(s)S(s)V(s) - T(s)W(s) \tag{13.2}$$

$$U(s) = F(s)S(s)R(s) - T(s)V(s) - F(s)S(s)W(s) \tag{13.3}$$

eftersom $Z(s) = Y(s) - W(s)$ och $S(s) + T(s) = 1$. Vi kommer i detta kapitel att betrakta W som ett mätfel och inte som en störning. Det innebär att det är Z vi vill reglera och inte Y, ty Y är bara en mätning av Z med ett fel W. Alltså definierar vi reglerfelet som $E(s) = Z(s) - R(s)$. Detta är helt i linje med de beteckningar vi använde i Kapitel 9. De uttryck vi tidigare härlett för reglerfel kommer att med avseende på R och V vara desamma eftersom enda skillnaden mellan Y och Z är hur W kommer in. Vi har nu att

$$E(s) = R(s) - Z(s) = S(s)R(s) - G(s)S(s)V(s) + T(s)W(s)$$

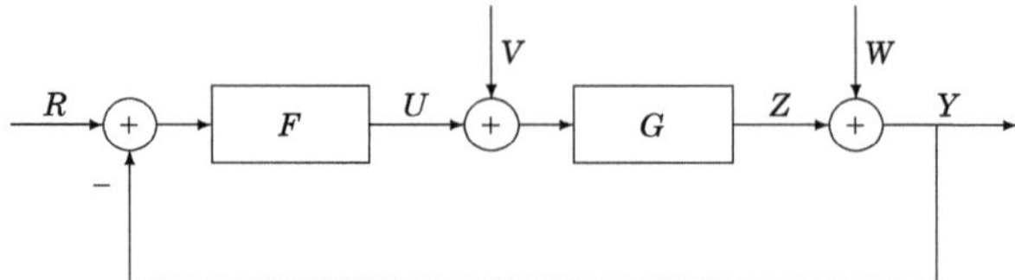

Figur 13.1: Blockschema för återkopplat system.

Om vi vill att $E(s)$ ska vara liten oberoende av referensvärdet $R(s)$ så måste känslighetsfunktionen

$$S(s) = \frac{1}{1 + F(s)G(s)}$$

vara liten. Detta betyder att $F(s)G(s)$ är så stor att $1 + F(s)G(s) \approx F(s)G(s)$, och därför är enligt (13.3)

$$U(s) \approx \frac{1}{G(s)} R(s) - V(s) - \frac{1}{G(s)} W(s)$$

Av fysikaliska skäl är $G(s)$ oftast liten för stora värden på s, och därför inser vi att om vi låter känslighetsfunktionen vara liten för s som är sådana att $G(s)$ är liten så blir styrsignalen stor då $R(s)$ inte är noll och likaså kommer mätfel att förstärkas kraftigt i styrsignalen. Mätfel är oftast dessutom sådana att de är stora för just stora värden på s, d.v.s. de är snabbt varierande. Vi inser från uttrycket för reglerfelet E att mätfel också kommer att synas i reglerfelet och multipliceras med den komplementära känslighetsfunktionen T. Om S är liten för stora värden på s så kommer T att vara nära ett eftersom det alltid gäller att $S(s) + T(s) = 1$. Alltså syns mätfelet också tydligt i reglerfelet om vi väjer att göra S liten för stora värden på $s = i\omega$. Vi inser nu att det finns en övre begränsning på bandbredden på det slutna systemet som beror på hur stora styrsignaler vi kan tolerera och på hur stora mätfel vi har och vad frekvensinnehållet är i mätfelen.

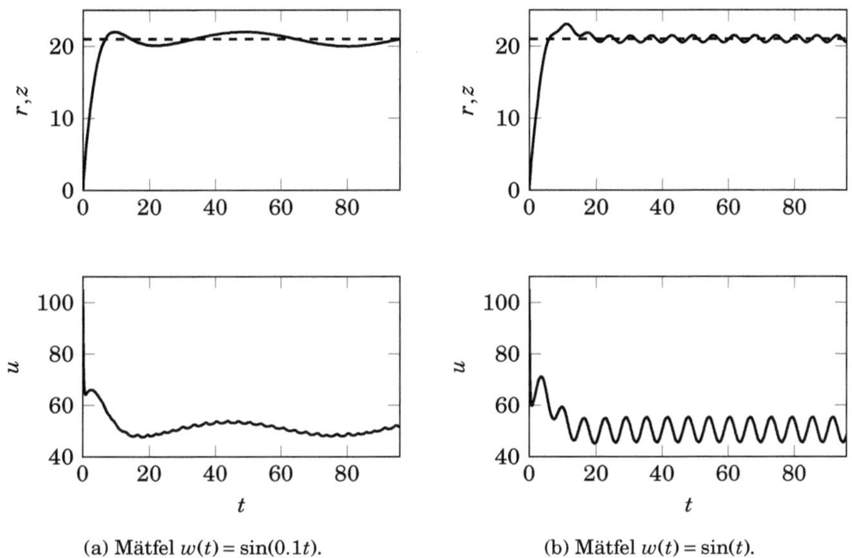

(a) Mätfel $w(t) = \sin(0.1t)$.

(b) Mätfel $w(t) = \sin(t)$.

Figur 13.2: Figurer som visar börvärde r (streckad)och ärvärde z (heldragen) samt styrsignalen u för husuppvärmning då ärvärdet mäts med mätfel.

EXEMPEL 13.1

Låt oss studera husuppvärmningsexemplet i Kapitel 2 igen. Husets och PID-regulatorns överföringsfunktioner ges av

$$G(s) = \frac{0.1}{s + 0.24}, \qquad F(s) = \frac{25s^2 + 16.5s + 4.5}{s(s+3)}$$

vilket medför att den komplementära känslighetsfunktionen är

$$T(s) = \frac{2.5s^2 + 1.65s + 0.45}{s^3 + 5.74s^2 + 2.37s + 0.45}$$

Bandbredden för det slutna systemet är ungefär 0.3 rad/s. I Figur 13.2 ser vi hur ett mätfel som ges av $w(t) = \sin(0.1t)$ orsakar stora variationer i styrsignalen. Vi har här låtit alla störningar vara noll. Vi ser också att regulatorn ser till att den felmätta signalen och inte den verkliga temperaturen regleras. Om istället $w(t) = \sin(t)$ ser vi att oscillationerna i den verkliga temperaturen har mindre amplitud men är mer högfrekvent. Amplituden för oscillationerna i styrsignalerna beror inte så mycket på vinkelfrekvensen. Det är inte möjligt att eliminera inverkan av mätfelet $w(t) = \sin(0.1t)$ med mindre än att slutna systemets bandbredd måste göras mindre. För fallet att $w(t) = \sin(t)$ kan vi minska

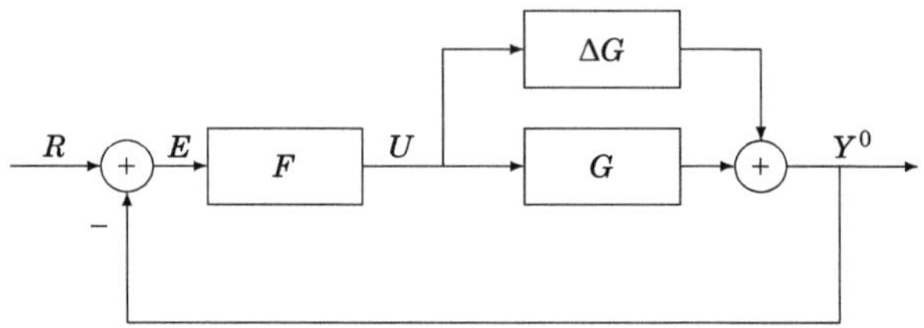

Figur 13.3: Blockschema för återkopplat system med modellfel.

inverka något genom att filtrera mätsignalen med ett lågpassfilter liknande det vi använde i Kapitel 4.

13.2 Modellfel

Vi ska nu studera vad som händer när det öppna systemet vi vill reglera inte är fullständigt känt för oss. För att kunna prata om detta antar vi nu att $G(s)$ är en modell av det öppna systemet medan det sanna öppna systemet ges av $G^0(s)$. Dessa är relaterade via det *relativa modellfelet*

$$\Delta(s) = \frac{G^0(s) - G(s)}{G(s)} \tag{13.4}$$

Vi kan ekvivalent skriva att $G^0(s) = G(s)(1+\Delta(s))$. Vi antar att det sanna system är reglerat med en regulator med överföringsfunktion $F(s)$ som i Figur 13.3. Den sanna utsignalen $Y^0(s)$ och modellens utsignal $Y(s)$ ges nu av

$$Y^0(s) = G^0(s)U(s), \quad Y(s) = G(s)U(s)$$

och styrsignalen ges av

$$U(s) = F(s)(R(s) - Y^0(s))$$

där $F(s)$ är regulatorns överföringsfunktion. Från dessa samband erhåller vi att

$$Y^0(s) = \frac{F(s)G(s)(1+\Delta(s))}{1+F(s)G(s)(1+\Delta(s))}R(s)$$

och

$$Y(s) = \frac{F(s)G(s)}{1+F(s)G(s)}R(s)$$

vilket är vad utsignalen blir om $\Delta(s) = 0$, d.v.s. om modellen stämmer överens med det sanna systemet. Lite algebraiska räkningar ger nu att

$$Y^0(s) - Y(s) = \frac{\Delta(s)}{1+F(s)G(s)(1+\Delta(s))} \frac{F(s)G(s)}{1+F(s)G(s)}R(s)$$

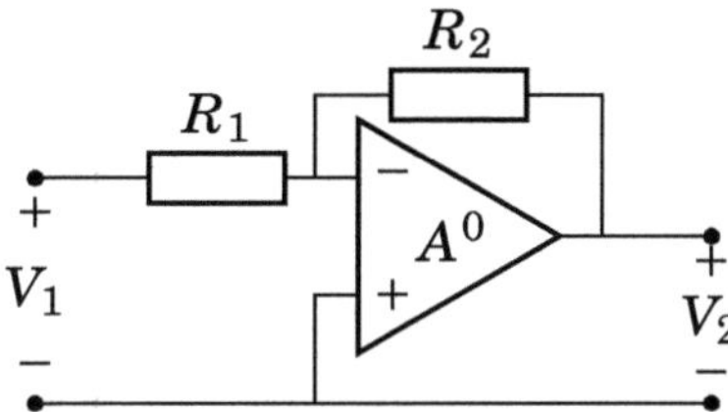

Figur 13.4: Diagram över återkopplad operationsförstärkare.

vilket vi med

$$S^0(s) = \frac{1}{1 + F(s)G(s)(1 + \Delta(s))}$$

kan skriva

$$Y^0(s) - Y(s) = S^0(s)\Delta(s)Y(s)$$

Alltså ges det relativa felet i utsignalen av

$$\frac{Y^0(s) - Y(s)}{Y(s)} = S^0(s)\Delta(s)$$

där S^0 är det sanna systemets känslighetsfunktion. De komplementära känslighetsfunktionerna för det sanna systemet och för modellen ges av

$$T^0(s) = \frac{Y^0(s)}{R(s)}, \quad T(s) = \frac{Y(s)}{R(s)}$$

och därför följer att det relativa felet för den komplementära känslighetsfunktionen också ges av

$$\frac{T^0(s) - T(s)}{T(s)} = S^0(s)\Delta(s)$$

Eftersom $S(s) \approx S^0(s)$ då $\Delta(s)$ är liten i förhållande till $F(s)G(s)$ inser vi att vi bör syntetisera $F(s)$ baserat på modellen $G(s)$ så att $S(s)$ är liten för de s där $\Delta(s)$ är stor om vi vill undvika stora relativa modellfel i utsignalen och den komplementära känslighetsfunktionen. Alternativ kan man uttrycka sig så att man vill ha en bra modell för de s där man vill att relativa modellfelet i den komplementära känslighetsfunktionen ska vara litet och känslighetsfunktionen ska vara nära ett.

Exempel 13.2

Betrakta förstärkarkopplingen i Figur 13.4. Spänningen mellan minus- och plusingången på operationsförstärkaren är $V_g(s)$ och det gäller att

$$V_2(s) = -A^0(s)V_g(s)$$

där $A^0(s)$ är operationsförstärkarens överföringsfunktion. Strömmen in i förstärkaren är försumbar och därför ger Kirchhoffs strömlag att

$$\frac{V_1(s) - V_g(s)}{R_1} = \frac{V_g(s) - V_2(s)}{R_2}$$

Från denna ekvationer följer att

$$V_g(s) = \frac{R_2}{R_1 + R_2}\left(\frac{R_2}{R_1}V_1(s) + V_2(s)\right)$$

Med $Y(s) = -V_2(s)$, $U(s) = V_g(s)$, $R(s) = R_2/R_1 V_1(s)$, $G^0(s) = A^0(s)$ och $F(s) = R_1/(R_1 + R_2)$ kan vi tolka operationsförstärkaren som ett återkopplat system som i Figur 13.3. Det gäller att känslighetsfunktionen ges av

$$S^0(s) = \frac{1}{1 + \frac{R_1}{R_1+R_2}A^0(s)}$$

och slutna systemets överföringsfunktion från V_1 till V_2 ges av

$$-T^0(s)\frac{R_2}{R_1} = -\left(1 - S^0(s)\right)\frac{R_2}{R_1} = -\frac{\frac{R_2}{R_1+R_2}}{\frac{1}{A^0(s)} + \frac{R_1}{R_1+R_2}} \approx -\frac{R_2}{R_1}$$

om $A^0(s)$ är stor. Alltså bestäms förstärkningen för kretsen av resistorerna oberoende av operationsförstärkarens förstärkning så länge den är stor. Typiskt är $A^0(s)$ i storleksordningen 10^5 till 10^6 och i stort sett oberoende av s. Antag att vi väljer $R_2/R_1 = 100$. Då ser vi att

$$S(s) = \frac{1}{1 + \frac{1}{1+100}A^0(s)} \approx 10^{-3}$$

om $A^0(s) = 10^5$. Vi har alltså väldigt litet känslighet mot modellfel i operationsförstärkarens förstärkning, vilket vi redan sett, eftersom slutna systemets överföringsfunktion är nästan oberoende av $A^0(s)$.

Vi ska nu diskutera hur modellfel påverkar stabilitet när det sanna systemet inte stämmer överens med den modell vi använt för att syntetisera regulatorn. Först ska vi göra ett intuitivt resonemang. Antag att vi för $\Delta(s) = 0$ i Figur 13.3 valt $F(s)$ för ett givet $G(s)$ så att vi har stabilitet men så att vi för det sanna systemet med $\Delta(s) \neq 0$ för skärfrekvensen ω_c har att

$$F(i\omega_c)G(i\omega_c)(1 + \Delta(i\omega_c)) = -1$$

Detta innebär att Nyquistkurvan går genom den kritiska punkten -1, och vi ligger på stabilitetsgränsen om förutsättningarna för det förenklade Nyquistkriteriet är uppfyllda. Ekvationen ovan är ekvivalent med att

$$\Delta(i\omega_c) = -\frac{1}{T(i\omega_c)}$$

där T är den komplementära känslighetsfunktionen. Det är nu rimligt att tro att om

$$|\Delta(i\omega)| < \frac{1}{|T(i\omega)|}, \quad \forall\omega$$

så är även det slutna systemet med $\Delta(s) \neq 0$ stabilt. Vi har följande resultat som bekräftar detta och som bevisas i Appendix.

RESULTAT 13.1 *Robusthetskriterium* Antag att G^0, G och Δ är relaterade som i (13.4) samt att F är vald sådan att

$$T(s) = \frac{F(s)G(s)}{1+F(s)G(s)}$$

är analytisk i höger halvplan. Antag vidare att G och G^0 har samma antal poler i höger halvplan, och att $F(s)G(s)$ och $F(s)G^0(s)$ är analytiska i höger halvplan förutom för ett ändligt antal poler, samt att båda går mot noll när $|s|$ går mot oändligheten i höger halvplan. Antag slutligen att

$$|\Delta(i\omega)| < \frac{1}{|T(i\omega)|}, \quad \forall\omega$$

Då gäller att

$$T^0(s) = \frac{F(s)G^0(s)}{1+F(s)G^0(s)}$$

är analytisk i höger halvplan.

KOMMENTAR 13.1 Vi minns att en rationell överföringsfunktion är analytisk i höger halvplan om och endast om alla poler ligger i det strikta vänstra halvplanet.

13.3 Poler i höger halvplan

Vi har sett att känslighetsfunktionen

$$S(s) = \frac{1}{1+F(s)G(s)}$$

där G är öppna systemets överföringsfunktion och F är regulatorns överföringsfunktion, är en storhet som vi vill göra liten för att erhålla god reglerprestanda.

Vi ska nu visa att man inte kan göra S godtyckligt liten för alla vinkelfrekvenser, och att den måste vara större om det finns poler för kretsförstärkningen $G_o(s) = F(s)G(s)$ i höger halvplan. Bode visade ungefär 1945 följande resultat.

RESULTAT 13.2 *Bodes integral:* Antag att G_o är analytisk i höger halvplan förutom ett ändligt antal poler $p_1, \dots, p_m$. Antag också att det existerar positiva konstanter C, δ och R så att

$$|G_o(s)| \leq \frac{C}{|s|^{(1+\delta)}}$$

för $|s| \geq R$ i höger halvplan. Då gäller med $S(s) = 1/(1 + G_o(s))$ att

$$\int_0^\infty \ln |S(i\omega)| \, d\omega = \pi \sum_{k=1}^{m} p_k$$

om S är analytisk i höger halvplan.

Detta resultat visas i Appendix C.

KOMMENTAR 13.2 Antagandena i resultatet ovan är uppfyllda för rationella överföringsfunktioner G_o som är sådana att skillnaden i gradtal mellan nämnarpolynom och täljarpolynom är minst två.

Det har alltså ingen betydelse hur vi väljer vår regulator F för vilket värde vi får på integralen om vi inte kan minska antalet poler för G_o i höger halvplan. Detta betyder att det är bra om vi kan använda en regulator utan poler i höger halvplan så att inte regulatorn i sig ökar värdet på interalen. Observera att vi med F inte kan reducera antalet poler i höger halvplan som G har genom förkortning, eftersom det gäller att förkortning av poler i höger halvplan i kretsförstärkningen gör att vi inte kan erhålla intern stabilitet, jfr. Kommentar 5.8.

13.4 Nollställen i höger halvplan

Vi har från definitionerna 11.3–11.4 att

$$|G_o(i\omega_c)| = 1, \quad \arg G_o(i\omega_c) = -\pi + \varphi_m \tag{13.5}$$

där $G_o(s) = F(s)G(s)$ är kretsförstärkningen, G öppna systemets överföringsfunktion, F regulatorns överföringsfunktion, ω_c skärfrekvensen och φ_m fasmarginalen. Den andra ekvationen kan alternativ skrivas

$$\arg F(i\omega_c) = -\arg G(i\omega_c) - \pi + \varphi_m$$

Detta betyder att ju mer negativ $\arg G(i\omega_c)$ är, ju mer positiv måste $\arg F(i\omega_c)$ vara för att vi ska erhålla önskad fasmarginal. Det krävs alltså mer fasavancering ju mer negativ $\arg G(i\omega_c)$ är. Som vi minns från Avsnitt 12.2.2 erhåller vi fasavancering med en fasavancerande länk, och den har stort värde på beloppskurvan för stora värden på vinkelfrekvensen. Detta är något som vi från Avsnitt 13.1 vet kan orsaka stora styrsignaler och oönskad förstärkning av mätfel.

Vi ska nu försöka förstå vad som kan orsaka stort negativt värde på $\arg G(i\omega_c)$. Låt oss studera

$$G(s) = \frac{s-a}{(s+a)(s+b)}$$

där $a > 0$ och $b > 0$. Vi har poler i $-a$ och $-b$ och ett nollställe i a. Det gäller att

$$|G(i\omega)| = \frac{\sqrt{\omega^2+(-a)^2}}{\sqrt{\omega^2+a^2}\sqrt{\omega^2+b^2}} = \frac{1}{\sqrt{\omega^2+b^2}}, \quad \arg G(i\omega) = -\arctan\frac{\omega}{b} - 2\arctan\frac{\omega}{a}$$

För

$$H(s) = \frac{1}{s+b}$$

gäller att

$$|H(i\omega)| = \frac{1}{\sqrt{\omega^2+b^2}}, \quad \arg H(i\omega) = -\arctan\frac{\omega}{b}$$

Vi ser att dessa överföringsfunktioner har samma beloppsfunktion men olika fasfunktion. Överföringsfunktionen G har större fas till beloppet. Vi inför följande definition:

DEFINITION 13.1 En system med överföringsfunktion $G(s)$ säges vara *minimumfas* om både $G(s)$ och $G(s)^{-1}$ har alla poler i det strikta vänstra halvplanet och bägge överföringsfunktionerna definierar kausala system. En system som inte är minimumfas säges fara *ickeminimumfas*.

Alltså gäller att G definierar ett system som är ickeminimumfas medan H definierar ett system som är minimumfas. Ett ytterligare exempel på ett system som inte är minimumfas definieras av

$$G(s) = \frac{e^{-s}}{s+b}$$

där $b > 0$. Vi ser att dess invers inte definierar ett kausalt system. Vidare har vi att

$$|G(i\omega)| = \frac{1}{\sqrt{\omega^2+b^2}}, \quad \arg G(i\omega) = -\arctan\frac{\omega}{b} - \omega$$

Även här gäller att G och $H(s) = 1/(s+b)$ har samma beloppsfunktion men att G har större fas till beloppet. Vi inser att ickeminimumfassystem är mer svåra att reglera än minimumfassystem. Det är svårt att både erhålla god fasmarginal och hög bandbredd för slutna systemet. Låt oss gå tillbaka och analysera vattenturbinen i Exempel 6.5 ytterligare.

Exempel 13.3

För vattenturbinen i Exempel 6.5 gäller att kretsförstärkningen för den första varianten av λ-inställning ges av

$$G_o(s) = F(s)G(s) = \frac{u_0}{P_0}\frac{1+u_0sT}{(\lambda+2u_0T)s}\frac{P_0}{u_0}\frac{1-2u_0sT}{1+u_0sT} = \frac{1-2u_0sT}{(\lambda+2u_0T)s}$$

Skärfrekvensen ω_c ges som lösningen till ekvationen

$$|G_o(i\omega_c)| = \frac{\sqrt{1+4u_0^2T^2\omega_c^2}}{(\lambda+2u_0T)\omega_c} = 1$$

Denna är

$$\omega_c = \frac{1}{\sqrt{\lambda^2+4u_0T\lambda}}$$

Vidare gäller att

$$\arg G_o(i\omega_c) = -\frac{\pi}{2} - \arctan 2u_0T\omega_c = -\frac{\pi}{2} - \arctan\frac{2u_0T}{\sqrt{\lambda^2+4u_0T\lambda}}$$

som vi ser går mot $-\pi$ då λ går mot noll. Det betyder att vi får sämre och sämre fasmarginal ju mindre λ är. Det värde på lambda som ger en fasmarginal på 45° ges som lösningen till

$$\frac{2u_0T}{\sqrt{\lambda^2+4u_0T\lambda}} = 1$$

Lösningen $\lambda = (\sqrt{8}-2)u_0T \approx 0.83u_0T$. Det öppna systemets överföringsfunktion har en tidskonstant som är u_0T, och vi ser nu att vi inte kan erhålla ett slutet system som har en lägre tidskonstant än 83% av det öppna systemets tidskonstant utan att vi erhåller för dålig fasmarginal då vi använder λ-inställning. Denna storlek på λ stämmer också överens med vad vi kom fram till med avseende på rimlig styrsignalstorlek i Exempel 6.5.

Man kan nu undra om det inte skulle kunna gå att erhålla bättre prestanda om vi använde en regulator som inte är baserad på λ-inställning. Svaret är nej, och det följer av följande resultat, som också tagits fram av Bode, och som säger att beloppsfunktionen och fasfunktionen för en överföringsfunktion är relaterade till varandra.

RESULTAT 13.3 *Bodes relationer:* Betrakta en överföringsfunktion G som är analytisk och begränsad i höger halvplan och för vilken $|\arg G(s)|/|s|$ går mot noll då $|s|$ går mot oändligheten i höger halvplan. Antag vidare att G inte har några nollställen på imaginära axeln samt att $G(0) > 0$. Låt $A(\omega) = \log|G(i\omega)|$ och $\phi(\omega) = \arg G(i\omega)$. Då gäller att

$$\phi(\omega) \leq \frac{2\omega}{\pi}\int_0^\infty \frac{A(\bar{\omega}) - A(\omega)}{\bar{\omega}^2 - \omega^2}d\bar{\omega}$$

för all $\omega \geq 0$. Likhet gäller ovan om G har alla nollställen strikt i vänster halvplan.

Detta resultat visas i Appendix C.

KOMMENTAR 13.3 Antagandena om att G är analytisk och begränsad i höger halvplan och sådan att $|\arg G(s)|/|s|$ går mot noll då $|s|$ går mot oändligheten i höger halvplan är uppfyllda för rationella och propra G med alla poler strikt i vänster halvplan.

Vi inser först genom partialbråksuppdelning att en primitiv funktion till $1/(\bar{\omega}^2 - \omega^2)$ ges av

$$\frac{1}{2\omega}\ln\left|\frac{\bar{\omega}-\omega}{\bar{\omega}+\omega}\right|$$

Genom att partialintegrera högerledet i olikheten i Resultat 13.3 erhåller vi att högerledet kan uttryckas som

$$\frac{1}{\pi}\int_0^\infty \frac{dA(\bar{\omega})}{d\bar{\omega}}\ln\left|\frac{\bar{\omega}+\omega}{\bar{\omega}-\omega}\right|d\bar{\omega}$$

Genom att låta $\bar{x} = \ln\bar{\omega}$ kan vi istället uttrycka integralen som

$$\frac{1}{\pi}\int_{-\infty}^\infty \frac{dA\left(e^{\bar{x}}\right)}{d\bar{x}}\Psi(\bar{x} - \ln\omega)d\bar{x}$$

där

$$\Psi(x) = \ln\left|\frac{e^x+1}{e^x-1}\right|$$

Grafen för funktionen Ψ ses i Figur 13.5, och vi inser att den är störst kring $x = 0$ och förhållandevis liten för värden in bit bort från $x = 0$. Vidare kan man visa att

$$\int_{-\infty}^\infty \Psi(x)dx = \frac{\pi^2}{2}$$

och därför kan vi approximera högerledet i olikheten i Resultat 13.3 med

$$\frac{\pi}{2}\frac{dA\left(e^{\bar{x}}\right)}{d\bar{x}}\bigg|_{\bar{x}=\ln\omega}$$

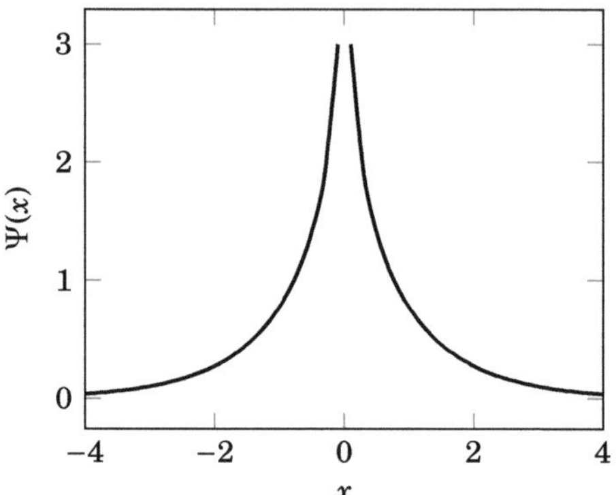

Figur 13.5: Grafen för funktionen $\Psi(x) = \ln\left|\frac{e^x+1}{e^x-1}\right|$.

Låt nu $x = \log\bar{\omega}$ vilket medför att $\bar{x} = (\ln 10)x$. Då har vi att

$$\frac{\pi}{2}\frac{dA\left(e^{\bar{x}}\right)}{d\bar{x}}\bigg|_{\bar{x}=\ln\omega} = \frac{\pi}{2\ln 10}\frac{dA\left(e^{(\ln 10)x}\right)}{dx}\bigg|_{x=\log\omega} = \frac{\pi}{2}\frac{dA(\bar{\omega})}{d\log\bar{\omega}}\bigg|_{\bar{\omega}=\omega}$$

Alltså kan vi omformulera olikheten i Resultat 13.3 approximativt som att

$$\phi(\omega) \lessapprox \frac{\pi}{2}\frac{d\log|G(i\omega)|}{d\log\omega}$$

Låt oss nu tillämpa resultatet på kretsförstärkningen $G_o(s) = F(s)G(s)$, där F är regulatorns överföringsfunktion och G är öppna systemets överföringsfunktion. Högerledet i olikheten anger då lutningen i Bodediagrammet för beloppskurvan i en loglogskala. Om lutningen är minus ett så kommer fasen att vara mindre än $-\pi/2$. Om systemet inte är minimumfas så kommer olikheten att vara strikt och det blir svårt att erhålla god fasmarginal oavsett vilken regulator vi använder, jfr. (13.5). Observera att vi inte kan förkorta bort nollställen i höger halvplan för öppna systemets överföringsfunktion med poler i höger halvplan för regulatorns överföringsfunktion, eftersom detta skulle resultera i ett instabilt slutet system.

13.5 Stigtid och underslängför ickeminimumfassystem

Vi noterade i Exempel 6.5 att då man har nollställen i höger halvplan så gäller att slutna systemet har ett stegsvar som startar i negativ riktning, d.v.s. vi erhåller vad man kallar en *underslän*g. Vi ska nu undersöka om det är möjligt att välja en regulator så att underslängen blir liten. Vi tänker oss att vi vill ha en

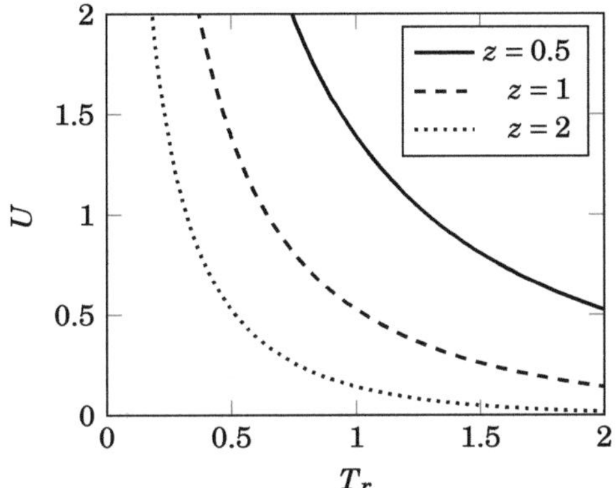

Figur 13.6: Värden på (T_r, U) nedanför kurvorna är inte möjliga att uppnå med en internt stabiliserande regulator.

stigtid som är T_r, vilket medför att stegsvaret y uppfyller

$$y(t) \geq 0.9, \quad t \geq T_r$$

samtidigt som underslängen ska vara begränsad enligt

$$y(t) \geq -U, \quad 0 \leq t \leq T_r$$

där $U > 0$. Här förutsätter vi att referensvärdet är ett och att stegsvarets slutfel är noll. Vi antar nu att vi har ett reellt nollställe $z > 0$ för öppna systemets överföringsfunktion G samt att vi valt en regulator som gör att slutna systemet är internt stabil. Från interpolationsvillkoren i Kommentar 5.8 och från det faktum att $S(s) + T(s) = 1$, där S är känslighetsfunktionen och T den komplementära känslighetsfunktionen, följer att $T(z) = 0$. Stegsvarets $\mathscr{L}$-transform är

$$Y(s) = T(s)\frac{1}{s} = \int_0^\infty e^{-st} y(t) dt$$

och vi inser att

$$\int_0^\infty e^{-zt} y(t) dt = 0$$

Från villkoret på stigtiden följer att

$$\int_{T_r}^\infty e^{-zt} y(t) dt \geq 0.9 \int_{T_r}^\infty e^{-zt} dt = \frac{0.9}{z} e^{-zT_r}$$

och från villkoret på underslängen att

$$\int_0^{T_r} e^{-zt} y(t) dt \geq -U \int_0^{T_r} e^{-zt} dt = -\frac{U}{z}\left(1 - e^{-zT_r}\right)$$

Addition av dessa olikheter resulterar i

$$0 = \int_0^\infty e^{-zt} y(t)dt \geq \frac{0.9}{z} e^{-zT_r} - \frac{U}{z}\left(1 - e^{-zT_r}\right)$$

vilket är ekvivalent med att

$$U \geq \frac{0.9\exp(-zT_r)}{1 - \exp(-zT_r)}$$

Vi har nu visat att det är omöjligt att hitta en regulator som är internt stabiliserande och som inte uppfyller olikheten ovan, ty olikheten ovan gäller för alla regulatorer som är internt stabiliserande. I Figur 13.6 illustreras olikheten för olika värden på z. Vi inser att ju närmare nollstället ligger imaginära axeln, desto svårare är det att erhålla små värden på både T_r och U.

Man kan visa att det är möjligt att hitta en regulator som är internt stabiliserande och för vilken slutna systemets stegsvar uppfyller kravet på stigtid och undersläng för varje punkt i figuren som ligger till höger och ovanför respektive kurva, [1]. Dock ska det nämnas att detta mycket väl kan resultera i regulatorer som ger stora värden på styrsignalen om man väljer att låta (T_r, U) ligga nära gränsen för vad som är möjligt att åstadkomma.

Vi ska nu diskutera hur man kan ta fram en regulator för ett system med överföringsfunktion G som har ett nollställe i $z = 1$. Vi kommer att anta att G är rationell och har alla poler i det strikta vänstra halvplanet. Detta gör att vi kan låta regulatorn vara en regulator med intern modell som i Figur 6.9 och välja Q i enlighet med (6.13), d.v.s. $Q(s) = T(s)/G(s)$. Vårt interpolationsvillkor kommer att se till att regulatorn blir internt stabiliserande. Om man vill förbättra undertyckningen av insignal- och utsignalstörningar, eller om G inte har alla poler i det strikta vänstra halvplanet, så kan man istället använda regulatorn i Figur 9.5. Då ska istället Q väljas enligt

$$Q(s) = \frac{T(s)}{C(sI - A_c)^{-1}B}$$

och även då blir det slutna systemets överföringsfunktion från referensvärde till mätsignal T. Vi inser att det räcker att bestämma ett T som uppfyller interpolationsvillkoret och som ger önskad stigtid och undersläng för att vi ska erhålla en regulator. Vi ansätter nu

$$T(s) = \sum_{i=1}^{20} x_i \left(\frac{10}{s+10}\right)^i$$

där vi ska bestämma vektorn $x = (x_1, x_2, \ldots, x_{20})$. Vi ska först beräkna stegsvaret. Det gäller att

$$\left(\frac{a}{s+a}\right)^i \xrightarrow{\mathscr{L}^{-1}} \frac{a^i t^{i-1} e^{-at}}{(i-1)!}$$

i	x_i	i	x_i	i	x_i	i	x_i
1	-5.8679	6	44.0759	11	252.2240	16	252.2240
2	30.3671	7	252.2240	12	-28.8114	17	-220.3054
3	-101.9627	8	-152.1335	13	-252.2240	18	-215.5475
4	216.4583	9	-252.2240	14	-165.5156	19	252.2240
5	-252.2240	10	161.5253	15	252.2240	20	-65.7306

Tabell 13.1: Koefficienterna x_i i (13.6) för stegsvaret i Figur 13.7.

Vidare följer från Resultat 5.8 att

$$\left(\frac{a}{s+a}\right)^i \frac{1}{s} \xrightarrow{\mathscr{L}^{-1}} \int_0^t \frac{a^i \tau^{i-1} e^{-a\tau}}{(i-1)!} d\tau$$

En primitiv funktion ges av

$$e^{-a\tau} \sum_{r=0}^{i-1} \frac{-(a\tau)^{i-1-r}}{(i-1-r)!}$$

och alltså ges stegsvaret för varje potens i T av

$$y_i(t) = 1 - e^{-at} \sum_{r=0}^{i-1} \frac{(at)^{i-1-r}}{(i-1-r)!}$$

Det totala stegsvaret är

$$y(t) = \sum_{i=1}^{20} x_i y_i(t) \tag{13.6}$$

Kravet på att stigtiden ska vara maximalt 1 kan skrivas som att

$$y(t) = \sum_{i=1}^{20} x_i y_i(t) \geq 0.9, \quad t \geq 1$$

och kravet på att underslängen inte ska vara mer än 0.7 kan skrivas som att

$$y(t) = \sum_{i=1}^{20} x_i y_i(t) \geq -0.7, \quad 0 \leq t \leq 1$$

Vi diskretiserar dessa villkor för en massa värden på t och erhåller en massa bivillkor på x. Interpolationsvillkoret är

$$T(1) = c^T x = 0$$

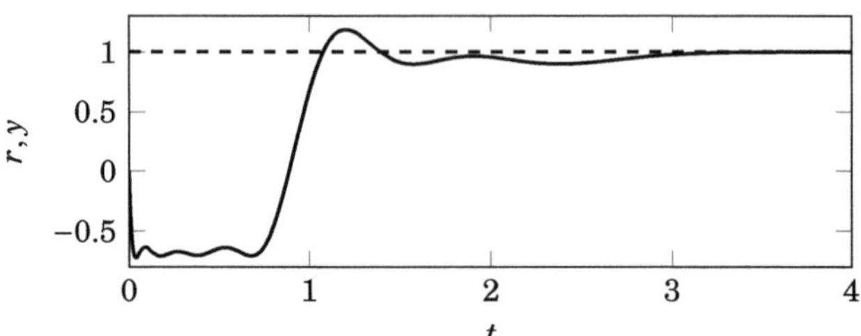

Figur 13.7: Figurer som visar referensvärdet (streckat) och stegsvaret (heldraget) i (13.6) för de optimala värdena på x_i.

med $c_i = (10/11)^i$, vilket ger oss ytterligare ett bivillkor. Vi inför också bivillkoret $\mathbb{1}^T x = 1$, där $\mathbb{1}$ är en vektor med endast ettor som ser till att $T(0) = 1$. Detta gör att stegsvarets slutfel blir noll. Vi har alltså ett stort antal linjära olikhetsbivillkor och två linjära likhetsbivillkor som ska vara uppfyllda för ett x som definierar en komplementär känslighetsfunktion T, för vilken stegsvaret uppfyller att $T_r \leq 1$ och $U \leq 0.7$. Detta problem kan lösas med hjälp av linjärprogrammering. För att erhålla ett entydigt värde på x väljer vi att minimiera $\|x\|_\infty = \max_i |x_i|$ under bivillkoren ovan. Detta kriterium kan också uttryckas som ett linjärprogram eftersom

$$\max_i |x_i| \leq \gamma \Longleftrightarrow |x_i| \leq \gamma, \quad i = 1,2,\ldots,20$$

där varje olikhet är ekvivalent med $x_i \leq \gamma$ och $-x_i \leq \gamma$. Vi kan nu skriva om problemet som att minimiera γ under alla bivillkor vi infört, där variablerna är γ och x, d.v.s.

$$\begin{array}{ll}
\text{minimiera} & \gamma \\
\text{under} & x_i \leq \gamma, \quad i = 1,2,\ldots,20 \\
 & -x_i \leq \gamma, \quad i = 1,2,\ldots,20 \\
 & \sum_{i=1}^{20} x_i y_i(t_j) \geq -0.7, \quad t_j = 0.0, 0.05, 0.1, \ldots, 0.95 \\
 & \sum_{i=1}^{20} x_i y_i(t_j) \geq 0.9, \quad t_j = 1.0, 1.05, 1.1, \ldots, 4.0 \\
 & c^T x = 0 \\
 & \mathbb{1}^T x = 1
\end{array}$$

Då vi löser detta problem för $a = 10$ erhåller vi lösningen i Tabell 13.1 Motsvarande stegsvar ser vi i Figur 13.7. Vi noterar att stegsvaret uppfyller specifikationerna.

13.6 Sammanfattning

Vi har i detta kapitel diskuterat olika fundamentala begränsningar i relation till vad man kan åstadkomma med reglering av ett system. Vi har sett att begränsningar i styrsignal och mätfel ger övre begränsningar på vilken bandbredd som kan åstadkommas för ett slutet system. Modellfel bör vara små för de frekvenser där känslighetsfunktionen är nära ett om man inte vill riskera instabilitet. Poler i höger halvplan begränsar möjligheten att göra känslighetsfunktionen liten. Nollställen i höger halvplan ger begränsningar på vilken fasmarginal som kan åstadkommas och orsakar underslängar för stegsvar.

13.7 Repetitionsfrågor

1. Vad sätter begränsningar på vilken bandbredd som kan åstadkommas för ett slutet system?
2. Hur är det relativa felet för den komplementära känslighetsfunktionen relaterat till det relativa modellfelet för öppna systemet?
3. Vad säger robusthetskriteriet?
4. Hur lyder Bodes integral?
5. Vad gäller för ett system som är minimumfas?
6. Vad säger Bodes relationer och vad har de för konsekvens för fasen?
7. Vilka begränsningar medför nollställen i höger halvplan på stigtid och undersläng för ett stegsvar?

Kapitel 14

Sammanfattning

Vi ska i detta kapitel i stora drag sammanfatta vad vi lärt oss om grundläggande reglerteknik. Vi ska göra det på ett sätt så att vi ser hur allt passar ihop när man vill syntetisera en regulator. Först ska vi rekapitulera vad det är vi vill åstadkomma då vi reglerar något. Därefter ska vi diskutera modeller och deras användning vid framtagandet av regulatorer. Slutligen ska vi diskutera specifikationer, hur man analysera system och hur man syntetiserar regulatorer.

14.1 Reglering

Det reglerproblem som vi oftast studerat i boken beskrivs i Figur 5.6. Målet är att för ett givet system G välja regulator F så att reglerfelet E blir litet oberoende av vad referensvärdet R, och störningarna V och W är. Underförstått är också att det slutna systemet ska vara stabilt. I vissa fall känner vi systemet G i termer av en modell, och vi kan använda modellen för att syntetisera F. I andra fall är ingen modell känd, och vi får i stället experimentera oss fram för att syntetisera regulatorn.

14.2 Modeller

I Kapitel 2 diskuterade vi statiska och dynamiska modeller av det vi ville reglera. Dessa modeller kan användas för att syntetisera såväl framkopplade som återkopplade regulatorer. Vi såg i Kapitel 3 att man kan behöva ta hänsyn till dynamik om man vill undvika instabilitet. Dock är det ofta så att detta bara är fallet om man vill ha hög bandbredd för det slutna systemet. Om man är nöjd med långsam reglering så kan ofta statiska modeller vara tillfyllest. Vi såg i Kapitel 6 att för framkoppling måste man ibland ändå nöja sig med statiska modeller, eftersom man annars kan erhålla instabilitet eller deriveringar av signaler. I Kapitel 13 såg vi att en dynamisk modell bör ha sin minsta osäkerhet kring önskad bandbredd för det slutna systemet. Modeller är inte alltid en förutsättning för att vi ska kunna syntetisera en regulator. Vi såg i Kapitel 6 att man kan använda bl.a. stegsvarsexperiment för att ställa in PID-regulatorer, och vi såg i Kapitel 10 att man också kan använda förstärkningsinlärning. Ingen av dessa metoder använder en modell.

14.3 Specifikationer

Oftast behöver man vara mer konkret än att bara säga att man vill att reglerfelet ska vara litet. Detta gör man i termer av olika specifikationer. I Kapitel 3 angav vi specifikationer på stegsvar och vi relaterade dessa till rötterna för den karakteristiska ekvationen för differentialekvationen för det slutna systemet. Senare såg vi att dessa rötter är desamma som polerna för systemets överföringsfunktion, jfr. Kapitel 5. Vi relaterade senare dessa specifikationer till bandbredd och resonanstopp för slutna systemets frekvensfunktionen samt skärfrekvens, fasmarginal och amplitudmarginal för kretsförstärkningen i Kapitel 12. En bra sammanfattning av alla dessa specifikationer och hur de relaterar till varandra finns i Tabell 12.1. En annan viktig specifikation är att man är robust mot modellfel, jfr. Kapitel 13.

14.4 Analys

Analys innebär att undersöka egenskaper hos såväl det öppna systemet som det slutna systemet. Då dessa system beskrivs av ordinära linjära differentialekvationen så kan man använda teorin för $\mathscr{L}$-transformen och beräkna överföringsfunktionen och undersöka dess nollställen och poler. Polernas placering i det komplexa talplanet säger om systemet är stabilt eller inte, jfr. Kap 5. Nollställena medför begränsningar i vad vi kan åstadkomma i termer av prestanda för det slutna systemet, jfr. Kapitel 13. Överföringsfunktionen specificerar också frekvensfunktionen, och från denna kan vi beräkna fas- och amplitudmarginaler, som också ger oss intuition om hur utmanande det kommer att vara att syntetisera en regulator. Som komplement till analysen vi diskuterat ovan kan man ofta behöva göra simuleringar av såväl det öppna som slutna systemet. Om man har tillgång till mer detaljerade modeller av det öppna systemet i en simulator än den förenklade modell man använde för syntes, så är det synnerligen lämpligt att utföra simuleringar för att undersöka hur mycket sämre prestanda ev. blir för den mer detaljerade modellen.

14.5 Syntes

Vi har diskuterat ett antal olika syntesmetoder för att ta fram regulatorer baserat på en modell av det system vi vill reglera. I Kapitel 6 har vi diskuterat framförallt λ-inställning och polplacering. Vi såg att den förra metoden var den enklaste att använda, men att den hade vissa begränsningar då den förutsatte att det öppna systemet var stabilt. I Kapitel 8 diskuterade vi tillståndsåterkoppling, som förutsatte att vi kunde mäta alla tillstånd i en modell av det öppna systemet på tillståndsform, jfr. Kapitel 7. I Kapitel 9 såg vi hur vi kunde kombinera tillståndsåterkoppling med rekonstruerade tillstånd, och på så sätt behövde vi inte mäta alla tillstånd. Slutligen diskuterade vi i Kapitel 12 hur vi kunde syntetisera regulatorer i frekvensplanet. Fördelen med detta var att vi explicit kunde ta hänsyn till stabilitetsmarginaler, vilket är något som vi inte kan göra med någon av de andra metoderna. För de andra syntesmetoderna bör man i efterhand analysera dessa stabilitetsmarginaler innan man kan vara nöjd med sin syntes. Syntes är därför oftast inte något man kan göra i ett steg, utan man måste ofta efter analys av det slutna systemet gå tillbaka och göra om syntesen.

Appendix

A Grundläggande matematiska begrepp

Vi ska i denna del av appendix repetera några gundläggande matematiska begrepp från den linjära algebran och om linjära differentialekvationer. Vi sammanfattar också de viktigaste egenskaperna för $\mathscr{L}$-transformen.

A.1 Linjär algebra

Vektorer

En vektor x med längd n är en ordnad samling av n tal,

$$x = (x_1, x_2, \ldots, x_n),$$

där x_i är elementet i eller komponent i av x. Det n-dimensionella reella rummet betecknat $\mathbb{R}^n$, är mängden av alla reellvärda vektorer med längd n vars alla element är reella.

Produkten av en skalär $t \in \mathbb{R}$ och en vektor $x \in \mathbb{R}^n$ definieras som

$$tx = (tx_1, \ldots, tx_n)$$

summan av två reellvärda vektorer a and b är vektorn $a+b = (a_1+b_1, \ldots, a_n+b_n)$, och *skalärprodukten* av a and b är det reella talet

$$\langle a, b \rangle = \sum_{i=1}^{n} a_i b_i = a_1 b_1 + a_2 b_2 + \cdots + a_n b_n. \tag{1}$$

Vektorerna a and b är *ortogonala* om $\langle a, b \rangle = 0$.

Matriser

En matris A av storlek m gånger n, eller $m \times n$, är en ordnad rektangulär tabell av mn element med m rader och n kolonner, d.v.s.

$$A = \begin{bmatrix} a_{11} & a_{12} & \cdots & a_{1n} \\ a_{21} & a_{22} & \cdots & a_{2n} \\ \vdots & \vdots & \ddots & \vdots \\ a_{m1} & a_{m2} & \cdots & a_{mn} \end{bmatrix},$$

där a_{ij} betecknar elementet i rad i och kolonn j. Mängden av $m \times n$-matriser med reellvärda element beteckans med $\mathbb{R}^{m \times n}$. Transponatet av A är $n \times m$-matrisen

$$A^T = \begin{bmatrix} a_{11} & a_{21} & \cdots & a_{m1} \\ a_{12} & a_{22} & \cdots & a_{m2} \\ \vdots & \vdots & \ddots & \vdots \\ a_{1n} & a_{2n} & \cdots & a_{mn} \end{bmatrix},$$

Summan av två $m \times n$ matriser A och B betecknas med $C = A + B$ och definieras som $c_{ij} = a_{ij} + b_{ij}$, för alla $1 \le i \le m$ och $1 \le j \le n$.

Ofta tänker man på en vektor som en matris med en rad eller kolonn. Då vektorn är en matris med storlek $1 \times n$ säger vi att $a \in \mathbb{R}^n$ är en radvektor, och då den är en matris med storlek $n \times 1$ så säger vi att den är en kolonnvektor. Vi kommer uteslutande att betrakta vektorer som kolonnvektorer, d.v.s. för $x \in \mathbb{R}^n$ gäller att

$$x = \begin{bmatrix} x_1 \\ x_2 \\ \vdots \\ x_n \end{bmatrix},$$

och därför är $x^T = \begin{bmatrix} x_1 & x_2 & \cdots & x_n \end{bmatrix}$.

På samma sätt skriver vi ibland för en matris $A \in \mathbb{R}^{m \times n}$

$$A = \begin{bmatrix} a_1 & a_2 & \cdots & a_n \end{bmatrix}$$

där $a_1, a_2, \ldots, a_n \in \mathbb{R}^m$. Om vi istället vill referera till raderna i A, så kan vi skriva

$$A^T = \begin{bmatrix} a_1 & a_2 & \cdots & a_m \end{bmatrix}$$

där $a_1, a_2, \ldots, a_m \in \mathbb{R}^n$ är sådana att A en matris med rader $a_1^T, a_2^T, \ldots, a_m^T$. Denna notation kan vara lite inkonsistent, men följer från vår konvention att vektorer är kolonnvektorer.

Produkten av matriser och vektorer

Givet två vektorer $x, y \in \mathbb{R}^n$, kan skalärprodukten $\langle x, y\rangle$ även skrivas

$$x^T y = \begin{bmatrix} x_1 & x_2 & \cdots & x_n \end{bmatrix} \begin{bmatrix} y_1 \\ y_2 \\ \vdots \\ y_n \end{bmatrix} = \sum_{i=1}^{n} x_i y_i.$$

För två vektorer $u \in \mathbb{R}^m$ and $v \in \mathbb{R}^n$, som inte nödvändigtvis har samma längd, erhåller vi om vi ändrar ordningen i produkten en $m \times n$ matris

$$uv^T = \begin{bmatrix} u_1v_1 & u_1v_2 & \dots & u_1v_n \\ u_2v_1 & u_2v_2 & \dots & u_2v_n \\ \vdots & \vdots & \ddots & \vdots \\ u_mv_1 & u_mv_2 & \dots & u_mv_n \end{bmatrix}.$$

Produkten av en matris $A \in \mathbb{R}^{m\times n}$, med kolonner $a_1, \dots, a_n \in \mathbb{R}^m$, och en vektor $x \in \mathbb{R}^n$ är den *linjära kombinationen*

$$y = a_1x_1 + a_2x_2 + \cdots + a_nx_n.$$

Detta betyder att det i:e elementet i $y = Ax$ är skalärprodukten mellan x and the ie raden i A.

Produkterna ovan är specialfall av matrismultiplikationer. Två matriser A och B säges vara *konforma för multiplikation* om antalet kolonner i A är lika med antalet rader i B. Givet två sådana matriser $A \in \mathbb{R}^{m\times p}$ och $B \in \mathbb{R}^{p\times n}$, gäller att produkten $C = AB$ är en $m \times n$ matris med element

$$c_{ij} = \sum_{k=1}^{p} a_{ik}b_{kj}, \qquad 1 \le i \le m,\ 1 \le j \le n.$$

Det gäller att c_{ij} är skalärprodukten mellan den ie raden i A och den je kolonnen i B. Därför kan vi skriva

$$C = \begin{bmatrix} a_1^T \\ a_2^T \\ \vdots \\ a_m^T \end{bmatrix} \begin{bmatrix} b_1 & b_2 & \cdots & b_n \end{bmatrix} = \begin{bmatrix} a_1^Tb_1 & a_1^Tb_2 & \dots & a_1^Tb_n \\ a_2^Tb_1 & a_2^Tb_2 & \dots & a_2^Tb_n \\ \vdots & \vdots & \ddots & \vdots \\ a_m^Tb_1 & a_m^Tb_2 & \dots & a_m^Tb_n \end{bmatrix}$$

där $a_1^T, \dots, a_m^T$ är raderna för A och $b_1, \dots, b_n$ är kolonnerna för B. Om vi skriver

A i termer av sina kolonner och B i termer av sina rader så gäller

$$C = \begin{bmatrix} a_1 & a_2 & \cdots & a_p \end{bmatrix} \begin{bmatrix} b_1^T \\ b_2^T \\ \vdots \\ b_p^T \end{bmatrix} = \sum_{i=1}^{p} a_i b_i^T$$

där $a_1, \ldots, a_p$ nu är kolonnerna för A and $b_1^T, \ldots, b_p^T$ raderna för B.

Vi noterar att $(AB)C = A(BC)$ gäller, om A, B, är C är konforma för multiplikation, men $AB = BA$ gäller inte generellt.

Linjära avbildningar och underrum

Linjära höljet eller *spannet* av n vektorer $v_1, \ldots, v_n \in \mathbb{R}^m$ är mängden av alla linjära kombinationer av dessa vektorer, d.v.s.

$$\operatorname{span}(v_1, \ldots, v_n) = \{\alpha_1 v_1 + \cdots + \alpha_n v_n \mid \alpha_1, \ldots, \alpha_n \in \mathbb{R}\}.$$

Vektorerna $v_1, \ldots, v_n$ sägs vara *linjärt oberoende* om

$$\alpha_1 v_1 + \cdots + \alpha_n v_n = 0 \iff \alpha_1 = \cdots = \alpha_n = 0,$$

och annars säges de vara *linjärt beroende*. Ekvivalent gäller att $v_1, \ldots, v_n$ är linjärt oberoende om och endast om alla vektorer i $\operatorname{span}(v_1, \ldots, v_n)$ har en unik representation som en linjärkombination av $v_1, \ldots, v_n$. Linjära höljet av k linjärt oberoende vektorer $v_1, \ldots, v_k \in \mathbb{R}^m$ är ett k-dimensionellt *underrum* till $\mathbb{R}^m$, och $v_1, \ldots, v_k$ är en *bas* för detta underrum. Med andra ord gäller det att *dimensionen* av ett underrum är lika med antalet linjärt oberoende vektorer som spänner underrummet. Vektorerna $v_1, \ldots, v_n$ sägs vara en *ortonormala* om de är ömsesidigt ortogonala med längd ett, d.v.s. $v_i^T v_j = 0$ då $i \neq j$ och $v_i^T v_i = 1$ för $1 \leq i \leq n$. Den så kallade *standardbasen* eller *naturliga basen* för $\mathbb{R}^m$ är enhetsbasen $e_1, \ldots, e_m$ där $e_i \in \mathbb{R}^m$ är enhetsvektorer vars i:e element är 1 och alla andra är noll.

Värderummet eller *kolonnrummet* för en matris $A \in \mathbb{R}^{m \times n}$, betecknat $\mathscr{R}(A)$, är det linjära höljet av dess kolonner. *Radrummet* för A är $\mathscr{R}(A^T)$. Dimensionen på $\mathscr{R}(A)$ kallas *rangen* för A, och betecknas med $\operatorname{rank}(A)$. *Nollrummet* för $A \in \mathbb{R}^{m \times n}$, betecknat $\mathscr{N}(A)$, innehåller alla vektorer v sådana att $Av = 0$, d.v.s.

$$\mathscr{N}(A) = \{v \in \mathbb{R}^n \mid Av = 0\}.$$

Nollrummet för A säges vara *trivialt* om $\mathscr{N}(A) = \{0\}$.

Linjära ekvationssystem

Betrakta ett system av m linjära ekvationer i n obekanta, ofta kallat ett *linjärt ekvationssystem*, som kan skrivas

$$Ax = b, \tag{2}$$

där $A \in \mathbb{R}^{m \times n}$ är *koefficientmatrisen*, $x \in \mathbb{R}^n$ är vektorn med obekanta variabler, och där vektorn $b \in \mathbb{R}^m$ ofta kallas ekvationssystemets *högerled*.

Ekvationssystemet i (2) säges vara *konsistent* om $b \in \mathscr{R}(A)$, och då gäller att $\mathscr{X} = \{x \mid Ax = b\}$ är icketom. Omvänt säges ekvationssystemet vara *inkonsistent* om $b \notin \mathscr{R}(A)$, vilket medför att där inte finns någon lösning. Ett konsistent ekvationssystem som i (2) har en unik lösning om och endast om A har ett trivialt nollrum, eller ekvivalent, om $\text{rank}(A) = n$. Detta kan enkelt visas som följer. Om x och z båda är lösningar och $x \neq z$, så gäller att $A(x - z) = 0$ vilket är ekvivalent med att A har ett icketrivialt nollrum. Vidare gäller enligt vad som sagts ovan att b har en unik representation som en linjärkombination av kolonnerna i A om och endast om dessa kolonner är linjärt oberoende, vilket är detsamma som att rangen för A är n.

Kvadratiska matriser

En matris med lika många rader som kolonner kallas för en *kvadratisk matris*, och *ordningen* för en sådan matris är densamma som antalet rader och kolonner. En kvadratisk matris med ettor på diagonalen och nollor för övrigt kallas en *identitetsmatris* och skrives I, d.v.s. $I_{ij} = 1$ om $i = j$ och annars är $I_{ij} = 0$. En kvadratisk matris av ording n säges vara *ickesingulär* eller *inverterbar* om den har full rang, och annars säges den vara *singulär*. Ekvivalent gäller att en kvadratisk matris A är inverterbar om det finns en matris B sådan att $AB = BA = I$. En sådan matris är unik om den existerar, och den kallas för *inversen* av A och betecknas med A^{-1}.

Determinanten för en skalär matris A är skalären själv. För en generell kvadratisk matris A med ordning n definierar vi determinanten rekursivt

$$\det(A) = \sum_{i=1}^{n} (-1)^{i+j} a_{ij} M_{ij}, \tag{3}$$

där M_{ij} är *underdeterminanten* för a_{ij}, vilket är determinanten för den $(n-1) \times (n-1)$ matris som fås genom att ta bort rad i och kolonn j från A. Detta kallas *Laplaceutvecklingen* av determinanten efter kolonn j. Som ett specialfall gäller att 2×2 matrisen A har determinanten

$$\det(A) = a_{11}a_{22} - a_{12}a_{21},$$

Absolutvärdet av denna determinant kan tolkas som arean av parallellogrammet som definieras av kolonnerna i A. Generellt gäller att absolutvärdet av determinanten för en $n \times n$ matris A är volymen av

$$\{Ax \in \mathbb{R}^n \mid 0 \le x_i \le 1 \ \forall\, 1 \le i \le n\}.$$

Från detta följer att $\det(A) \neq 0$ om och endast om A har full rang.

Termen $(-1)^{i+j} M_{ij}$ kallas *kofaktorn* för a_{ij}. Den $n \times n$ matris som består av alla kofaktorer, d.v.s. matrisen C vars element är

$$c_{ij} = (-1)^{i+j} M_{ij}, \quad i,j \in \mathbb{N}_n,$$

kallas *kofaktormatrisen*. Detta betyder att Laplaceutvecklingen i (3) kan skrivas som skalärprodukten mellan de j:e kolonnerna av A och C, d.v.s.

$$\det(A) = \sum_{k=1}^{n} a_{kj} c_{kj}.$$

Eftersom Laplaceutvecklingen gäller för alla $1 \le j \le n$, gäller att diagonalelementen för matrisen $C^T A$ alla är lika med $\det(A)$. Man kan visa att

$$C^T A = \det(A) I,$$

och om A är inverterbar följer att

$$A^{-1} = \frac{1}{\det(A)} C^T \tag{4}$$

där C^T kallas *adjunkten* för A och skrives $\operatorname{adj}(A)$.

Egenvärden

För en kvadratisk matris A av ordning n säger vi att det komplexa talet λ är ett *egenvärde* om det existerar en komplexvärd vektor $x \neq 0$ med längd n så att

$$Ax = \lambda x$$

Vektorn x kallas för *egenvektor*. Vi kan ekvivalent skriva denna ekvation som

$$(\lambda I - A)x = 0$$

Vi inser att matrisen $\lambda I - A$ måste vara singulär, ty annars kan det inte finnas en lösning $x \neq 0$. Detta betyder att rangen är mindre än n och därför gäller att

$$\det(\lambda I - A) = 0$$

Denna ekvation kallas den *karakteristiska ekvationen* för matrisen A, och den kan användas för att beräkna egenvärdena. Vi noterar att vänsterledet är ett polynom av graden n i λ, och därför har ekvationen n lösningar. Det finns alltså n egenvärden som vi betecknar med λ_i, $1 \le i \le n$. Vi noterar att egenvektorerna inte är unika. Ibland finns det n linjärt oberoende egenvektorer x_i till en matris A. Om så är fallet gäller att vi kan definiera den inverterbara matrisen

$$T = \begin{bmatrix} x_1 & x_2 & \cdots & x_n \end{bmatrix}$$

Det gäller nu att

$$\begin{aligned} AT &= A\begin{bmatrix} x_1 & x_2 & \cdots & x_n \end{bmatrix} = \begin{bmatrix} Ax_1 & Ax_2 & \cdots Ax_n \end{bmatrix} \\ &= \begin{bmatrix} \lambda_1 x_1 & \lambda_2 x_2 & \cdots \lambda_n x_n \end{bmatrix} = T\Lambda \end{aligned}$$

där

$$\Lambda = \mathrm{diag}(\lambda_1, \lambda_2, \ldots, \lambda_n)$$

är en diagonal matris med egenvärdena på diagonalen och nollor för övrigt. Från detta följer att

$$\Lambda = T^{-1}AT$$

Vi säger att A är *diagonaliserbar* om det existerar ett inverterbart T som ovan. Vi noterar att egenvärdena för en diagonal matris är diagonalelementen.

Om matrisen A inte är diagonaliserbar så kan man istället hitta en inverterbar matris T sådan att

$$T^{-1}AT = U$$

där U är en *högertriangular* matris, d.v.s. den är sådan att alla element under dess diagonal är noll. Vi visar inte detta resultat. För en högertriangulär matris gäller att diagonalelementen är dess egenvärden. Detta inses enkelt genom att studera $\det(\lambda I - U)$ och dess Laplaceutveckling. Det gäller också att A och U har samma egenvärden. Detta följer från att

$$Ax = \lambda x \Longleftrightarrow ATT^{-1}x = \lambda TT^{-1}x \Longleftrightarrow T^{-1}AT\bar{x} = \lambda\bar{x}$$

där $\bar{x} = T^{-1}x$, som är skild från noll om och endast om x är skild från noll.

A.2 Differentialekvationer

En *ordinär linjär differentialekvation* ges av

$$\frac{d^n y(t)}{dt^n} + a_1 \frac{d^{n-1} y(t)}{dt^{n-1}} + \ldots + a_{n-1} \frac{dy(t)}{dt} + a_n y(t) = 0 \tag{5}$$

där y är en skalärvärd funktion av den reella variabeln t och a_i är reellvärda koefficienter. Den motsvarande *karakteristiska ekvationen* ges av

$$z^n + a_1 z^{n-1} + \cdots a_{n-1} z + a_n = 0$$

i den komplexa variabeln z. Om vi antar att rötterna z_i, $i = 1, \ldots n$ till denna ekvation är skilda från varandra så gäller att lösningen till (5) ges av

$$y(t) = \sum_{i=1}^{n} c_i e^{z_i t} \tag{6}$$

där c_i, $i = 1, \ldots n$ är godtyckliga komplexvärda konstanter. För att bestämma dessa konstanter kan man utnyttja kännedom om värden på y och dess derivator för olika värden på t. Om den karakteristiska ekvationen har multipla rötter så ersätts termerna $c_i \exp(z_i t)$ med

$$c_i(t) e^{z_i t}$$

där $c_i(t) = c_{i,0} + c_{i,1} t + \cdots + c_{i,l_i-1} t^{l_i-1}$ och l_i är multipliciteten för roten z_i. Observera att antalet termer i summan i (6) då blir färre och lika med antalet skilda rötter. För en differentialekvation

$$\frac{d^n y(t)}{dt^n} + a_1 \frac{d^{n-1} y(t)}{dt^{n-1}} + \ldots + a_{n-1} \frac{dy(t)}{dt} + a_n y(t) = f(t) \tag{7}$$

där f är en skalärvärd funktion av t gäller att lösningen kan skrivas

$$y(t) = y_h(t) + y_p(t)$$

där y_p, kallad *partikulärlösning*, är någon lösning till (7) och där y_h, kallad *homogenlösning*, är lösningen för den homogena ekvationen som ges av (6).

A.3 Laplacetransformen

Vi sammanfattar här definitionen av $\mathscr{L}$-transformen och de satser och resultat som vi visade i Kapitel 5. Vi ger också tabeller med transformpar samt stegsvar för lika överföringsfunktioner. $\mathscr{L}$-transformen ges av

$$F(s) = (\mathscr{L} f)(s) = \int_0^{\infty} e^{-st} f(t) dt, \quad \Re s > s_0$$

där vi antar att $f(t) = 0$ för $t < 0$. Om en liten bokstav betecknar en funktion f av t så låter vi den stora bokstaven F vara $\mathscr{L}$-transformen av f och detta gäller även för alla andra bokstäver. Följande samband gäller allmänt:

Linjäritet	$af(t)+bg(t)$	$\xrightarrow{\mathscr{L}}$	$aF(s)+bG(s)$
Faltning	$\int_0^t g(\tau)u(t-\tau)d\tau$	$\xrightarrow{\mathscr{L}}$	$G(s)U(s)$
Tidsförskjutning	$f(t-\tau)$	$\xrightarrow{\mathscr{L}}$	$e^{-\tau s}F(s)$
Dämpning	$e^{-at}f(t)$	$\xrightarrow{\mathscr{L}}$	$F(s+a)$
Derivering	$f'(t)$	$\xrightarrow{\mathscr{L}}$	$sF(s)-f(0)$
Integrering	$\int_0^t f(\tau)d\tau$	$\xrightarrow{\mathscr{L}}$	$\frac{1}{s}F(s)$
Monommultiplikation	$tf(t)$	$\xrightarrow{\mathscr{L}}$	$-F'(s)$
Skalning	$f(at)$	$\xrightarrow{\mathscr{L}}$	$\frac{1}{a}F(s/a)$
Slutvärde	$\lim_{t\to\infty} f(t)$	$=$	$\lim_{s\to 0} sF(s)$
Begynnelsevärde	$\lim_{t\to 0} f(t)$	$=$	$\lim_{s\to\infty} sF(s)$

Tabell 1: Allmänna samband för $\mathscr{L}$-transformen. Slutvärdes- och begynnelsevärdesresultaten förutsätter att gränsvärdena existerar. Förutsättningar för när detta gäller diskuteras i mer detalj i Kapitel 5.

I tabellen nedan listas några vanliga transformpar. Observera att det alltid gäller att $f(t)=0$ för $t<0$.

$F(s)$	$f(t)$	$F(s)$	$f(t)$
1	$\delta(t)$	$\frac{s+c}{(s+a)(s+b)}$	$\frac{(c-b)e^{-bt}-(c-a)e^{-at}}{a-b}$
$\frac{1}{s}$	1	$\frac{1}{(s+a)^2}$	te^{-at}
$\frac{1}{s^2}$	t	$\frac{s+c}{(s+a)^2}$	$(1+(c-a)t)e^{-at}$
$\frac{1}{s^n}$	$\frac{t^{n-1}}{(n-1)!}$	$\frac{1}{s^2+a^2}$	$\frac{1}{a}\sin(at)$
$\frac{1}{(s+a)^n}$	$\frac{t^{n-1}}{(n-1)!}e^{-at}$	$\frac{s}{s^2+a^2}$	$\frac{1}{a}\cos(at)$
$\frac{1}{s+a}$	e^{-at}	$\frac{1}{b}\sin(bt)e^{-at}$	$\frac{1}{(s+a)^2+b^2}$
$\frac{1}{(s+a)(s+b)}$	$\frac{e^{-bt}-e^{-at}}{a-b}$	$\frac{s+c}{(s+a)^2+b^2}$	$\left(\cos(bt)+\frac{c-a}{b}\sin(bt)\right)e^{-at}$

Tabell 2: $\mathscr{L}$-transformpar.

I tabellen nedan listar vi stegsvar för några vanliga överföringsfunktioner $G(s)$. Detta betyder att vi har att $y(t)$ och $G(s)$ är relaterade via

$$y(t) \xrightarrow{\mathscr{L}} Y(s) = G(s)\frac{1}{s}$$

$G(s)$	$y(t)$
1	1
$\frac{1}{s}$	t
$\frac{1}{s^2}$	$\frac{t^2}{2}$
$\frac{1}{s^n}$	$\frac{t^n}{n!}$
$\frac{1}{(s+a)^n}$	$\frac{1}{a^n}\left(1-\left(1+at+\cdots+\frac{(at)^{n-1}}{(n-1)!}\right)e^{-at}\right)$
$\frac{1}{s+a}$	$\frac{1}{a}\left(1-e^{-at}\right)$
$\frac{1}{(s+a)(s+b)}$	$\frac{1}{ab}\left(1-\frac{be^{-at}-ae^{-bt}}{b-a}\right)$
$\frac{s+c}{(s+a)(s+b)}$	$\frac{c}{ab}\left(1-\frac{b(c-a)e^{-at}-a(c-b)e^{-bt}}{c(b-a)}\right)$
$\frac{1}{(s+a)^2}$	$\frac{1}{a^2}\left(1-(1+at)e^{-at}\right)$
$\frac{s+c}{(s+a)^2}$	$\frac{c}{a^2}\left(1-\left(1+\frac{a(c-a)}{c}t\right)e^{-at}\right)$
$\frac{1}{s^2+a^2}$	$\frac{1}{a^2}(1-\cos(at))$
$\frac{s}{s^2+a^2}$	$\frac{1}{a}\sin(at)$
$\frac{1}{(s+a)^2+b^2}$	$\frac{1}{a^2+b^2}\left(1-\left(\cos(bt)+\frac{a}{b}\sin(bt)\right)e^{-at}\right)$
$\frac{s+c}{(s+a)^2+b^2}$	$\frac{c}{a^2+b^2}\left(1-\left(\cos(bt)+\frac{a^2+b^2-ac}{b}\sin(bt)\right)e^{-at}\right)$

Tabell 3: Stegsvar y för överförföringsfunktioner G.

B Distributioner

Inom reglertekniken behöver vi ofta använda distributioner. Detta är ett matematiskt verktyg för att kunna hantera signaler som är väldigt stora under väldigt kort tid, t.ex. ett hammarlag i ett mekaniskt systemet, eller en väldigt stor ström under kort tid i ett elektriskt system. Vi kommer endast att behandla de distributioner som kan erhållas genom att upprepade gånger derivera en funktion $h(t)$ som är kontinuerlig för $-\infty < t < \infty$. Om vi låter h vara en ramp, d.v.s.

$$h(t) = \begin{cases} 0, & t \leq 0 \\ t, & t > 0 \end{cases}$$

så saknar tyvärr denna funktion en entydig derivata för $t = 0$. Om vi närmar oss från vänster så är den noll och om vi närmar oss från höger så är den ett. Teorin för distributioner löser detta genom att istället för att direkt undersöka h studera en integral relaterad till h. För en lokalt integrerbar funktion f definierar vi dess *distribution* som

$$[f] = \langle f, \varphi \rangle = \int_{-\infty}^{\infty} f(t)\varphi(t)dt$$

för alla *testfunktioner* φ som är sådana att de är oändligt deriverbara och har kompakt stöd, d.v.s. är noll utanför en begränsad delmängd av de reella talen. Distributionen är alltså en funktion av φ.[1] Vi säger att $[f] = [g]$ om $\langle f, \varphi \rangle = \langle g, \varphi \rangle$ för alla testfunktioner φ. Detta innebär att f och g kan vara olika för t i en mängd med mått noll, d.v.s. en mängd som innehåller ett uppräkneligt antal värden på t, t.ex. de rationella talen. Vi definierar derivatan av $[f]$ som

$$\mathscr{D}[f] = \langle \mathscr{D}f, \varphi \rangle = -\langle f, \mathscr{D}\varphi \rangle$$

där $\mathscr{D}\varphi$ är derivatan av φ.

Vi ska nu undersöka vad derivatan av rampen h är i distributionsmening. Det gäller att

$$\mathscr{D}[h] = \langle \mathscr{D}h, \varphi \rangle = -\langle h, \mathscr{D}\varphi \rangle = -\int_{0}^{\infty} t\varphi'(t)dt = [-t\varphi(t)]_0^{\infty} + \int_{0}^{\infty} \varphi(t)dt$$
$$= 0 + \int_{0}^{\infty} \varphi(t)dt = \int_{0}^{\infty} u(t)\varphi(t)dt = \langle u, \varphi \rangle$$

där

$$u(t) = \begin{cases} 1, & t > 0 \\ 0, & t \leq 0 \end{cases}$$

Detta visar att derivatan av rampen h i distributionsmening är enhetssteget u. Vi har nu klarat av att definiera derivatan för $t = 0$. Observera att vi kunde ha definierat $u(0)$ till vilket värde som helst och det hade också varit en derivata i distributionsmening.

Vi är nu intresserade av derivatan av enhetssteget u, d.v.s.

$$\mathscr{D}[u] = \langle \mathscr{D}u, \varphi \rangle = -\langle u, \mathscr{D}\varphi \rangle = -\int_{0}^{\infty} \varphi'(t)dt = \varphi(0)$$

Vi inför beteckningen $\delta = \mathscr{D}u$ för derivatan av enhetssteget, och vi inser att den har egenskapen att

$$\langle \delta, \varphi \rangle = \int_{-\infty}^{\infty} \delta(t)\varphi(t)dt = \varphi(0)$$

för alla testfunktioner φ. Vi kallar δ för *deltafunktion* eller *impulsfunktionen*. Denna kan t.ex. tolkas som gränsvärdet då Δt går mot noll av funktionen

$$p(t) = \begin{cases} \frac{1}{\Delta t}, & 0 \leq t \leq \Delta t \\ 0, & \text{för övrigt} \end{cases}$$

[1] Dock kommer vi ofta att även kalla f för en distribution då det inte kan orsaka missförstånd.

Detta är en funktion som integrerar till ett och som blir oändligt stor då Δt går mot noll, och för vilken det gäller att

$$\lim_{\Delta t \to 0} \int_{-\infty}^{\infty} p(t)\varphi(t)dt = \lim_{\Delta t \to 0} \frac{1}{\Delta t} \int_0^{\Delta t} \varphi(t)dt = \varphi(0)$$

Man kan även definiera derivatan av deltafunktionen och vi erhåller

$$\mathscr{D}[\delta] = \langle \mathscr{D}\delta, \varphi \rangle = -\langle \delta, \mathscr{D}\varphi \rangle = -\langle \mathscr{D}u, \mathscr{D}\varphi \rangle = \langle u, \mathscr{D}^2\varphi \rangle = \int_0^{\infty} \varphi''(t)dt = -\varphi'(0)$$

Man inser att detta generaliserar till högre ordningens derivator av deltafunktionen.

C Bevis av satser och resultat

C.1 Bevis av resultatet i Kommentar 5.8

Vi antar att den känslighetsfunktionen $S(s)$ har alla poler strikt i det vänstra halvplanet. Antag nu att det sker förkortningar av poler och nollställen i det högra halvplanet för kretsförstärkningen $G_o(s) = F(s)G(s)$. Då gäller att minst ett av följande två fall är sanna:

1. $F(s) = \bar{F}(s)A(s)$ och $G(s) = \bar{G}(s)/A(s)$ där $A(s)$ har alla sina nollställen i höger halvplan och $A(s)$ inte är en faktor i $\bar{G}(s)$. Då följer att

   $$G(s)S(s) = \frac{\bar{G}(s)}{A(s)\big(1 + \bar{G}(s)\bar{F}(s)\big)}$$

   som har minst pol i höger halvplan.

2. $F(s) = \bar{F}(s)/A(s)$ och $G(s) = \bar{G}(s)A(s)$ där $A(s)$ har alla sina nollställen i höger halvplan och $A(s)$ inte är en faktor i $\bar{F}(s)$. Då följer att

   $$F(s)S(s) = \frac{\bar{F}(s)}{A(s)\big(1 + \bar{G}(s)\bar{F}(s)\big)}$$

   som har minst en pol i höger halvplan.

Antag nu att $S(s)$ har alla poler strikt i det vänstra halvplanet. Vi undersöker nu följande två fall.

1. $G(s)S(s)$ har minst en pol i höger halvplan. Då måste $G(s)$ ha poler i höger halvplan, d.v.s. $G(s) = \bar{G}(s)/A(s)$ där $A(s)$ har alla sina nollställen i höger halvplan och $A(s)$ inte är en faktor i $\bar{G}(s)$. Detta medför att

   $$G(s)S(s) = \frac{\bar{G}(s)}{A(s) + F(s)\bar{G}(s)}$$

ska innehålla $A(s)$ som en faktor i nämnaren, vilket i sin tur medför att $A(s)$ är en faktor i $F(s)$. Alltså sker det en förkortning av $A(s)$ i kretsförstärkningen.

2. $F(s)S(s)$ har minst en pol i höger halvplan. Då måste $F(s)$ ha poler i höger halvplan, d.v.s. $F(s) = \bar{F}(s)/A(s)$ där $A(s)$ har alla sina nollställen i höger halvplan och $A(s)$ inte är en faktor i $\bar{F}(s)$. Detta medför att

$$F(s)S(s) = \frac{\bar{F}(s)}{A(s) + \bar{F}(s)G(s)}$$

ska innehålla $A(s)$ som en faktor i nämnaren, vilket i sin tur medför att $A(s)$ är en faktor i $G(s)$. Alltså sker det en förkortning av $A(s)$ i kretsförstärkningen.

Vi visar nu att om G endast har enkla poler och nollställen i höger halvplan, så gäller att inga förkortningar sker precis då $S(p_i) = 0$ och $S(z_i) = 1$ där p_i och z_i är polerna respektive nollställena för G i höger halvplan. Det är klart att dessa villkor är ekvivalenta med att $F(p_i)G(p_i) = \infty$ och $F(z_i)G(z_i) = 0$. Det första villkoret är ekvivalent med att instabila poler i G inte kan förkortas mot nollställen i F, och det andra villkoret är ekvivalent med att instabila poler i F inte kan förkortas bort mot nollställen i G.

C.2 Bevis av Sats 7.5

Det gäller att

$$A\mathscr{S} = \begin{bmatrix} AB & \cdots & A^{n-1}B & A^nB \end{bmatrix}$$

Från Cayley-Hamiltons sats följer att

$$A^n = -a_1A^{n-1} - \cdots - a_{n-1}A - a_nI$$

Från detta inser vi att

$$\begin{aligned} A\mathscr{S} &= \begin{bmatrix} AB & \cdots & A^{n-1}B & -a_1A^{n-1}B - \cdots - a_{n-1}AB - a_nB \end{bmatrix} \\ &= \underbrace{\begin{bmatrix} B & \cdots & A^{n-2}B & A^{n-1}B \end{bmatrix}}_{=\mathscr{S}} \underbrace{\begin{bmatrix} 0 & \cdots & 0 & 0 & -a_n \\ 1 & \cdots & 0 & 0 & -a_{n-1} \\ \vdots & \ddots & \vdots & \vdots & \vdots \\ 0 & \cdots & 1 & 0 & -a_2 \\ 0 & \cdots & 0 & 1 & -a_1 \end{bmatrix}}_{=\tilde{A}} \end{aligned}$$

där vi känner igen den första matrisen i den sista produkten som styrbarhetsmatrisen. Vidare gäller att

$$\mathscr{S}\underbrace{\begin{bmatrix}1\\0\\\vdots\\0\end{bmatrix}}_{\tilde{B}}=B$$

Om vi nu antar att styrbarhetsmatrisen är inverterbar så gäller med $\zeta(t) = \mathscr{S}^{-1}x(t)$ som tillståndstransformation att

$$\frac{d\zeta(t)}{dt}=\tilde{A}z(t)+\tilde{B}u(t)$$

Detta är en enkel form, men vi är intresserade av en något annorlunda form. För detta ändamål definierar vi den inverterbara matrisen

$$M=\begin{bmatrix}1 & a_1 & \cdots & a_{n-1}\\ 0 & \ddots & \ddots & \vdots\\ \vdots & \ddots & \ddots & a_1\\ 0 & \cdots & 0 & 1\end{bmatrix}$$

Nu gäller att

$$\tilde{A}M=\begin{bmatrix}0 & 0 & 0 & \cdots & 0 & -a_n\\ 1 & a_1 & a_2 & \cdots & a_{n-2} & 0\\ 0 & 1 & a_1 & \cdots & a_{n-3} & 0\\ \vdots & \ddots & \ddots & \ddots & \vdots & \vdots\\ 0 & 0 & 0 & \ddots & a_1 & 0\\ 0 & 0 & 0 & \cdots & 1 & 0\end{bmatrix}$$

och med

$$\bar{A}=\begin{bmatrix}-a_1 & -a_2 & \cdots & -a_{n-1} & -a_n\\ 1 & 0 & \cdots & 0 & 0\\ 0 & 1 & \cdots & 0 & 0\\ \vdots & \vdots & \ddots & \vdots & \vdots\\ 0 & 0 & \cdots & 1 & 0\end{bmatrix}$$

att även

$$M\bar{A} = \begin{bmatrix} 0 & 0 & 0 & \cdots & 0 & -a_n \\ 1 & a_1 & a_2 & \cdots & a_{n-2} & 0 \\ 0 & 1 & a_1 & \cdots & a_{n-3} & 0 \\ \vdots & \ddots & \ddots & \ddots & \vdots & \vdots \\ 0 & 0 & 0 & \ddots & a_1 & 0 \\ 0 & 0 & 0 & \cdots & 1 & 0 \end{bmatrix}$$

Från detta inser vi att $\bar{A} = M^{-1}\tilde{A}M$. Vidare gäller att $M\tilde{B} = \tilde{B}$. Med $T = (\mathscr{S}M)^{-1}$ och tillståndstransformationen $z(t) = Tx(t)$ gäller därför att man erhåller den styrbara kanonisk formen.

C.3 Bevis av Sats 7.6

Beviset av satsen följer från att först inse att $\mathscr{O}A = \tilde{A}^T\mathscr{O}$ och att $\tilde{B}^T\mathscr{O} = C$. Därefter utnyttjar man relationen $\tilde{A} = M\bar{A}M^{-1}$, som vi visat i beviset av Sats 7.5, och drar slutsatsen att $\bar{A}^T = M^T\mathscr{O}A\mathscr{O}^{-1}M^{-T}$. Vidare gäller $\tilde{B}^T M^T\mathscr{O} = C$ där $\tilde{B}$ är definierad i beviset av Sats 7.5. Alltså transformerar $T = M^T\mathscr{O}$ systemmatriserna (A,B,C,D) till $(\bar{A}^T, TB, \tilde{B}^T, D)$ där vi låter $TB = \begin{bmatrix} b_1 & b_2 & \cdots & b_n \end{bmatrix}^T$.

C.4 Bevis av Sats 7.9

Antag att både (A,B,C,D) och (F,G,H,D) har samma viktfunktion så att

$$g(\tau) = Ce^{A\tau}B + D = He^{F\tau}G + D$$

Genom att derivera denna ekvation med avseende på τ och evaluera ekvationerna för $\tau = 0$ får vi att

$$CA^kB = HF^kG, \quad k = 0,1,\ldots$$

Detta medför att

$$\underbrace{\begin{bmatrix} C \\ CA \\ \vdots \\ CA^{n-1} \end{bmatrix}}_{\mathscr{O}_a} \underbrace{\begin{bmatrix} B & AB & \cdots A^{n-1}B \end{bmatrix}}_{\mathscr{S}_a} = \underbrace{\begin{bmatrix} H \\ HF \\ \vdots \\ HF^{n-1} \end{bmatrix}}_{\mathscr{O}_f} \underbrace{\begin{bmatrix} G & FG & \cdots G^{n-1}G \end{bmatrix}}_{\mathscr{S}_f}$$

Om (F,G,H,D) är ett system med färre tillstånd än n så är rangen för $\mathscr{O}_f$ och $\mathscr{S}_f$ lägre än n, men då följer att detsamma gäller för minst en av $\mathscr{O}_a$ och $\mathscr{S}_a$, vilket motsäger att (A,B,C,D) är både styrbart och observerbart. Om ett system (A,B,C,D) inte är både styrbart och observerbart följer av Kalmans uppdelningssats att det inte kan vara minimalt.

C.5 Bevis av Sats 7.12

Från Sats 7.4 och Sats 7.8 följer att impulssvaret ges av

$$g(\tau) = Ce^{A\tau}B + D = \bar{C}_1 e^{\bar{A}_{11}\tau}\bar{B}_1 + D$$

Genom att fortsätta som i beviset av Sats 7.11 följer att (7.2) är insignalutsignalstabilt om $\Re\lambda_i < 0$ för alla i där λ_i är egenvärdena till $\bar{A}_{11}$.

Vi antar nu omvändningen, d.v.s. att $\bar{C}_1 e^{\bar{A}_{11}\tau}\bar{B}_1$ är absolut integrerbart. Låt oss skriva

$$e^{\bar{A}_{11}\tau} = \sum_{i=1}^{r} H_i p_i(\tau) e^{\lambda_i \tau}$$

där λ_i är de r olika egenvärdena till $\bar{A}_{11}$, där $p_i(\tau)$ är polynom i τ, och där H_i är kvadratiska matriser av samma dimension n_1 som $\bar{A}_{11}$. Alltså kan impulssvaret skrivas

$$g(\tau) = \sum_{i=1}^{r} \bar{C}_1 H_i \bar{B}_1 p_i(\tau) e^{\lambda_i \tau}$$

Eftersom $g(\tau)$ är absolut integrerbart följer att

$$\lim_{\tau\to\infty} g(\tau) = 0$$

Vi har vidare att

$$\frac{dg(\tau)}{d\tau} = \sum_{i=1}^{r} \bar{C}_1 H_i \bar{B}_1 \left(\frac{dp_i(\tau)}{d\tau} + \lambda_i \right) e^{\lambda_i \tau}$$

Om vi antar att $\frac{dg(\tau)}{d\tau}$ inte konvergerar mot noll får vi en motsägelse mot att $g(\tau)$ konvergerar mot noll. Alltså konvergerar derivatan också mot noll när τ går mot oändligheten, d.v.s. det gäller att

$$\lim_{\tau\to\infty} \left(\frac{d}{d\tau} \bar{C}_1 e^{\bar{A}_{11}\tau} \bar{B}_1 \right) = 0$$

eller ekvivalent att

$$\lim_{\tau\to\infty} \bar{C}_1 \bar{A}_{11} e^{\bar{A}_{11}\tau} \bar{B}_1 = \lim_{\tau\to\infty} \bar{C}_1 e^{\bar{A}_{11}\tau} \bar{A}_{11} \bar{B}_1 = 0$$

Detta resultat gäller också för högre ordningens derivator och alltså har vi att

$$\lim_{\tau\to\infty} \bar{C}_1 \bar{A}_{11}^{i} e^{\bar{A}_{11}\tau} \bar{A}_{11}^{j} \bar{B}_1 = 0, \quad i,j = 0,1,\ldots$$

från vilket det följer att

$$\lim_{\tau\to\infty} \underbrace{\begin{bmatrix} \bar{C}_1 \\ \bar{C}_1\bar{A}_{11} \\ \vdots \\ \bar{C}_1\bar{A}_{11}^{n_1-1} \end{bmatrix}}_{\bar{\mathscr{O}}_1} e^{\bar{A}_{11}\tau} \underbrace{\begin{bmatrix} \bar{B}_1 & \bar{A}_{11}\bar{B}_1 & \cdots & \bar{A}_{11}^{n_1-1}\bar{B}_1 \end{bmatrix}}_{\bar{\mathscr{S}}_1} = 0$$

Nu gäller enligt Sats 7.7 att $(\bar{A}_{11}, \bar{B}_1, \bar{C}_1)$ är såväl strybart som observerbart och därför är både $\bar{\mathscr{O}}_1$ och $\bar{\mathscr{S}}_1$ inverterbara från vilket det följer att

$$\lim_{\tau\to\infty} e^{\bar{A}_{11}\tau} = 0$$

C.6 Konvergens av policyiteration

Vi ska nu diskutera konvergens av policyiterationen i (10.5) och (10.6). För detta ändamål visar vi först att Bellmans policyoperator är monoton och en kontraktion. Betrakta två funktioner V_1 and V_2 sådana att $V_1(x) \le V_2(x)$ för alla x. Då gäller att

$$T_\mu(V_1)(x) - T_\mu(V_2)(x) = \gamma\left(V_1(F(x,\mu(x))) - V_2(F(x,\mu(x)))\right) \le 0,$$

vilket visar att operatorn är monoton. För varje V_1 och V_2 gäller att

$$\begin{aligned} \|T_\mu(V_1) - T_\mu(V_2)\|_\infty &= \sup_x |T_\mu(V_1)(x) - T_\mu(V_2)(x)| \\ &= \sup_x \gamma |V_1(F(x,\mu(x))) - V_2(F(x,\mu(x)))| \\ &\le \sup_y \gamma |V_1(y) - V_2(y)| = \gamma \|V_1 - V_2\|_\infty \end{aligned}$$

där olikhet följer från det faktum att $y = F(x,\mu(x))$ lägger ett bivillkor på y. Då $\gamma < 1$ inser vi att operatorn är en kontraktion. För det linjärkvadratiska problemet kan man visa att olikheten ovan är strikt även då $\gamma = 1$.

Nu gäller att

$$V_k(x) = T_{\mu_k}(V_k)(x) \ge T_{\mu_{k+1}}(V_k)(x),$$

där likheten följer från policyutvärderingssteget, och där olikheten följer från policyförbättringssteget. Eftersom operatorn är monoton gäller att

$$\begin{aligned} V_k(x) &\ge T_{\mu_{k+1}}(V_k)(x) \ge \left(T_{\mu_{k+1}}\right)^2(V_k)(x) \ge \cdots \\ &\ge \lim_{n\to\infty}\left(T_{\mu_{k+1}}\right)^n(V_k)(x) = V_{k+1}(x), \end{aligned}$$

där konvergensen mot något V_{k+1} följer av att Bellmans policyoperator är en kontraktion. I gränsen gäller också att $T_{\mu_{k+1}}(V_{k+1}) = V_{k+1}$, d.v.s. V_{k+1} är lösningen till policyutvärderingssteget för μ_{k+1}. Policyiterering resulterar alltså i en sekvens av värdefunktioner V_k som blir mindre och mindre, och om $V_k(x) = V_{k+1}(x)$ för alla x inser vi att den första olikheten ovan också gäller med likhet, vilket visar att V_k satisfierar Bellmanekvationen och μ_{k+1} är optimal. Varje steg i policyiterering genererar antingen en bättre policy eller så har vi hittat en lösning till Bellmanekvationen.

C.7 Bevis av Sats 11.1

Antag att $s = s_0$ är ett nollställe med multiplicitet n. Då gäller enligt Definition 5.5 och Kommentar 5.4 att $f(s) = (s - s_0)^n \bar{f}(s)$, att $\bar{f}$ är analytisk i en omgivning av s_0 och att $\bar{f}(s_0) \neq 0$. Från detta följer att

$$\frac{f'(s)}{f(s)} = \frac{n}{s - s_0} + \frac{\bar{f}'(s)}{f(s)}$$

Den andra termen är analytisk för $s = s_0$ och därför gäller att $f'(s)/f(s)$ har en enkelpol i $s = s_0$ med residy n. Summan av residyerna vid nollställena är därför N. Analogt följer att summan av residyerna vid polerna är $-P$. Därför gäller enligt Cauchys residysats att

$$\int_{\partial D} \frac{f'(s)}{f(s)} ds = 2\pi i(N - P)$$

Det gäller också att

$$\frac{d}{ds} \log f(s) = \frac{f'(s)}{f(s)}$$

och därför har vi att

$$\int_{\partial D} \frac{f'(s)}{f(s)} ds = \text{var}_{\partial D} \log f(s)$$

där $\text{var}_{\partial D}$ betecknar variationen av funktionen längs ∂C. Eftersom

$$\log f(s) = \ln |f(s)| + i \arg f(s)$$

följer att

$$\text{var}_{\partial D} \log f(s) = i \text{var}_{\partial D} \arg f(s)$$

och satsen är bevisad.

C.8 Härledning av M- och N-cirklar

Betrakta den komplexvärda funktionen

$$f(z) = \frac{z}{1+z}$$

av den komplexa variabeln z. Vi är intresserade av att beskriva kurvan som definieras av

$$|f(z)| = M$$

för $M \geq 0$. Vi skriver $z = x + iy$ och inser att en ekvivalent ekvation är

$$\frac{x^2+y^2}{(1+x)^y+y^2} = M^2 \Longleftrightarrow x^2+y^2 = M^2\left(1+2x+x^2\right)+M^2y^2$$

Kvadratkomplettering för fallet $M > 1$ ger efter lite räkningar att

$$\sqrt{\left(x+\frac{M^2}{M^2-1}\right)^2+y^2} = \frac{M}{M^2-1}$$

För fallet $M < 1$ erhålles på liknande sätt

$$\sqrt{\left(x-\frac{M^2}{1-M^2}\right)^2+y^2} = \frac{M}{1-M^2}$$

För fallet $M = 1$ ges nivåkurvan av $x = -1$, d.v.s. en vertikal linje i komplexa talplanet. I samtliga fall är nivåkurvorna cirklar i komplexa talplanet, och där radien är oändlig för $M = 1$.

Vi övergår nu till att studera kurvan som ges av

$$\arg f(z) = \phi$$

för reella värden på ϕ. Det gäller med $z = x + iy$ att en ekvivalent ekvation är

$$\arctan\frac{y}{x} - \arctan\frac{y}{1+x} = \phi$$

Från formeln för tangens av skillnaden mellan vinklar erhåller vi att

$$\frac{\tan\left(\arctan\frac{y}{x}\right)-\tan\left(\arctan\frac{y}{1+x}\right)}{1+\tan\left(\arctan\frac{y}{x}\right)\tan\left(\arctan\frac{y}{1+x}\right)} = \tan\phi$$

eller ekvivalent med $N = \tan\phi$ att

$$\frac{y}{x^2+x+y^2} = N$$

Genom att multiplicera upp nämnaren och kvadratkomplettera erhåller vi då $N \neq 0$ att

$$\sqrt{\left(x+\frac{1}{2}\right)^2+\left(y-\frac{1}{2N}\right)^2}=\frac{\sqrt{N^2+1}}{2|N|}$$

Då $N = 0$ har vi en rät linje i komplexa talplanet definierad av $y = 0$. I samtliga fall har vi alltså att nivåkurvorna är cirklar, och där radien är oändlig för $N = 0$.

C.9 Rouchés sats

Vi ska här visa en generalisering av Rouchés sats. Låt f och g vara funktioner som är analytiska i ett slutet område D av det komplexa talplanet och på områdets rand ∂D förutom i ett ändligt antal poler i det inre av D. Om

$$|f(s)-g(s)|<|f(s)|+|g(s)|$$

för alla s på ∂D så gäller att f och g har samma skillnad mellan antalet nollställen och poler i det inre av D. Beviset är som följer. Låt C vara en funktion som avbildar intervallet $[0,1]$ på ∂D. Låt vidare

$$H(t,x)=(1-t)f(C(x))+tg(C(x)), \qquad 0\le t\le 1,\ 0\le x\le 1$$

Vi undersöker om ekvationen

$$H(t,x)=0$$

har en lösning x för ett givet värde på t. Om så vore fallet så gäller att

$$g(C(x))=-\frac{1-t}{t}f(C(x))$$

Med $\alpha=(1-t)/t$ inser vi att det då gäller att $g(s)=-\alpha f(s)$ för något s på ∂D, där $\alpha \ge 0$. Detta betyder att

$$|f(s)-g(s)|=(1+\alpha)|f(s)|$$

Vidare gäller enligt vårt antagande att

$$|f(s)-g(s)|<|f(s)|+|g(s)|=|f(s)|+|-\alpha g(s)|=(1+\alpha)|f(s)|$$

vilket leder till en motsägelse. Alltså har ekvationen ovan ingen lösning. Detta betyder att då vi varierar t från 0 till 1 så kommer variationen av argumentet för $H(t,x)$ att vara oberoende av t, ty bildkurvan korsar inte origo när t varierar. Alltså har vi samma variation för $t=0$ som för $t=1$, och därför har $f(C(x))$ och $g(C(x))$ samma variation. Från argumentvarionsprincipen följer nu att skillnaden i antalet nollställen och poler är densamma för f och g.

C.10 Bevis av Resultat 13.1

Enligt Rouchés sats, jfr. Avsnitt C.9, gäller för funktioner f och g som är analytiska i ett slutet område D av det komplexa talplanet och på områdets rand ∂D förutom i ett ändligt antal poler i det inre av D att om

$$|f(s)-g(s)|<|f(s)|+|g(s)|, \quad \forall s\in\partial D$$

så har f och g samma skillnad mellan antal nollställen och antalet poler i D. Vi noterar först att

$$|f(s)-g(s)|<|f(s)|, \quad \forall s\in\partial D$$

implicerar olikheten ovan. Vi låter

$$f(s)=1+F(s)G(s), \quad g(s)=1+F(s)G(s)(1+\Delta(s))$$

Olikheten blir då

$$|F(s)G(s)\Delta(s)|<|1+F(s)G(s)| \Longleftrightarrow |\Delta(s)|<\left|\frac{1+F(s)G(s)}{F(s)G(s)}\right|=\frac{1}{|T(s)|}$$

Vi låter D vara området i Figur 11.2a. Villkoret $|F(s)G(s)\Delta(s)|<|1+F(s)G(s)|$ för den stora halvcirkeln är uppfyllt då R går mot oändligheten, ty $F(s)G^0(s)=F(s)G(s)(1+\Delta(s))\to 0$ och $F(s)G(s)\to 0$ medför att $F(s)G(s)\Delta(s)\to 0$ då $|s|$ går mot oändligheten i höger halvplan. Villkoret på imaginära axeln blir

$$|\Delta(i\omega)|<\frac{1}{|T(i\omega)|}, \quad \forall\omega$$

som också medför att olikheten är uppfylld för den lilla halvcirkeln när dess radie går mot noll, eftersom G och G^0 har samma antal poler i höger halvplan imaginära axeln inräknat. Skulle det finnas fler poler på imaginära axeln så är det bara att skära bort även dessa med små halvcirklar. Vi har nu visat att $1+F(s)G(s)$ och $1+F(s)G^0(s)$ har samma skillnad mellan antal nollställen och poler i höger halvplan. Eftersom antalet poler i höger halvplan för G och G^0 är lika följer nu att T är analytisk i höger halvplan om och endast om T^0 är analytisk i höger halvplan.

C.11 Bevis av Resultat 13.2

Det gäller att

$$\frac{d\log S(s)}{ds}=\frac{S'(s)}{S(s)}=-G_o'(s)S(s)$$

Alltså är $\log S(s)$ analytisk i höger halvplan om vi antar att G_o är analytisk i höger halvplan. Vi återkommer senare till det generella fallet då G_o har poler

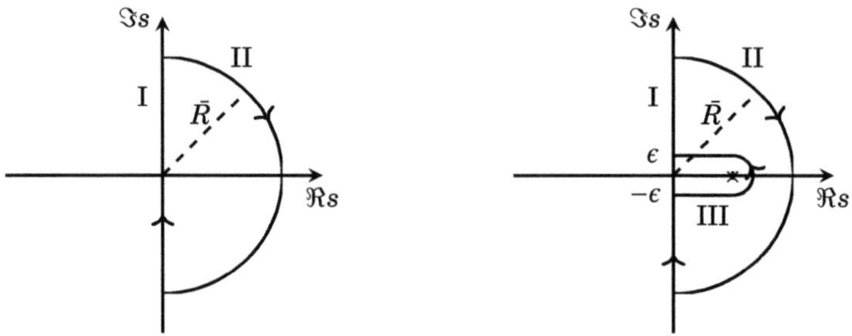

(a) G_o har ingen pol i höger halvplan. (b) G_o har en pol markerad med ×.

Figur 1: Konturer för integration i beviset av Bodes integral.

i höger halvplan. Detta betyder att integralen av $\log S(s)$ längs konturen i Figur 1a är noll. Vi har att

$$\log S(s) = \ln|S(s)| + i \arg S(s)$$

Vi studerar nu först integralen längs I. Det gäller att $\arg S(i\omega)$ är en udda funktion och alltså blir integralen av denna term noll. Det gäller att $\ln|S(i\omega)|$ är en jämn funktion, och alltså kan vi skriva integralen längs I som

$$2\int_{\epsilon}^{\bar{R}} \ln|S(i\omega)| i d\omega \to 2i\int_0^{\infty} \ln|S(i\omega)| d\omega$$

då $\epsilon \to 0$ och $\bar{R} \to \infty$. Vårt antagande om att $|G_o(s)| \le C/|s|^{(1+\delta)}$ i höger halvplan för $|s| \ge R$ medför att integranden på II kan uppskattas som följer. Vi har för tillräckligt stora värden på $|s|$ från den omvända triangelolikheten att

$$|S(s)| = \frac{1}{|1+G_o(s)|} \le \frac{1}{1-C/|s|^{(1+\delta)}}$$

från vilket det följer att

$$\ln|S(s)| \le |S(s)| - 1 \le \frac{|s|^{(1+\delta)}}{|s|^{(1+\delta)} - C} - 1 = \frac{C}{|s|^{(1+\delta)} - C} \approx \frac{C}{|s|^{(1+\delta)}}$$

Vidare gäller

$$|\arg S(s)| = |\arg(1+G_o(s))| \le \arctan\left(\frac{C/|s|^{(1+\delta)}}{1+C/|s|^{(1+\delta)}}\right) = \arctan\left(\frac{C}{|s|^{(1+\delta)}+C}\right)$$
$$\approx \frac{C}{|s|^{(1+\delta)}+C} \le \frac{C}{|s|^{(1+\delta)}}$$

för tillräckligt stora värden på $|s|$. Därför kan vi för $\bar{R} \geq R$ approximativt uppskatta integralen längs II med

$$\left| \int_{-\pi/2}^{\pi/2} \log S(\bar{R}e^{i\theta}) i\bar{R}e^{i\theta} d\theta \right| \leq \int_{-\pi/2}^{\pi/2} \frac{2C}{\bar{R}^{\delta}} d\theta = \frac{2\pi C}{\bar{R}^{\delta}}$$

som konvergerar mot noll då $\bar{R}$ går mot oändligheten. Från detta följer att

$$\int_0^{\infty} \ln |S(i\omega)| d\omega = 0$$

Vi antar nu att G_o har poler i $s = p_k$ i höger halvplan. Vi skriver

$$S(s) = \bar{S}(s) \prod_{k=1}^{m} (s - p_k)$$

från vilket det följer att

$$\log S(s) = \log \bar{S}(s) + \sum_{k=1}^{m} \log(s - p_k)$$

där $\log \bar{S}(s)$ är analytisk i höger halvplan. De andra termerna är inte det. Vi antar nu för enkelhetens skulle att vi bara har en pol $s = p$ i höger halvplan. Vi integrerar nu längs konturen i Figur 1b. Eftersom S är analytisk innanför denna kontur blir integralen noll. Längs imaginära axeln har vi som innan att värdet på integralen är

$$2i \int_0^{\infty} \ln |S(i\omega)| d\omega$$

då $\epsilon \to 0$ och $\bar{R} \to \infty$. Integralen längs den stora halvcirkeln konvergerar som innan mot noll när $\bar{R}$ går mot oändligheten. Kvar är att beräkna integralen längs III och det räcker där att undersöka endast termen $\log(s - p)$. Det går att visa att

$$\int_{\mathrm{III}} \log(s - p) ds = -2i\pi p$$

Vi får därför att

$$2i \int_0^{\infty} \ln |S(i\omega)| d\omega - 2i\pi p = 0$$

från vilket vi inser att

$$\int_0^{\infty} \ln |S(i\omega)| d\omega = \pi p$$

Fallet med multipla poler i höger halvplan visas på liknande sätt.

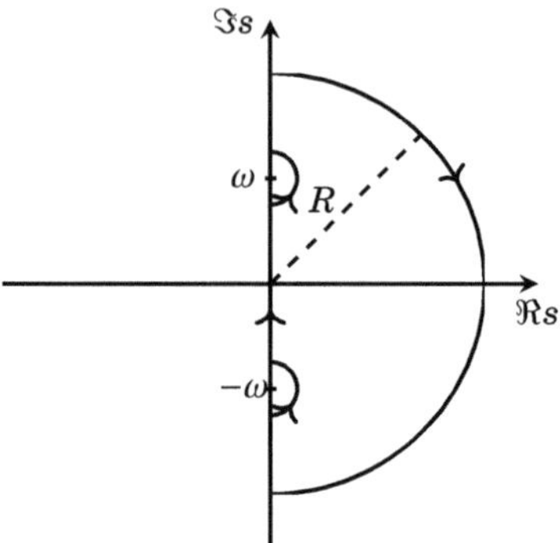

Figur 2: Kontur för integration i beviset av Bodes relationer.

C.12 Bevis av Resultat 13.3

Låt $H(s) = \log G(s) = \ln|G(s)| + i\arg G(s)$. Vi antar först att G inte har några nollställen i höger halvplan. Eftersom G är analytisk i höger halvplan följer nu från

$$H'(s) = \frac{G'(s)}{G(s)}$$

att även H är analytisk i höger halvplan. Låt

$$F(s) = \frac{H(s) - A(\omega)}{s - i\omega} - \frac{H(s) - A(\omega)}{s + i\omega} = 2i\omega\frac{H(s) - A(\omega)}{s^2 + \omega^2}$$

Vi inser att F är analytisk i höger halvplan förutom för $s = \pm i\omega$. Därför gäller att integralen av F längs konturen i Figur 2 måste vara noll enligt Cauchys integralsats. Vi kommer att låta R gå mot oändligheten och vi kommer också att låta radien för de små halvcirklarna gå mot noll. Det är inte svårt att inse att integralen längs den stora halvcirkeln går mot noll då R går mot oändligheten, eftersom G är begränsad och sådan att $|\arg G(s)|/|s|$ går mot noll då $|s|$ går mot oändligheten i höger halvplan. För den lilla halvcirkeln $i\omega + re^{i\theta}$ med $-\pi/2 \leq \theta \leq \pi/2$ gäller att integralen blir

$$\int_{-\pi/2}^{\pi/2} \frac{H\left(i\omega + re^{i\theta}\right) - A(\omega)}{i\omega + re^{i\theta} - i\omega} ire^{i\theta} d\theta - \int_{-\pi/2}^{\pi/2} \frac{H\left(i\omega + re^{i\theta}\right) - A(\omega)}{i\omega + re^{i\theta} + i\omega} ire^{i\theta} d\theta$$

Här går den andra integralen mot noll då r går mot noll och den första integralen går mot

$$\int_{-\pi/2}^{\pi/2} \left(A(\omega) + i\phi(\omega) - A(\omega)\right) i d\theta = -\pi\phi(\omega)$$

För den andra lilla halvcirkeln erhålles samma värde. Då radierna gått mot noll respektive oändligheten för halvcirklarna har vi kvar en integral längs imaginära axeln som ges av

$$2i\omega\int_{-\infty}^{\infty}\frac{H(i\bar{\omega})-A(\omega)}{-\bar{\omega}^2+\omega^2}id\bar{\omega}=2\omega\int_{-\infty}^{\infty}\frac{A(\bar{\omega})+i\phi(\bar{\omega})-A(\omega)}{\bar{\omega}^2-\omega^2}d\bar{\omega}$$
$$=2\omega\int_{-\infty}^{\infty}\frac{A(\bar{\omega})-A(\omega)}{\bar{\omega}^2-\omega^2}d\bar{\omega}$$

där den sista likheten följer från det faktum att ϕ är en udda funktion vilket medför att även $\phi(\bar{\omega})/(\bar{\omega}^2-\omega^2)$ är en udda funktion. Alltså har vi att

$$2\omega\int_{-\infty}^{\infty}\frac{A(\bar{\omega})-A(\omega)}{\bar{\omega}^2-\omega^2}d\bar{\omega}-2\pi\phi(\omega)=0$$

från att integralen längs konturen ska var noll. Detta kan skrivas om som

$$\phi(\omega)=\frac{\omega}{\pi}\int_{-\infty}^{\infty}\frac{A(\bar{\omega})-A(\omega)}{\bar{\omega}^2-\omega^2}d\bar{\omega}=\frac{2\omega}{\pi}\int_{0}^{\infty}\frac{A(\bar{\omega})-A(\omega)}{\bar{\omega}^2-\omega^2}d\bar{\omega}$$

eftersom integranden är en jämn funktion. Om G har ett nollställe för $s=z$ i höger halvplan så kan vi skriva

$$G(s)=\bar{G}(s)(z-s)=\bar{G}(s)(z+s)\frac{z-s}{z+s}$$

där $\bar{G}(s)(z+s)$ inte har något nollställe i höger halvplan och dessutom uppfyller alla andra antaganden. För faktorn $(z-s)/(z+s)$ gäller att

$$\left|\frac{z-i\bar{\omega}}{z+i\bar{\omega}}\right|=1,\quad \arg\frac{z-i\bar{\omega}}{z+i\bar{\omega}}=-2\arctan(\bar{\omega}/z)$$

Alltså ändrar denna faktor inte $A(\bar{\omega})$ men den ger ett negativt bidrag till $\phi(\omega)$. Därav följer att vi inte har likhet utan en olikhet då där finns ett nollställe i höger halvplan. Detta resonemang gäller även för fallet med flera nollställen i höger halvplan.

Litteraturförteckning

[1] S. P. Boyd and C. H. Barratt. *Linear Controller Design: Limits of Performance*. Prentice Hall, Upper Saddle River, New Jersey, 1991.

[2] Y. Chait, C. R. MacCluer, and C. J. Radcliffe. A Nyquist stability criterion for distributed parameter systems. *IEEE Transactions on Automatic Control*, 34(1):90–92, 1989.

[3] G. Doetsch. *Introduction to the Theory and Application of the Laplace Transform*. Springer-Verlag, Berlin, Heidelberg, New York, 1974.

Sakregister